【改訂3版】

Java
ポケットリファレンス

WINGSプロジェクト
高江 賢 著
山田祥寛 監修

技術評論社

●本書をお読みになる前に

本書は、Java に関する情報の提供のみを目的としています。本書を用いた運用は、必ずお客様自身の責任と判断によって行ってください。

また、掲載されているプログラムの実行結果につきましては、万一障碍等が発生しても、技術評論社および著者はいかなる責任も負いません。

本書記載の情報、ソフトウェアに関する記述などは、特に記した場合を除き 2020 年 3 月時点での各バージョンをもとにしています。ソフトウェアはアップデートされる場合があり、本書での説明とは機能内容や画面図などが異なる場合があります。

以上の注意事項をご承諾いただいた上で、本書をご利用願います。これらの注意事項をお読みいただかずに、お問い合わせいただいても、技術評論社および著者は対処しかねます。あらかじめ、ご承知おきください。

はじめに

前書の『[改訂新版]Javaポケットリファレンス』の発売から4年が過ぎ、その間にJavaのバージョンは、Jave SE 8から、14にまで上がりました。このバージョンアップのスピードは、もちろん半年ごとにバージョンアップを行う新しいリリースモデルの結果ですが、数字の変動が示すとおりに、Javaの大きな変化を感じている方も少なくないでしょう。

Java SE 9からはモジュールシステムが導入され、標準ライブラリの構成が大きく変容しています。また、ライセンスポリシーが改定されたことで、「Javaが有償化される」といった誤解や憶測が広まった時期もありました。

本書では、最新のJDKでは削除されたAPIなどを見直し、前書から章ごとの構成を変更しています。また、Jave SE 9～14で追加された主な機能や、ユニットテストツールのJUnitの解説も新しく加えています。

本書が、Javaプログラムを作成する皆さんの役にたち、アプリケーション開発に少しでも貢献できれば幸いです。

なお、本書に関するサポートサイト「サーバサイド技術の学び舎 - WINGS」を以下のURLで公開しています。本書で紹介しているサンプルソースファイルのダウンロードサービスをはじめ、Q＆A掲示板、FAQ情報、オンライン公開記事など、タイムリーな情報を充実した内容でお送りしておりますので、あわせてご利用ください。

https://wings.msn.to/

本書の執筆にあたっては、多くの方々にお世話になりました。最後になりましたが、監修の山田祥寛氏、奥様の奈美氏、編集部諸氏には心から感謝いたします。
また、いつも応援してくれている家族～妻の千夏と、桂奈、悠大、ありがとう。
そして、本書を手にとってくれたあなたにも、お礼を申し上げます。

2020年5月
髙江　賢

本書の使い方

動作検証環境

- Windows 10 Pro(64bit)
- Pleiades All in One Eclipse リリース2020-03
- AdoptOpenJDK14U-jdk_x64_windows_hotspot_14_36
- MariaDB 10.3.12

タイトル/メソッド/書式/引数/throws

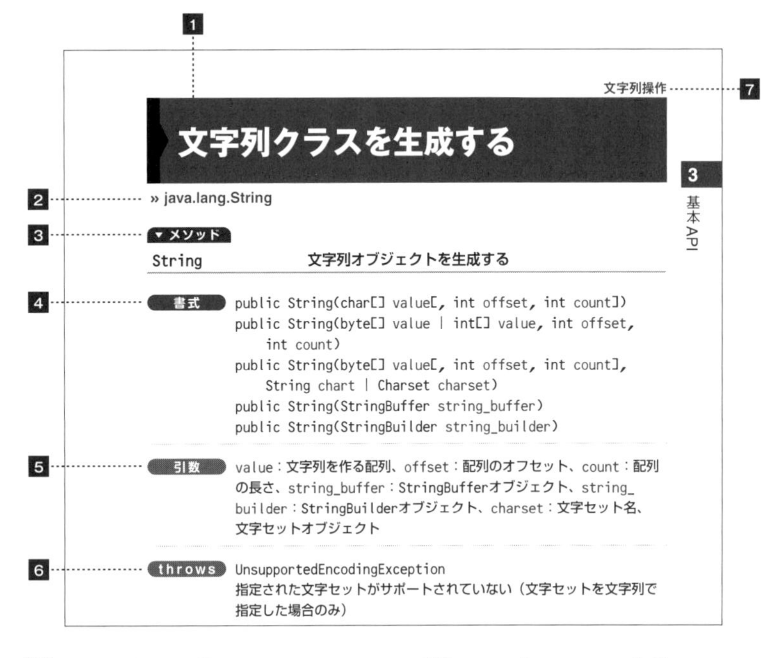

1
文字列操作
7
文字列クラスを生成する
3
基本API
2
» java.lang.String
3
▼メソッド
String
文字列オブジェクトを生成する
4
書式
public String(char[] value[, int offset, int count])
public String(byte[] value | int[] value, int offset, int count)
public String(byte[] value[, int offset, int count], String chart | Charset charset)
public String(StringBuffer string_buffer)
public String(StringBuilder string_builder)
5
引数
value：文字列を作る配列、offset：配列のオフセット、count：配列の長さ、string_buffer：StringBufferオブジェクト、string_builder：StringBuilderオブジェクト、charset：文字セット名、文字セットオブジェクト
6
throws
UnsupportedEncodingException
指定された文字セットがサポートされていない（文字セットを文字列で指定した場合のみ）

1 APIの目的、用途
2 該当のAPIが含まれるクラス
3 メソッド名
4 メソッド定義書式
([ ]内は省略可能を示す)
5 メソッドの引数の説明
6 メソッドのthrows定義
7 目次の見出し

9 ～ 14
Java 9～14(Java SE 9～14)で追加されたAPI、メソッド

解説／サンプル／補足／参考

1 ……

解説

Stringクラスは文字列を示すクラスです。文字列オブジェクトを生成するには、引数に文字配列、Unicodeデータの配列や、文字列バッファを指定します。配列を指定する場合には、オフセットと長さを使って配列の一部分を指定することもできます。

2 ……

サンプル ▸ **StringSample.java**

```
char ary[] = { 'j', 'a', 'v', 'a' }; // これは
String str = new String(ary);        // String str = "java"と同じ

System.out.println(str);             // 結果：java

String str2 = new String(ary, 1, 2);
System.out.println(str2);            // 結果：av
```

3 …… 補足

リテラル文字列はすべて、自動的にStringクラスのインスタンスに変換されます。そのため、リテラル文字列には、new演算子は必要ありません。

4 …… 参考

オフセットとは、データの位置をある基準点からの差で表した値です。配列では、先頭からのデータ数に一致します。

5 …… 参照

「可変長文字列(文字列バッファ)を生成する」 → P.148

6 …… COLUMN

文字列の等価演算子

Javaでは、文字列(Stringオブジェクト)の比較には、等価演算子(==)ではなく、equalsメソッドを使用します。これは、文字列が参照型のため、等価演算子では、文字列としての比較ではなく、同じインスタンスを指しているかどうかの比較になってしまうからです。

ちなみに、Javaとよく似た文法のC#では、文字列に等価演算子を用いても、文字列としての比較になります。

1 メソッドの解説
2 サンプルソースコード
3 解説の補足となる説明
4 参考情報
5 関連する内容への参照
6 コラム

サンプルソースファイルの使い方

サンプルソースファイルは、Eclipseのプロジェクトファイル(PocketSample.zip)になっていますので、Eclipseを起動して、以下の手順でインポートします。

ワークスペースの設定後、メニューから[ファイル]-[インポート]を選びます。インポートダイアログが表示されますので、インポート・ソースの選択から、「一般」をクリックし、その配下の「既存プロジェクトをワークスペースへ」を選択して、次へをクリックします。

インポートダイアログが表示されますので、アーカイブ・ファイルの選択から、ダウンロードしたZIPファイルを指定します。

プロジェクト・エクスプローラーに、PocketSampleが表示されれば完了です。なお、各ソースにはmainメソッドが定義されているので、そのまま実行可能です。

目次

Chapter 4 日付処理 219

Chapter 5　コレクション　267

Chapter 6　入出力(I/O)　349

Chapter 7　並行処理　441

Chapter 8 ネットワーク 499

Chapter 9　データベース　559

1 Javaを始めるために

Javaとは

Javaの概況

Javaとは、アメリカの代表的なコンピュータベンダであるサン・マイクロシステムズ社が開発した**オブジェクト指向**に基づくプログラミング言語であり、広義ではJavaのプログラムを稼働させるプラットフォームも含めた総称です。なお、サン・マイクロシステムズ社は、2010年、データベースで有名なオラクル社に吸収買収され、企業としては消滅しました。

“Write once, run anywhere”(プログラムを1度書くだけで、それをどのプラットフォームでも実行できるという意味)をスローガンとし、プラットフォームに依存しないというJavaは、1995年に公に発表され、未来の技術として大いに注目されました。それ以後25年あまり、紆余曲折はありましたが、現在のJavaは、あらゆる分野で幅広く利用され、なくてはならない技術となっています。

以下、Javaが利用されている分野ごとにまとめてみました。

(1)スタンドアローン(Java SE：Java Platform, Standard Edition)

デスクトップ上で動作するアプリケーションで利用するJava環境で、もっとも基本となるものです。本書は、このJava SEのAPIを中心に解説しています。

(2)サーバサイド(Java EE：Java Platform, Enterprise Edition)

Java EEとは、サーバソフトウェアで動作する(サーバサイド)アプリケーションを開発するためのJavaです。Java EEには、EJBコンテナ、Webコンテナ、Webサービス、XMLといったカテゴリに分かれた数多くのAPIが含まれています。

EJB(Enterprise JavaBeans)とは、Javaで作成したプログラムパーツを組み合わせてアプリケーションを構築するためのJavaBeansという仕様を、ネットワークの環境に対応させたものです。コンテナとは、Javaのプログラムパーツ(コンポーネント)を実行する環境のことで、たとえば、JavaServer Pages(JSP)やサーブレットなどのWebコンポーネントは、Webコンテナ内で実行されます。

なお、Java EEは、2018年にオラクル社からEclipse Foundationに移管されました。2019年9月には、Jakarta EEという名前で、バージョン8が公開されました。

▼ Java EEの構造

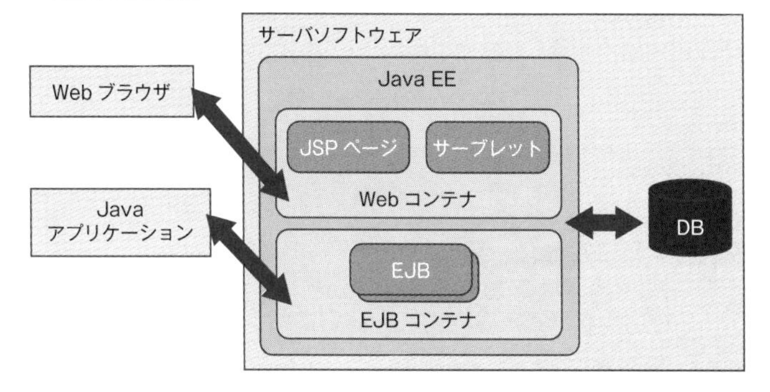

(3) クライアント(Javaアプレット)

Javaアプレットは、Webブラウザ上で実行されるJavaアプリケーションです。Javaがはじめて一般に公開され、デモンストレーションが行われたのが、Javaで記述されたWebブラウザ**HotJava**上で動作する**Javaアプレット**でした。そのためかつてはJavaといえば、Javaアプレットのことを指すほどでしたが、HTML5、Ajaxといった競合技術が普及したため、Java SE 11には含まれなくなりました。

(4) 組み込み分野(Java ME : Java Platform, Micro Edition)

スマートフォンやテレビなどの組み込みシステムに利用されるJava環境です。Java MEでは、Java SEとは互換性がないものの最小限の機能を持つものと、Java SEのサブセットとなるAPIを定義したものの2種類があります。

Javaの構造

Javaは、次の図のような構成で動作します。

▼ Javaの構造

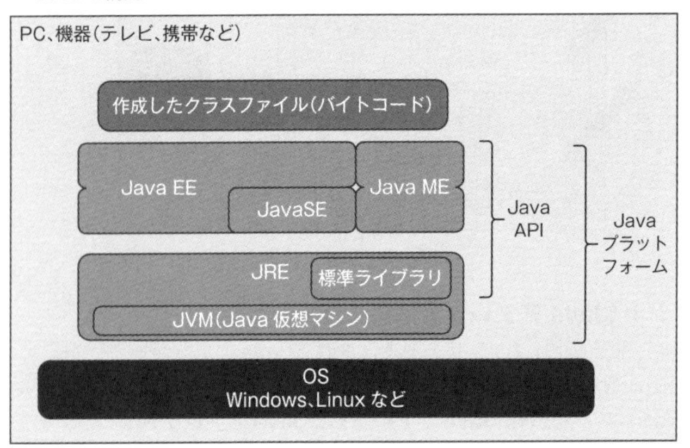

図中の、作成した**クラスファイル**(**Javaバイトコード**とも呼びます)というのが開発者が作成するアプリケーションを構成するものです。Javaバイトコードは、**JVM**(Java仮想マシン)上で実行されます。Javaのアプリケーションは、直接OS上で実行されるのではなく、JVMと呼ばれる共通の環境で動作します。JVMは、OSごとに用意され、OSの違いを吸収しています。この仕組みのおかげで、前述の"Write once, run anywhere"が可能になっているわけです。

クラスファイルは、ソースプログラムからJava SEに含まれるコンパイラにより生成します(詳しくは後述)。Java SEには、**Java API**と呼ばれる、さまざまな処理のためのライブラリ(クラスファイルとソースファイル)と、コンパイラ、デバッガなどの開発ツールが含まれています。

JRE(Java Runtime Environment)とは、Javaアプリケーションを動かせるようにする実行環境のことで、Java仮想マシン (JVM) と、標準ライブラリのJava APIが含まれています。JREのみでは開発を行うことはできません。

バージョン履歴

Javaの最初のバージョンは、**JDK**(Java Development Kit、Java開発キット)1.0としてリリースされました。JDKとは、Java言語でプログラミングを行う際に必要な最低限のソフトウェアセットの総称です。JDKには、Javaアプリケーションを起動するJavaコマンド、ソースファイルをクラスファイルにコンパイルするjavacコマンドなどの開発用ツールや、クラスライブラリ(Java SE API)、Javaプログラム実行環境(JRE)などが含まれます。

最初のリリース後、Javaは順調にバージョンアップを重ね、次のような言語仕様の機能追加やライブラリの拡張が行われています。

(1)JDK 1.0(1996年1月)

- 最初のバージョン

(2)JDK 1.1(1997年2月)

- 国際化対応(日本語も含む)
- 言語仕様に「内部クラス」が追加された
- JDBC データベース接続API

(3)J2SE 1.2(Java 2 Platform, Standard Edition, 1998年12月)

- strictfpキーワード(厳密な浮動小数点数演算)の追加
- リフレクション機能の導入
- Swingが標準ライブラリに統合
- ジャストインタイムコンパイラの導入
- コレクションフレームワークの導入

このバージョンから、Javaの正式名称がJava 2になり、前述したように実行環境に合わせた3つのエディション(SE、EE、ME)に分けられました。また従来のJDKに相当するパッケージを、J2SEと呼ぶようになりました。

(4)J2SE 1.3(2000年5月)

- HotSpot技術によるJava仮想マシンの高速化
- 音声データを扱うAPI、JavaSoundの追加
- Javaプログラムのデバッグを支援するツールの導入

(5)J2SE 1.4(2002年2月)

- assertキーワードの追加
- 正規表現のライブラリの導入
- 連鎖例外機能の追加

- 新しい入出力機能の追加
- ロギングAPIが標準ライブラリに追加
- JPEGやPNGの画像イメージを読み書きするAPI、イメージI/O APIの追加
- JAXP(Java API for XML Processing)の統合
- セキュリティと暗号化の拡張機能の標準ライブラリ統合

(6) J2SE 5.0(2004年9月)

- ジェネリックス機能の追加
- アノテーションの追加
- オートボクシング／アンボクシング機能の追加
- enumキーワードの追加
- 可変引数に対応
- 拡張forループ文の追加

J2SE 5.0では、J2SE 1.4から言語仕様が大きく拡張され、多くの機能が追加されました。リリース当初は、J2SE 1.5と呼ばれていましたが、後にJ2SE 5.0が正式名称となりました。

(7) Java SE 6(2006年12月)

- AWT、Swingの高速化
- Windowsシステムトレイのサポート
- テキストのUnicode正規化(java.text.Normalizer)
- JDBCバージョン4.0
- JAXP(Java API for XML Processing)バージョン1.4

このバージョンから、J2SEという呼称を止め、正式名称としてJava SEと呼ぶようになりました。また、バージョン番号の小数点以下の表記も廃止されました。

(8) Java SE 7(2011年7月)

- ダイヤモンド演算子によるジェネリックスの省略記法追加
- リソースの自動クローズ対応
- switch文の式の文字列対応
- NIO(New I/O)に機能追加したNIO.2実装
- GUI作成用ライブラリJavaFX 2追加

言語仕様には大きな変更はなく、開発生産性向上のための機能追加が多くなっています。

(9) Java SE 8(2014年3月)

- ラムダ式に対応
- Stream API追加
- インターフェイスの改善
- コレクションAPIの機能追加
- Date and Time API追加
- JavaFXバージョン8

Java SE 8で最も注目すべきは、関数型プログラミング記法である「ラムダ式(Lambda Expressions)」に対応したことです。ラムダ式の導入によって、プログラムの構文に新しい記法が追加され、ラムダ式を使うことを想定した多くの機能が加えられています。

また、新たなコレクションとして追加されたStream APIも、重要な機能の1つです。Stream(ストリーム)とは、オブジェクトを集合体として扱えるようにしたAPIです。

(10) Java SE 9(2017年9月)、Java SE 10(2018年3月)

- モジュールシステムの追加
- Flowクラス(リアクティブストリーム)の追加
- JShellコマンド追加
- ローカル変数の型推論(Java SE 10)

Java SE 9から、モジュールシステムという機能が追加されました。従来のパッケージをグループ化して、モジュールという単位で管理する機能です。JDKの標準ライブラリ自体もモジュール化されています。そのため、これまでとは標準ライブラリの構成が大幅に異なっており、従来のシステムの移行には注意が必要です。また、Java SE 9から、毎年3月と9月の年2回の定期リリース制に変更されました。

(11) Jave SE 11(2018年9月)〜 Java SE 14(2020年3月)

- Oracle JDKのオープンソース化(OpenJDK)
- Java実行環境(JRE)単体での提供廃止
- Javaアプレットの廃止
- Unicode 10.0.0のサポート
- HttpClient API追加
- switch文の拡張
- Text Blocks機能追加(プレビュー機能)

Oracle社は、Oracle Java SEのライセンスを見直し、次の2つのJave SEの提供となりました。

- OpenJDK(無償で利用できるGPLライセンスに基づくオープンソースのJDK実装)
- Oracle Java SE(OTNライセンスに基づくJDK)

2つのJDKは、ライセンスが異なるだけで、機能的には同じものです。OTNライセンスでは、個人や開発用途などでは無償ですが、商用では有償のサポート契約が必要となります。OpenJDKは、すべてのユーザーが無償で利用できます。

Jave SE 11以降のOpenJDKでは、バグ対応やセキュリティ対策などのサポートは、基本的に次のバージョンまでの6ヶ月間です。ただし長期サポート(LTS)に対応したバージョンも定期的に提供され、Java SE 11のOpenJDKは、このLTSバージョンになります。

Jave SE 11から最新のJave SE 14では、大規模な機能の追加はありませんが、HttpClientの追加や、switch文の追加などがあります。

COLUMN

間違った英語発音

プログラミングなどで使われる英語由来の用語のうち、間違った日本式の発音で浸透している言葉がいくつかあります。たとえば、文字型を示すcharは、日本では「キャラ」と発音されることが多いでしょう。実際の発音に近い表記は「チャー」で、キャラと発音すると別の単語になるようです。他には、空(から)を表す「null」は、「ヌル」ではなく実際には「ナル」、ネットワークコマンドの「ping」は、「ピング」ではなく「ピン」。また、警告を意味する「warning」は、「ワーニング」と読まれがちですが、正しい発音に近いのは「ウォーニング」となります。

プログラミングの準備

開発環境

Java SEでは、コンパイラをはじめとする開発ツールが提供されていますので、基本的にはプログラムコードを記述するテキストエディタさえあれば、Javaの開発を行うことができます。ただ現在では、統合開発環境(IDE)を用いた開発が一般的です。Jave言語に対応したIDEは、Eclipse(https://www.eclipse.org/)、IntelliJ(https://www.jetbrains.com/ja-jp/idea/)や、NetBeans(https://ja.netbeans.org/)などがあります。これらのIDEは、Java以外の言語にも対応しており、とても多機能な開発ツールです。

なお、本書のサンプルコードは、Eclipse(Eclipse 2020)を用いて作成し、Eclipse上で動作検証を行っています。

統合開発環境Eclipseのインストール方法

Eclipseの特徴といえば、**プラグイン**という形で機能を追加できることです。そのプラグインのひとつに、**Pleiades**(https://mergedoc.osdn.jp/)という日本語化プラグインがあります。このプラグインを用いると、Eclipse本体と200以上のプラグインが日本語化されます。

▼ Pleiadesサイト

またPleiadesのサイトでは、開発を行うためのソフトウェアをひとまとめにした「Pleiades All in One」というパッケージも配布されています。このパッケージを利用すれば、簡単にEclipseをインストールすることができます。

Windows環境であれば、Pleiadesのサイトのダウンロード欄から、最新バージョン(執筆時点ではEclipse2020)をクリックします。ダウンロードパッケージには、いくつかの種類がありますが、本書では、Windows 64bit、FullEdition(JDK同梱)、Java対応のものを利用します。インストールは、ダウンロードしたzipファイルを解凍して、C:¥pleiadesなどの任意の場所に保存します。アンインストールは、フォルダごと削除するだけです。

❖ Linux環境へのインストール

PleiadesのAll in Oneパッケージ(Eclipseやプラグインが同梱される)は、Linuxには対応していないので、Eclipseの本家サイト(https://www.eclipse.org/downloads/)にあるLinux版Eclipseをインストールします。

基本的なインストールは、ダウンロードしたファイルを、/usr/local/eclipseなどに展開するだけです。/usr/local/eclipse/eclipseで起動します。

日本語化するには、Eclipseをインストールした後に、Pleiades本体のみをダウンロードして、イントール(Eclipseのディレクトリにコピーする)します。

なおディストリビューションによっては、Eclipseが標準でパッケージされていますので、ディストリビューションで用意されているパッケージ管理ツール(yumなど)を利用してインストールすることもできます。

最初のJavaプログラミング

Eclipseの使い方

Eclipseの起動は、インストールしたフォルダにあるeclipseフォルダ配下のeclipse.exeを実行します。

はじめて起動する場合、次のように「ワークスペースの選択」というダイアログが表示されます。

▼ワークスペースの選択

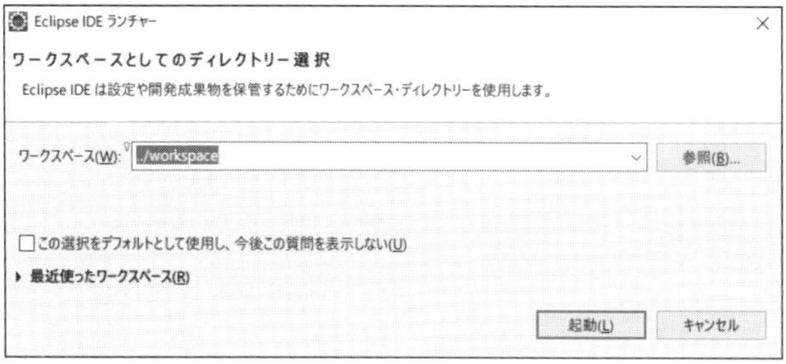

ワークスペースとは、プロジェクトファイルを保存するための作業フォルダです。Eclipseでは、プログラムの開発を**プロジェクト**という単位で管理しています。プロジェクトファイルは、ソースファイルなどをまとめたもので、新規にアプリケーションを作成する際に必要となります。

デフォルトのワークスペースの位置は、インストールフォルダ以下のworkspaceというフォルダになっています。この場所は、任意に変更可能です。

プログラムの作成・実行手順

まずプロジェクトを作成しましょう。[ファイル]メニューから、[新規]-[Javaプロジェクト]を選択します。すると次のようなダイアログが表示されるので、最初にプロジェクト名を入力します。たとえば、ここでは「PocketSample」とします。

▼新規Javaプロジェクト

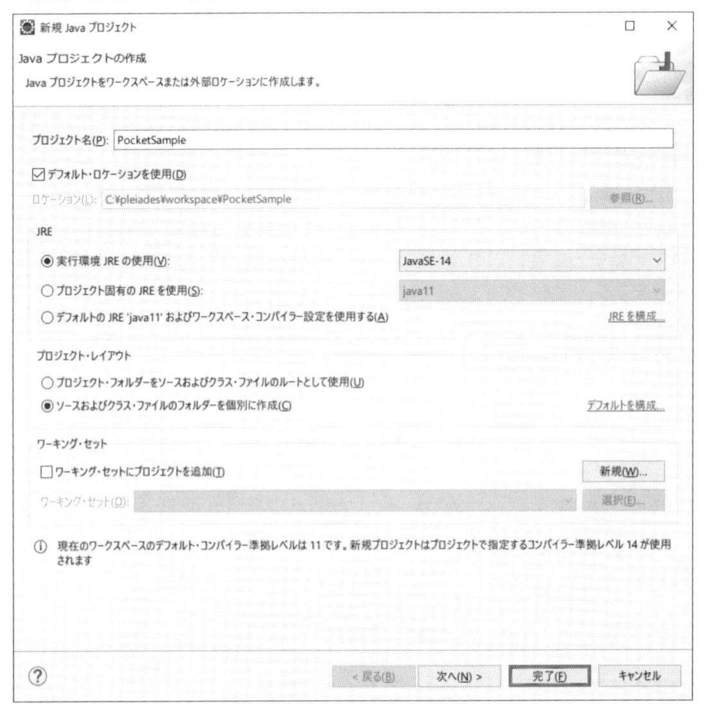

JRE欄には、このプロジェクトで利用するJREのバージョンを選択します。コンボボックスをクリックすると、利用可能なJREが表示されるので、ここでは現行の最新バージョンである「JavaSE-14」を選択します。

残りの設定はデフォルトでかまわないので、最後に[完了]ボタンをクリックします。

すると、新規module-info.javaというダイアログが表示されます。このmodule-info.javaファイルは、Java SE 9以降でモジュールシステムを利用するためのモジュール定義ファイルです。ここでは、名前を[pocket.sample]に変更して、作成ボタンをクリックします。

▼ 新規module-info.java

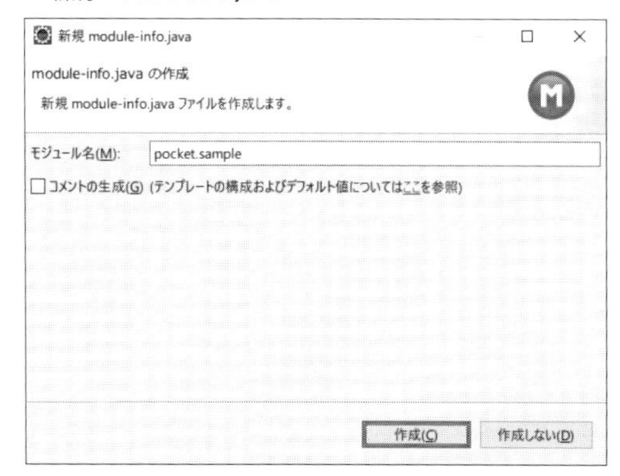

module-info.javaファイルが開きますが、このファイルにはまだ何も追記しなくてかまいません。左のパッケージ・エクスプローラーというウィンドウには、作成したプロジェクトが表示されているはずです。

▼ module-info.javaファイル

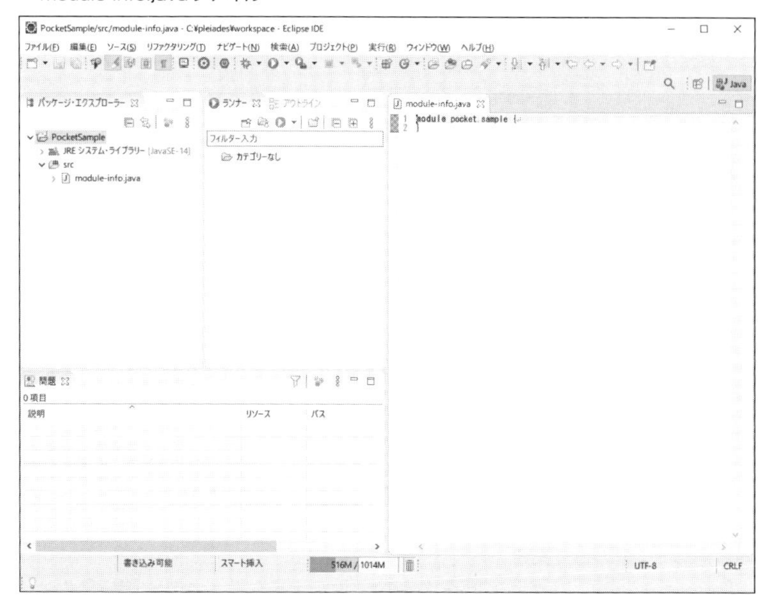

次に、このプロジェクトにソースファイルを追加します。[ファイル]メニューから、[新規]-[クラス]を選択しましょう。次のような、「新規Javaクラス」とい

うダイアログが表示されます。

Javaでは、プログラムを**クラス**という単位で作成します。つまり、プログラムの最小単位が、クラスということです。

▼新規Javaクラス

このダイアログで必要な手順は、次の3点です。

- **パッケージ名を入力する**
- **(クラスの)名前を入力する**
- **メソッド・スタブとして「public static void main(String[] args)」のチェックボックスを選択する**

パッケージ名は任意の名称を付けられますが、ここではjp.wings.pocketとします(詳細は後述)。クラスの名前には、HelloWorldと入力します。クラス名も基本的には好きな名称を付けることができますが、先頭をアルファベットの大文字から始める必要があります。

「public static void main(String[] args)」にチェックを入れて、[完了]ボタンをクリックすれば、HelloWorld.javaというファイルが作成されます。

このままでは空っぽのクラスなので、文字列を表示する処理を追加してみましょう。次のように、HelloWorld.javaに、System.out.println～を入力します。

▼ Javaプログラムの基本(HelloWorld.java)

```
package jp.wings.pocket;      ← パッケージ宣言（省略可能）
                              ← クラス名
public class HelloWorld {
                                                    コメント
public static void main(String[] args) {
        // TODO 自動生成されたメソッド・スタブ         メソッド定義    クラス定義（必須）
                              ← メソッド
        System.out.println( |Hello world");
    }
}
```

Javaは英字の大文字小文字を区別しますが、Systemの先頭を小文字で入力しても問題ありません。Eclipseが自動で変換してくれます。1つの文の最後には、セミコロン(;)を付けます。

▼ 処理の追加

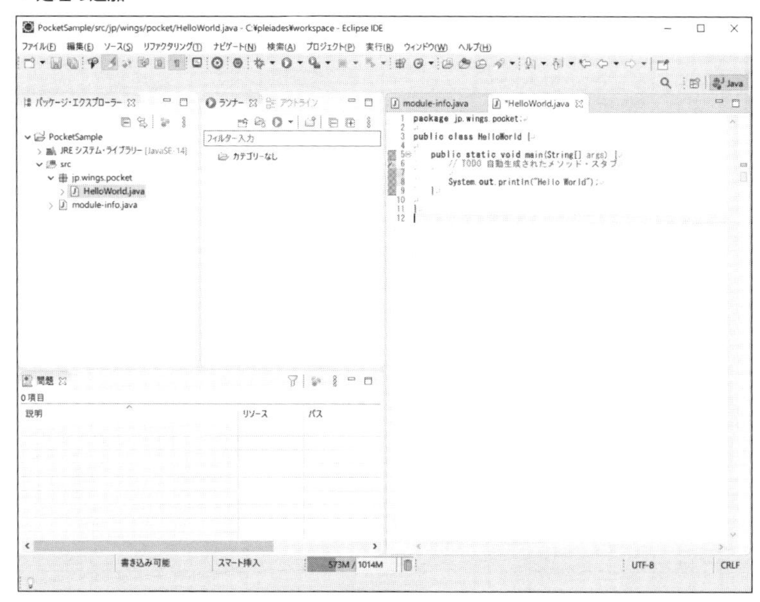

なお、System.out.printlnは、**標準出力**(コンソール画面)に文字列を表示する命令文です。

コンパイルと実行

ソースファイルからJavaクラスファイルに変換することを、**コンパイル**と呼びます。デフォルトでは、明示的にこのコンパイル(**ビルド**ともいいます)という作業を選択する必要はありません。Eclipseのデフォルトの設定で、自動的に**ビルド**するようになっているからです。

さっそく実行してみましょう。[実行]ボタンをクリックすると、保管を促すダイアログが表示されるので、[OK]ボタンの右にある▼をクリックして、表示されたメニューから[実行]-[Javaアプリケーション]を選択します。

すると図のように、コンソールウィンドウに「Hello World」という文字列が表示されます。

▼ Javaプログラムの実行

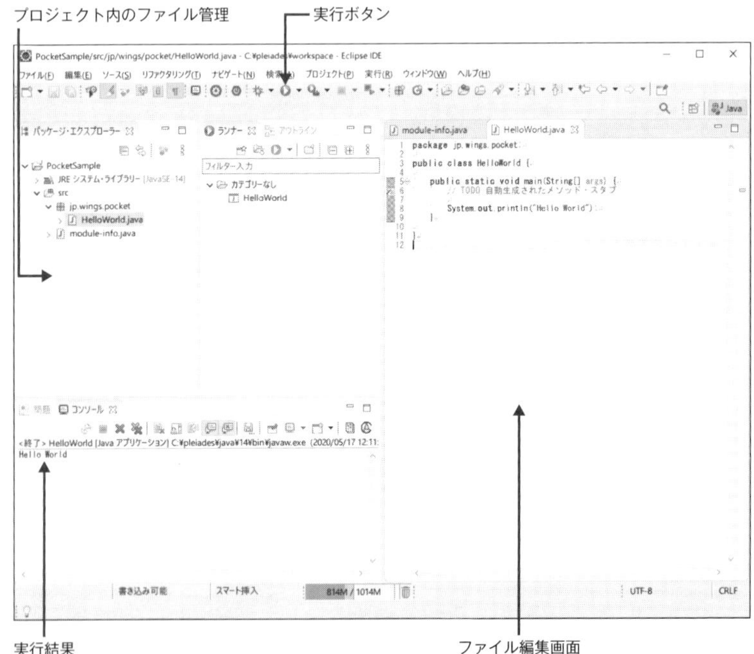

これは、ソースファイルのHelloWorld.javaから、HelloWorld.classというバイトコードに変換され、それがJVMで実行された結果です。

PocketSampleプロジェクトフォルダ以下には、ソースファイルが格納されたsrcフォルダと、ビルド後にクラスファイルが生成されるbinフォルダがあります。

Javaアプリケーションの基本

ソースファイルの構成要素

Javaのソースファイルは、通常、次の3つの要素から成り立っています。

- パッケージ宣言
- インポート宣言
- クラス(またはインターフェイス、列挙型)の定義

パッケージ宣言と**インポート宣言**は省略することもできますが、クラスの定義は必要です。

パッケージ宣言とインポート宣言

パッケージとは、プログラムを分類して管理するための仕組みのことです。またJavaでは、WindowsやLinuxのファイルとまったく同様に、パッケージを物理的なフォルダ単位で管理しています。

パッケージ宣言とは、定義したクラスが、どのパッケージに属するものなのかを宣言することです。

インポート宣言とは、異なるパッケージに属するクラスを使用したい場合に指定します。

クラス定義

Javaでは、**クラス**を最小の単位としてプログラムを記述していきます。クラスについて詳しくは後述しますが、ひとことでいうと、クラスとは「何らかの処理を行うもの」です。

HelloWorld.javaでは、HelloWorldクラスを次のように定義しています。

```
public class HelloWorld {
    public static void main(String[] args) {
        System.out.println("Hello World");
    }
}
```

クラス定義は**class**キーワードで始め、本体の定義をカッコ{ }で囲みます。なお、{ }で囲まれた部分を、**ブロック**と呼びます。

修飾子は省略可能です。HelloWorldクラスでは、**public**という修飾子が書かれ

ていますが、これは、他のクラスからもHelloWorldクラスを使用できるという意味です。publicがない場合には、同じパッケージに属すクラスからのみ使用可能です。ただ、HelloWorld.javaでは、他にクラスを定義していないので、省略しても動作に変わりはありません。

❖ フィールドとメソッド

クラスの本体には、**フィールド**と**メソッド**の定義を記述します。フィールドとはクラスの情報を示すもので、メソッドとはそのクラスの機能や処理をまとめたものです。

たとえば、テレビというクラスがあったら、電源をONにする、チャネルを切り替えるといった機能がメソッドで、電源の状態や表示しているチャネル番号がフィールドに相当します。

❖ mainメソッド

前述のHelloWorld.javaでは、public static void main～のブロックがメソッドの定義になります。ただし、このメソッドは特殊な役割を持っています。

Javaでは、プログラムが実行されると、まず最初にmainという名称のメソッドが実行されるようになっています。このメソッドのことを、**mainメソッド**と呼びます。

主要な公式ドキュメント

Javaの公式なドキュメントが、次のようにオンラインで公開されています。本書は主に、API仕様について解説していますが、すべてを網羅しているわけでないので、必要に応じて公式ドキュメントを参照してください。

- Java SE 概要
  https://www.oracle.com/jp/java/technologies/javase/documentation.html
- Java SE API & ドキュメント
  https://www.oracle.com/technetwork/jp/java/javase/documentation/api-jsp-316041-ja.html

2
基本文法

データ型と変数

データ型の種類

Javaのプログラムで扱うデータには、すべて**型**があります。型は**データ型**ともいい、そのデータの性質やサイズなどを規定するものです。たとえば、数値なのか、文字なのか、また数値であればどんな範囲なのかという情報が決められています。

データ型を大きく分けると、**基本データ型**と**参照型**があります。基本データ型は、**プリミティブ型**(primitive：原始的)とも呼ばれ、整数、浮動小数点数、真偽値、文字などの基本的な値のデータ型です。

▼基本データ型

データ型		内容	デフォルト値	サイズ（ビット数）	範囲
論理型	boolean	trueまたはfalse	false	1	trueまたはfalse
文字型	char	Unicode規格の文字	¥u0000	16	¥u0000～¥uFFFF
整数型	byte	符号付き整数	0	8	-128～127
	short	符号付き整数	0	16	-32768～32767
	int	符号付き整数	0	32	-2147483648～2147483647
	long	符号付き整数	0	64	-9223372036854775808～9223372036854775807
浮動小数点型	float	(IEEE754)浮動小数点数	0	32	±3.40282347E+38～±1.40239846E-45
	double	(IEEE754)浮動小数点数	0	64	±1.79769313486231570E+308～±4.94065645841246544E-324

参照型は、**クラス型**とも呼ばれ、**クラス**や**インターフェイス**などを扱うためのデータ型です。参照型の変数は、数値データそのものではなく、メモリ上に格納されたクラスなどの先頭アドレスを保持します。クラスを利用するときには、アドレスをたどって参照する、ということです。

整数型

byte型は、1バイト(8ビット)の範囲の値を扱うときに使用します。同様にshort型、int型、long型は、それぞれ16ビット、32ビット、64ビットの範囲を扱うときに使います。
　なおJavaでは、整数の値を、10進数だけでなく、8進数、16進数で表記することができます。8進数の場合は数値の先頭に0を、16進数の場合には先頭に0xを付与します。
　整数リテラルは、デフォルトではint型となります。明示的にlong型を指定するには、数値の最後にLまたはlを付けます。

❖ 浮動小数点型

　小数点以下の数値を扱う場合には、float型またはdouble型の浮動小数点型を使用します。float型よりも、double型のほうがより広い範囲の値を扱えます。
　整数リテラルのデフォルトはint型でしたが、浮動小数点リテラルは、明示的に指定しない限りdouble型となります。float型を指定したい場合には、数字の最後にFまたはfを付けます。

❖ 文字型

　文字型は、**Unicode**規格の文字コード(UTF-16)で表された文字を扱います。サイズは、C言語とは異なり16ビットです。**リテラル**は、任意の文字をシングルクォーテーション(')で囲みます。また、改行文字などキーボードからは直接入力できない特殊な文字を、**エスケープシーケンス**と呼ばれる、¥で始まる特殊な文字で表記することができます。

❖ 文字列型

　1つの文字は基本データ型のchar型で表せますが、複数の文字からなる文字列を扱うには、文字列型を用います。ただし文字列型は、基本データ型ではなく、Stringというクラスのオブジェクトとなります。
　文字列リテラルは、C言語などと同様に、ダブルクォーテーションで文字列を囲みます。また、エスケープシーケンス、16進数、8進数表記も記述可能です。

❖ 論理型

　boolean(論理)型は、真または偽という2つの状態を持つ真理値を扱います。リテラルは、真または偽を、それぞれtrueまたはfalseというキーワードで表記します。
　なおJavaでは、boolean型を数値に変換することはできません。C言語のように、falseを0の値として扱うようなことはできず、あくまでboolean型として存在します。また逆に、処理の分岐を行うif文などで、boolean型が要求されるところに数値を記述することはできません。

リテラル

リテラルとは、プログラムのソースコードに使用される定数で、数字や文字列がそのまま記述されたものです。数値が整数であれば**整数リテラル**、浮動小数点であれば**浮動小数点リテラル**といった使い方をします。

数値リテラルの途中には、区切り文字としてアンダーバー(_)を入れることが可能です。たとえば、123_559_765のように、桁数の多い数値をわかりやすく分離して記述することができます。ただし、リテラルの先頭と末尾、および記号の前後には記述できません。

▼リテラル

データ型			記述方法	例
整数型	byte short int long	10進数	そのまま表記	12 456など
		8進数	数値の頭に0を付ける	01 023など
		16進数	数値の頭に0Xまたは0xを付ける	0x1 0xABなど
		2進数	数値の頭に0Bまたは0bを付ける	0b01 0B0010 など (Java SE 7以降)
	long		最後にlまたはLを付ける	12L 345lなど
浮動小数点型	float		最後にfまたはFを付ける	12.3f 1.72E3Fなど
	double		小数値そのままか、dまたはDを最後に付ける	1.23 0.45Dなど
文字型	char		シングルクォーテーションで囲む	'A'　'あ'　'\u0231'など
文字列型	String		ダブルクォーテーションで囲む	"Hello" "こんにちは"など

COLUMN

テキストブロック

これまでは、文字列を複数行にわたって定義する場合、文字列をダブルクォーテーション(")で囲み、+演算子で結合する必要がありました。

Java 14以降では、テキストブロックという機能が加わり、文字列を"""で囲むだけで、複数行の文字列を1つの文字列として定義できるようになる見込みです(執筆時点ではプレビュー機能)。

サンプル ▶ **TextSample.java**

```
String text = """
            このように
            複数行で定義できる
            """;
```

エスケープシーケンス

改行などキーボードからは直接入力できない特殊な文字を、**エスケープシーケンス**と呼ばれる、¥で始まる特殊な文字で表記することができます。

▼エスケープシーケンス

エスケープシーケンス	意味
¥b	バックスペース。1文字戻る
¥t	HT(Horizontal Tab)。タブを表す文字
¥n	LF(Line Feed)。改行を表す文字
¥f	FF(Form Feed)
¥r	CR(Carriage Return)。行頭復帰を表す
¥"	ダブルクォーテーション
¥'	シングルクォーテーション
¥¥	バックスラッシュ。¥記号(または\)を表す文字
¥uxxxx	Unicode文字。xxxxには4桁のUnicodeの文字コード値を指定する

変数

変数とは、文字どおり「変わる値」を格納するためのもので、数式で用いる「x」や「y」と同じ考え方のものです。ただし、数学のように概念だけのものではなく、コンピュータのメモリという物理的な保存場所が存在します。

クラスや変数名などは、プログラムの中で自分で名前を付けなければなりません。このような名前は**識別子**と呼ばれます。識別子は、基本的には任意に命名できますが、以下のような制約(ルール)があります。

- **先頭に数字は使用できない**
- **記号は、アンダーバー(_)、ドル記号($)のみ使用可能**
- **大文字と小文字は区別される**
- **予約語は使用できない**

予約語とは、Java言語として何らかの意味を持つ、あらかじめ予約された単語です。予約語は、識別子として使用することはできません。ただしいずれかの文字を大文字にすれば、予約語と同じ識別子を使用可能です。

▼予約語

abstract	const	final	int	public	throw
assert	continue	finally	interface	return	throws
boolean	default	float	long	short	transient
break	do	for	native	static	true
byte	double	goto	new	strictfp	try
case	else	if	null	super	void
catch	enum	implements	package	switch	volatile
char	extends	import	private	synchronized	while
class	false	instanceof	protected	this	

変数のスコープ

スコープとは、変数が参照可能な範囲のことです。変数は、宣言された場所によって、参照できる範囲が変わってきます。基本的には、宣言された位置のブロック{ }の範囲となり、その範囲以外では参照することができません。

なお同一のスコープの中では、同じ変数名を宣言することはできません。異なるスコープであれば同じ変数名を宣言できますが、それぞれは別の存在として見なされます。

サンプル ▶ **ScopeSample.java**

```
public class ScopeSample {
    static int val1 = 0;          // スコープは、ScopeSampleクラス内

    public static void main(String[] args) {
        int x = 1;                   // スコープは、mainメソッド内

        System.out.println(x);          // 結果：1
        System.out.println(val1);       // 結果：0
    }
}
```

演算子

演算子

変数やリテラルに、**演算子**を組み合わせることによって、計算や処理を行います。演算子によって計算の対象となるものを、**オペランド**と呼びます。

▼演算子

<table>
<tr><th colspan="2">種別</th><th>表記</th><th>意味</th></tr>
<tr><td colspan="2" rowspan="6">単項演算子</td><td>-</td><td>マイナス(符号を反転)</td></tr>
<tr><td>++</td><td>インクリメント(+1)</td></tr>
<tr><td>--</td><td>デクリメント(-1)</td></tr>
<tr><td>!</td><td>補数演算(論理演算子)</td></tr>
<tr><td>~</td><td>ビット反転(ビット演算子)</td></tr>
<tr><td>(型名)</td><td>キャスト</td></tr>
<tr><td rowspan="14">二項演算子</td><td rowspan="5">算術演算子</td><td>+</td><td>加算</td></tr>
<tr><td>-</td><td>減算</td></tr>
<tr><td>*</td><td>乗算</td></tr>
<tr><td>/</td><td>除算</td></tr>
<tr><td>%</td><td>剰余(整数、小数の余りを求める)</td></tr>
<tr><td>代入演算子</td><td>=</td><td>値を代入</td></tr>
<tr><td>複合代入演算子</td><td>+= -=
*= /=
%= &=
^= |=
<<= >>=
>>>=</td><td>他の演算子の結果を代入する</td></tr>
<tr><td rowspan="7">ビット演算子</td><td>&</td><td>AND(論理演算子としても使用可。その場合両辺が完全に評価される)</td></tr>
<tr><td>|</td><td>OR(論理演算子としても使用可。その場合両辺が完全に評価される)</td></tr>
<tr><td>^</td><td>XOR(論理演算子としても使用可。その場合両辺が完全に評価される)</td></tr>
<tr><td>~</td><td>NOT(単項演算子)</td></tr>
<tr><td><<</td><td>左シフト(ゼロ埋め)</td></tr>
<tr><td>>></td><td>右シフト(符号拡張)</td></tr>
<tr><td>>>></td><td>右シフト(ゼロ埋め)</td></tr>
</table>

<table>
<tr><th colspan="2">種別</th><th>表記</th><th>意味</th></tr>
<tr><td rowspan="10">二項演算子</td><td rowspan="7">関係演算子</td><td>==</td><td>両辺が等しいならtrue</td></tr>
<tr><td>!=</td><td>両辺が異なればtrue</td></tr>
<tr><td>></td><td>左辺が右辺より大きいならtrue</td></tr>
<tr><td>>=</td><td>左辺が右辺以上ならtrue</td></tr>
<tr><td><</td><td>左辺が右辺より小さいならtrue</td></tr>
<tr><td><=</td><td>左辺が右辺以下ならtrue</td></tr>
<tr><td>instanceof</td><td>左辺のオブジェクトが右辺のインスタンスであればtrue</td></tr>
<tr><td rowspan="3">論理演算子</td><td>&&</td><td>AND(左のオペランドがfalseのとき、式はfalseを返し、右のオペランドは評価されない)</td></tr>
<tr><td>||</td><td>OR(左のオペランドがtrueのとき、式はtrueを返し、右のオペランドは評価されない)</td></tr>
<tr><td>!</td><td>NOT(論理否定、単項演算子)</td></tr>
<tr><td>三項演算子</td><td>条件演算子</td><td>?:</td><td>条件 ? 式1 : 式2
条件が真なら式1、偽なら式2の値となる</td></tr>
</table>

演算子は、オペランドの数によって、単項演算子、二項演算子、三項演算子に大別されます。演算子とオペランドを組み合わせると、**式**(expression)となります。なお、式は、何らかの値を生成するものすべてを含みます。式にセミコロン(;)を付けると、**文**になります。

▼優先順位

<table>
<tr><th>優先順位</th><th>演算子</th></tr>
<tr><td>高い</td><td>( )　[ ]</td></tr>
<tr><td></td><td>++　--　~　!　-　instanceof</td></tr>
<tr><td></td><td>*　/　%</td></tr>
<tr><td></td><td>+　-</td></tr>
<tr><td></td><td>>>　>>>　<<</td></tr>
<tr><td></td><td>>　>=　<　<=</td></tr>
<tr><td></td><td>==　!=</td></tr>
<tr><td></td><td>&</td></tr>
<tr><td></td><td>^</td></tr>
<tr><td></td><td>|</td></tr>
<tr><td></td><td>&&</td></tr>
<tr><td></td><td>||</td></tr>
<tr><td></td><td>?:</td></tr>
<tr><td>低い</td><td>=　-=　*=　/=　%=　&=　^=　|=
<<=　>>=　>>>=</td></tr>
</table>

演算子が評価される順番には、**優先順位**があります。たとえば、「a = a + 2」という式なら、+の優先順位が=より高いので、a + 2が先に処理されてから、結果が代入されます。演算子の優先順位は、上記の表のとおり、上のものほど優先度が高くなります。

なお、同じ優先順位のものが複数ある場合は、原則として左側から順に演算されます。例外は、代入演算子と条件演算子「?:」で、この2つの演算子では、右側の演算が先になります。

サンプル ▶ **OperatorSample1.java**

```
a = a * 2 - b;        // a * 2の次にbが減算される
x = x >> y + 3;       // y + 3が先に処理される
```

インクリメント／デクリメント演算子

インクリメント(++)、デクリメント(--)演算子は、オペランドに1を加算または減算する演算子です。これらの演算子はオペランドの前または後に記述できますが、動作が異なります。

サンプルのコードの*1は、変数yにxが代入されてからインクリメントしますが、*2はインクリメントした後の値が変数yに代入されます。

サンプル ▶ **OperatorSample1.java**

```
x = 5;
y = x++;                // *1
System.out.println(y);  // 結果：5

x = 5;
y = ++x;                // *2
System.out.println(y);  // 結果：6
```

算術演算子

+や-など、数学的に値を変化させる演算子のことを**算術演算子**と呼びます。なお、算術演算子の除算の場合、整数同士であれば、結果は小数点以下が切り捨てられた整数となります。

一方、除算の余りを求める剰余演算子(%)では、整数だけでなく、小数も扱えます。

サンプル ▶ OperatorSample1.java

```
x = 15; y = 16;

System.out.println((x + y) / 2);      // 結果：15 (15.5ではない)

x = 17; y = 4;

System.out.println(x % y);            // 結果：1
System.out.println(x % 4.5);          // 結果：3.5
```

代入演算子

代入演算子(=)は、右辺の値を左辺のオペランドに代入します。値をデータ型が異なるオペランドに代入する場合、暗黙的な型変換が行われます。ただし、左辺のデータ型より大きいデータ型の値を代入するには、キャストが必要となります。

サンプル ▶ OperatorSample2.java

```
int  x = 15;
long y = x;
byte z = (byte)x;
```

複合代入演算子

複合代入演算子とは、代入演算子と他の演算子を組み合わせた演算子です。

サンプル ▶ OperatorSample2.java

```
x += 2;    // x = x + 2と同じ
x *= y;    // x = x * yと同じ
```

ビット演算子

ビット演算とは、数値を2進数として扱う演算です。整数型のオペランド間で、各ビット単位に計算します。

▼ビット演算子

X	Y	X|Y	X&Y	X^Y	~X
0	0	0	0	0	1
1	0	1	0	1	0
0	1	1	0	1	1
1	1	1	1	0	0

整数型のデータは、2進数でも表すことができます。たとえば15であれば、2進数では1111となります。上記の表は、各ビット演算子の演算結果をまとめたものです。

&は**AND演算**(**論理積**)といい、演算するビットが両方とも1であった場合に1となる演算です。同様に、|は**OR演算**(**論理和**)といい、ビットの片方が1であった場合に1となります。^は**XOR演算**(**排他的論理和**)で、ビットが異なっていた場合に1となります。~は**NOT演算**といい、各ビットの反転を行う単項演算子です。

なお、&、|、^の演算子は、論理演算子としても利用可能です。

❖シフト演算

シフト演算とは、整数のデータを2進数のビットパターンとしてとらえ、その全桁を左や右にずらす演算のことです。2番目のオペランドで、ずらす桁数を指定します。

<<は、左シフト演算で、シフトして空いたところには0が埋められます。同様に、>>は右シフトとなります。>>の場合は、マイナスの値を右シフトした場合でも符号を考慮したシフトとなり、結果もマイナス値となります。一方>>>は、符号を考慮しない右シフトで、値を符号なしと見なして、右シフトします。

サンプル ▶ **OperatorSample3.java**

```
int x = 5;       // 0101
int y = x << 1; // 1010 (10進数なら10)
```

関係演算子

関係演算子は、2つのオペランドを比較して、その結果をboolean型の値として返す演算子です。

サンプル ▶ **OperatorSample4.java**

```
int x = 5;
int y = 2;

boolean  z = x < y;    // zはfalseとなる
```

論理演算子

論理演算とは、ブール演算とも呼ばれ、真か偽かの2通りの値をもとに、1つのboolean型の値を求める演算です。次の表は演算パターンを示しています。

▼論理演算子

X	Y	X|Y	X&Y	X^Y	!X
false	false	false	false	false	true
true	false	true	false	true	false
false	true	true	false	true	true
true	true	true	true	false	false

サンプル ▶ OperatorSample4.java

```
boolean bl = true | false;    // blはtrueとなる
```

条件演算子

条件演算子(「?:」)は、オペランドを3つ指定する演算子で、三項演算子とも呼ばれます。

条件式がtrueの場合、この演算子は、オペランド1の値を返します。反対に、条件式がfalseなら、オペランド2の値を返します。

サンプル ▶ OperatorSample4.java

```
int a = 5;
int b = 2;

int c = ( x < y ) ? 1 : 2;    // cは、a < bがfalseなので、2となる
```

&&と&、||と|の演算子は、いずれもAND演算またはOR演算を行いますが、そのふるまいに違いがあります。&&と||は、**ショートサーキット演算子**とも呼ばれ、条件によっては、左辺と右辺のオペランドを評価しません。

たとえば、a && bなら、両辺とも真である場合のみ真となるので、aが評価された時点で偽であれば、bの評価はせずに偽を返します。aが真である場合に限り、bが評価されます。

a || bなら、両辺とも偽である場合のみ偽なので、aが評価されて真であれば、bの評価はしないで真を返します。

このように、左辺のオペランドの真偽によって、右辺が評価されない場合があります。右辺に値が変化するようなオペランドがあれば、条件によって値が変わってしまうので、注意が必要です。

コメントを記述する

書式 // 1行のコメント
/* ～ */ 複数行のコメント

解説

Javaのソースコードの中には、コメントを記述することができます。コメントは、ソースコードのメモや備忘録といった役割を持つもので、プログラムのどこにでも記述可能です。コメントは、//から行末までがコメントとなる1行用と、/*と*/で囲まれた部分すべてがコメントとなる、2種類の書式があります。

サンプル ▶ **HelloWorld.java**

```
/*  複数行
 *  コメント
 */
public static void main(String[] args) {
    // 単一行のコメント
    byte abc = -2;
}
```


パッケージを宣言する

書式 package パッケージ名;

解説

パッケージとは、プログラムを分類して管理するための仕組みのことです。また、Javaでは、WindowsやLinuxのファイルシステムとまったく同様に、パッケージを物理的なフォルダ単位で管理しています。

パッケージ宣言とは、定義したクラスが、どのパッケージに属するものなのかを宣言することです。

サンプルの記述では、「このファイルに定義したクラスは、jp.wings.pocketというパッケージに属しています」という宣言になります。

サンプル ▶ **HelloWorld.java**

```
package jp.wings.pocket;
```

パッケージをインポートする

書式

```
import パッケージ名.クラス名;
import パッケージ名.*;
import static パッケージ名.クラス名.静的メンバ名;
import static パッケージ名.クラス名.*;
```

解説

インポート宣言とは、異なるパッケージに属するクラスを使用するときに、パッケージ名を省略したい場合に用います。

たとえば、jp.wings.pocketパッケージのHelloWorldクラスを、ほかのパッケージで使用したい場合には、jp.wings.pocket.HelloWorldとする必要があります。このようなパッケージまで含めたクラス名を、**完全限定名**(fully qualified name)と呼びます。

インポート宣言を用いれば、パッケージ名の記述を省略できるようになり、同じパッケージと同様の指定が可能です。

クラスをインポート宣言するには、importキーワードの後に、パッケージ名を含めたクラス名を記述します。クラスを特定しないで、そのパッケージに属するすべてのクラスを使用したい場合には、クラス名の代わりに*記号を用います。

なお、静的メンバを利用する際には、importの後にstaticキーワードをつけて宣言すれば、同様にクラス名なしで利用できます。

サンプル ▶ **HelloWorldChap2.java**

```
import jp.wings.pocket.HelloWorld; // 特定のクラス
import jp.wings.pocket.*;          // 直下のパッケージすべてのクラス
```

サンプル ▶ **StaticSample.java**

```
package jp.wings.pocket;
import static java.lang.Math.*;

class StaticSample {
    public static void main(String[] args) {
        System.out.println(PI); // Mathクラス名が省略できる
    }
}
```

Javaの中心機能を提供する標準ライブラリのjava.langパッケージは、デフォルトでインポートされます。そのため、このパッケージ内のクラスを利用する場合は、インポート宣言は不要です。たとえば、Systemクラスなどです。

型を変換（キャスト）する

書式 (type)変数名

引数 type：データ型

解説

Javaでは、異なる基本データ型の間で、データ型の変換、**型変換**をすることができます。型変換は、変換するデータ型によって、**拡張変換**と**縮小変換**に大別されます。

拡張変換とは、表現できるサイズの小さいデータ型から、大きいデータ型に変換することです。拡張変換では、自動的(暗黙的)に行われるため、特別な表記は不要です。

反対に縮小変換とは、サイズの大きいデータ型から、サイズの小さいデータ型に変換することです。縮小変換では、元のデータ情報を失う可能性があるため、明示的な指定がない場合エラーとなります。

明示的に変換を行うには、変換したいデータ型名を( )で囲んで変数の前に付加します。なお、この( )のことを**キャスト演算子**と呼びます。

次の表は、基本データ型の変換ルール一覧です。

▼型変換

→	boolean	byte	short	char	int	long	float	double
boolean		×	×	×	×	×	×	×
byte	×		○	△	○	○	○	○
short	×	△		△	○	○	○	○
char	×	△	△		○	○	○	○
int	×	△	△	△		○	●	○
long	×	△	△	△	△		●	●
float	×	△	△	△	△	△		○
double	×	△	△	△	△	△	△	

○:自動変換、●:変換可能だが情報が失われる場合がある、△:変換にはキャストが必要、×:変換できない

サンプル ▶ **CastSample.java**

```
float x = 1f;
long  y = 2;
int   z = 3;

y = z;          // int型→long型の拡張変換
x = y;          // long型→float型の拡張変換

int   a = 123;
long  b = a;
short c = a;          // コンパイルエラー
short d = (short)a;   // キャストすればOK

int   x2;
float y2;
x2 = 123456789;
y2 = x2;              // 拡張変換なのでエラーにならない

System.out.println(x2);   // 結果：123456789
System.out.println(y2);   // 結果：1.23456792E8
```

　整数同士の拡張変換では、データ情報を失うことはありません。ただし、整数を浮動小数点数に変換するときは、有効桁数が落ちることがあります。
　たとえば、float型はint型より大きな数を表現できますが、有効桁数は6桁しかないので、int型の123456789を正しく表現できません。

変数を宣言する

書式 type 変数名[[= 初期値], 変数名[= 初期値], ...];

引数 type：データ型

解説

Javaで**変数**を使用するためには、**宣言**が必要です。宣言で記述するデータ型には、基本データ型や**クラス**などの名称を指定します。変数の宣言と同時に、**初期化子**と呼ばれる=記号を用いて、**初期値**を設定することもできます。初期値を省略した場合は、変数の値は**デフォルト値**となります。なお、複数の変数をコンマで区切って、まとめて宣言することもできます。

サンプル ▶ VariableSample.java

```
int    a, b, c;          // int型変数の宣言
short  d, e = 5;         // 初期値の設定
double pi = 3.14159;     // double型変数の宣言
char   x = 'x';          // 文字型変数の宣言
```


varキーワードでローカル変数を宣言する 10

書式 var 変数名 = 初期値;

解説

Java 10から、ローカル変数の宣言で、型の代わりにvarキーワードが使えるようになりました。varキーワードでは、初期値によって型を推論(**型推論**)して、変数の型が設定されます。

サンプル ▶ VariableSample.java

```
var pi2 = 3.14159;   // double型の変数として宣言したことになる
var x2 = 'x';        // 文字型の変数として宣言したことになる
```

参照

「try-with-resources構文でリソースを確実に閉じる」 → P.101
「ラムダ式を記述する」 → P.116

定数を宣言する

書式 `final type 定数名 = 値;`

引数 type：データ型

解説

定数は、変数とは反対に、変更できない値のことです。プログラムのなかで何度も使用する値などに用います。

定数の宣言は、先頭に**final**キーワードを付加します。定数は自動で初期化されることはありませんので、初期値の設定が必要です。また宣言以降、定数に値を代入しようとすると、コンパイルエラーとなります。

サンプル ▶ **ConstSample.java**

```
final float PI = 3.14159f;
final int CELSIUS = 273;
```

参考 定数名は、一般に大文字で記述し、変数と区別するようにします。

配列を宣言する

書式1 type[] 変数名 = new type [要素数];

書式2 type[] 変数名 = new type []{ 要素1, 要素2, … };

書式3 type[] 変数名 = { 要素1, 要素2, … };

引数 type：データ型

解説

配列は、同種の値を複数まとめて管理できるデータ構造です。それぞれの値が保管される位置には、**インデックス**と呼ばれる番号が対応しており、この値を使って特定の要素の値を取り出したり変更したりすることができます。

配列の宣言には、データ型の後に[ ]という記号を付加します。宣言と同時に、要素の値を設定しても、書き方が異なるだけで同じ意味となります。

なお特定の要素の値を操作するには、[ ]に0から始まるインデックス番号を指定します。

サンプル ▸ **ArraySample.java**

```
int[] array1 = new int[5];
int[] array2 = new int[]{ 2, 4, 6 };
int[] array3 = { 2, 4 ,6 };

array1[0] = 5;

int x;
x = array2[2] + array1[0];

System.out.println(x);    // 結果：11
```

列挙型（enum）を宣言する

書式
```
enum 列挙名 {
    列挙子, …
}
列挙名.列挙子
```

解説

列挙型(enum)とは、ある複数の定数をひとまとまりとして取り扱うためのデータ型です。enumキーワードに続けて、列挙型の名称を指定し、その後の{ }に**列挙子**と呼ばれる定数名をカンマで区切って記述します。

定義した列挙子は、列挙名.列挙子のように指定して定数として利用できます。また列挙子は、switch文に用いることもできます。

列挙型は、内部的にはクラスと同じで、列挙型を定義する場所など、クラスに準じます。基本的には、1つのファイルにつき、1つの列挙型を定義しますが、他のクラスの内部にも定義することができます。

また列挙型の定義には、メソッドやフィールドを追加することもできます。

サンプル ▶ **EnumSample.java**

```
enum Signal {     // enum型Signalの定義
    RED, BLUE, YELLOW;
    @Override
    public String toString() { return "信号の色は" + name(); }
}
public static void main(String[] args) {
    Signal s = Signal.RED;
    if (s != Signal.BLUE) System.out.println("危険"); // 結果：危険
    switch (s) {
        case RED:
        case YELLOW:
            System.out.println("停止");
            break;
        default:
            break;
    }
    System.out.println(s.toString()); // 結果：信号の色はRED
}
```

注意　列挙型にメソッドやフィールドを追加する場合、列挙子の定義は先頭に記述し、列挙子の定義の末尾には、セミコロンが必要です。

参照

「複数の条件で処理を分岐する」 → P.63

処理を分岐する

書式1
```
if (condition) {
    条件式がtrueと評価されたときに実行する処理
}
[ else {
    条件式がfalseとなるときに実行する処理
} ]
```

書式2
```
if (condition1) {
    条件式1がtrueと評価されたときに実行する処理
}
else if (condition2) {
    条件式2がtrueとなるときに実行する処理
}
.
.
.
else {
    いずれの条件式もfalseのときの処理
}
```

引数 condition, condition1, condition2：条件

解説

制御文とは、プログラムの流れ(**フロー**、flow)を制御するための構文です。プログラムは、原則として上から下に流れるように実行されます。ただし、同じ処理を繰り返したり、条件に応じて処理を切り替えたい場合には、制御文を用います。

if文は、条件分岐の構文です。ある条件を判定して処理を分岐します。ifキーワードの後に、カッコ( )で囲んだ条件式を書きます。次に、その条件式がtrueのときに実行される処理を、文またはブロックで記述します。実行される処理が1つの文で済む場合は、ブロックの{ }は省略可能です。

if文の条件式に許されるのは、C言語とは異なり、boolean型として評価される式だけです。条件式がfalseと評価されると、直下の処理はスキップされ、elseキーワード以下の文が実行されます。ただし、else部は省略可能です。

条件式が複数ある場合には、elseブロックにif文をつなげることができます。

なお、条件式が複数あっても、上から順に評価され、はじめて条件式がtrueとなったところのみ、一度だけ実行されます。

サンプル ▶ **IfSample.java**

```
int x = 5;

// xが正であれば表示する
if (x > 0) {
    System.out.println(x);    // 結果：5
}
else {
    x *= 2;
}
```

COLUMN

ブロック

if文やfor文などで使用するブロック{}は、それらの文以外でも使用することができ、任意の範囲の処理をブロックで囲むことが可能です。変数のスコープも制限されますので、ブロック外の変数と同じ名前であっても、衝突することはありません。

```
public static void main(String[] args) {
    int i = 5;
    if (i == 5) {
        int x = 5;
    }
   {
        // 変数iは、mainメソッド内で有効のため宣言できない
        // int i = 10;
        int x = 10;
        System.out.println(x); // 結果：10
    }
}
```

複数の条件で処理を分岐する

書式

```
switch (expression)
{
    case const1:
        処理1
        break;

  [ case constN:
        処理N
        break; ]

  [ default :
        どのcaseでも一致しない処理
        break; ]
}
```

引数 expression：式、const1, constN：定数

解説

switch文は、if文同様、処理を分岐する制御文で、特に処理が複数あるときに使います。ただし、if文のように条件式の真偽で分岐するのではなく、式の値によって処理を分岐します。

switch文の式には、整数型(byte, short, int, char)として評価される式、列挙型、または文字列型しか許されません。またcaseキーワードの後には、定数のみ記述可能で、値の後にはコロンを付けて終端を指定します。この値と、switch式の値が一致したときだけ、該当のswitch部の処理が実行されます。いずれの式とも合致しない場合には、default部が処理されます。default部は不要であれば省略可能です。なお、同じ定数値を、異なるcase部に指定することはできません。

switch文の処理を終える場合は、break文で指定します。ただし、case部の処理とbreak文を省略することもでき、break文を省略すると、次に続くcase部が無条件に処理されます。これを**フォールスルー**と呼びます。たとえば次のサンプルのような例です。valueが1なら、firstとsecondの両方が表示されます。valueが2または3なら、secondが表示されます。

サンプル ▸ **SwitchSample.java**

```
switch(value) {
    // valueが1の場合
    case 1:
        System.out.println("first");
        break;

    // valueが2の場合
    case 2:
        System.out.println("second");
        break;
}

switch(value) {
    case 1:
        System.out.println("first");
    case 2:
    case 3:
        System.out.println("second");
        break;
}
// 文字列型の例
String str_value = "abc";
switch (str_value) {

    case "abc":
        System.out.println(str_value);
        break;

    case "def":
        System.out.println(str_value);
        break;

    }
}
```

switch文で複数の値で処理を分岐する 13

書式 `case const1 [, const2, ... constN] :`

引数 const1, const2, constN：定数

解説

Java 13では、switch文が拡張されて、case部の値に、カンマ区切りで複数の値が指定できるようになりました。指定したいずれかの値と合致した場合に、後続の処理が実行されます。

サンプル ▶ **SwitchExSample.java**

```
int value = 2;

switch (value) {
    case 1:
        System.out.println("first");
        break;

    // 複数の値が指定できる
    case 2, 3:
        System.out.println("second");
        break;
}
```

参照

「switch文でアロー構文を使う」 → P.66
「switch式で処理を分岐する」 → P.67

switch 文でアロー構文を使う 13

書式

```
case const1 [, const2, ... constN] -> 処理
case const1 [, const2, ... constN] ->
    { 処理1 [ ... 処理N] }
```

引数 const1, const2, constN : 定数

解説

Java 13では、switch文が拡張されて、case部の処理指定で、:とbreakの代わりに、アロー構文(->)が使えるようになりました。アロー構文では、複数行の処理の場合は、ブロックを使います。

なお、アロー構文では、必ず処理の記述が必要で、フォールスルーはできません。また、アロー構文と、従来の:を使った記述の混在はできず、コンパイルエラーとなります。

サンプル ▶ **SwitchExSample.java**

```
String str_value = "abc";
switch (str_value) {
    // アロー構文
    case "abc" -> System.out.println(str_value);
    case "def" -> System.out.println(str_value);
}
```

参照

「switch文で複数の値で処理を分岐する」 → P.65
「switch式で処理を分岐する」 → P.67

switch式で処理を分岐する 12

書式

```
変数 = switch (expression1) {
          case const : yield expression2;
       }
変数 = switch (expression1) {
          case const -> expression2;
       }
変数 = switch (expression1) {
          case const -> { [処理] yield expression2; }
       }
```

引数 expression1,expression2：式、const：定数

解説

従来のswitch構文は、文(ステートメント)であり、値を返す事ができませんでした。Java 12から、値を返す式として、switch構文を使えるようになりました(**switch式**)。switch式では、case部でyieldキーワードの後に指定した式の値を、switch式の結果として返すことができます。また、アロー構文でブロックなしの場合は、yieldキーワードは不要です。

なお、switch式では、switch部で指定した式に合致する、すべてのcase部が必要です。網羅していないと、コンパイルエラーとなります。

サンプル ▶ **SwitchExSample.java**

```
// switch式
var s = switch (str_value) {
    case "abc" -> "ok";
    case "def" -> "ng";
    default -> { yield "none"; }
};
System.out.println(s);
```

参照

「switch文で複数の値で処理を分岐する」 → P.65
「switch文でアロー構文を使う」 → P.66

処理を繰り返す

書式

```
while (condition) {
    繰り返したい処理
}
```

引数 condition：ループ判定式

解説

while文は、同じ処理を繰り返し行う構文です。繰り返し処理は、**ループ処理**とも呼ばれます。

while文は、もっとも基本的なループ処理で、**ループ判定式**(condition)がtrueの間、処理を繰り返します。判定式には、boolean型しか使用できません。

なお処理が1文であれば、{ }は省略可能です。

サンプル ▶ **WhileSample.java**

```
int n = 3;

while (n > 0) {
    System.out.println(n);
    n--;
}
```

⬇

```
3
2
1
```

処理を繰り返す（ループ後に条件判定）

書式

```
do {
      繰り返したい処理
}
while (condition);
```

引数 condition：ループ判定式

解説

ループの判定を最初に判定するのではなく、ブロックの後に行いたい場合には、**do...while文**を用います。whileループでは、まったく**処理**が実行されないケースがありましたが、do...whileループでは、少なくとも一度は処理を行います。

do...while文の表記では、**ループ判定式**(condition)のカッコの後に、セミコロンを付けます。セミコロンは、ループ判定式のwhileキーワードが、do...whileループのwhileであることを示すものです。

while文同様、繰り返しの処理が1文であれば、{ }は省略できます。while文との違いは、ループ判定式を評価するタイミングだけです。

サンプル ▶ **DoSample.java**

```
int n = 0;

do {
    System.out.println(n);      // 結果：0（必ず1回は実行される）
    n--;
} while (n > 0);
```

決まった回数の処理を繰り返す

書式
```
for (initialization; condition; iteration) {
    繰り返したい処理
}
```

引数 initialization：初期化、condition：ループ判定式、iteration：更新処理

解説

for文は、一般に、繰り返し処理の回数を指定したいときに使われるループ構文です。これも、繰り返す処理が単純な1文であれば、{ }のブロックを省略することができます。

for文の処理の流れは、次のようになります。

1 初期化(initialization)が実行される
2 ループ判定式(condition)が評価される
3 2.の結果がtrueなら、繰り返し処理が続行され、falseならループ処理が終わる
4 更新処理(iteration)が実行される
5 2.の処理へ戻る

for文のもっとも一般的な使い方は、次のように、**ループカウンタ**と呼ばれる変数を用いて、繰り返しの回数を制御するものです。

変数iがループカウンタとして用いられ、値が3になるまでループ処理が行われます。

サンプル ▶ **LoopSample.java**
```
for (int i = 0; i < 3; i++)
{
    System.out.print(i);
}
```

⬇

```
012
```

決まった回数の処理を繰り返す（拡張for文）

書式

```
for (type itr-var: collection) {
    繰り返したい処理
}
```

引数 type：データ型、itr-var：変数、collection：コレクション／配列

解説

拡張for文（**for-eachループ**とも呼ばれます）は、**配列**や**コレクション**の全要素を順番に取り出して処理する場合に使用され、for文に比べてシンプルに記述できます。

for文の( )内で指定したコレクション(collection)から順に要素を取り出し、宣言した変数(itr-var)へ値を代入します。その値を用いて、処理文が実行されます。宣言する変数のデータ型(type)は、コレクションの要素の型に合わせる必要があります。

サンプル ▸ **ForSample.java**

```
// int型の配列定義
int data[] = { 10, 15, 20 };

for (int val: data) {
    System.out.println(val);
}
```

⬇

```
10
15
20
```

Streamを使ってfor文を書き換えることができます。

IntStreamのrangeメソッドなどでストリームを生成して、forEachメソッドを使うと同じ動作になります。

```
// for ( int i = 0; i < 3; i++ )の置き換え
IntStream.range(0, 3).forEach(System.out::print);

// 配列をストリームに変換
Arrays.stream(data).forEach(System.out::println);
```

ループを脱出する／先頭に戻る

書式

```
break;
continue;
```

解説

　まったく無条件に制御を分岐させる構文を**ジャンプ**、あるいは**無条件分岐**と呼びます。

　break文は、forやwhileループから抜け出て処理を中断するための制御文です。実行された時点でループから脱して、次の処理に移ります。

　continue文は、その時点のループ内の処理のみ中断し、ループから脱出しないでループを継続します。continue文のところで、その回の繰り返し処理は強制的に終わり、ループの先頭に戻ります。

サンプル ▶ **BreakSample.java**

```
for (int i = 0 ; true ; i++) {
    // 変数iが3になったら、forループを中断してループを終了する
    if (i == 3) {
        break;          // ここでループを中断
    }
    System.out.println(i);
}
```

⬇

```
0
1
2
```

サンプル ▶ **ContinueSample.java**

```
for (int i = 0 ; ; i++) {
    if (i < 8) {
        continue;           // （i++の後に）ループの先頭に戻る
    }
    else if (i == 10) {
        break;              // ループ中断
    }
    System.out.println(i);
}
```

⬇

```
8
9
```

クラスを定義する

書式

```
class クラス名 {
    フィールドの宣言;
    メソッド {
        実行する処理
    }
}
```

解説

Javaのプログラムは、**クラス**という単位で構成されます。クラスをそのまま利用することもありますが、通常はクラスは設計図のようなもので、クラスを元にメモリ上に実体を作成し、利用します。この実体のことを、**インスタンス**といいます。

▼クラスとインスタンス

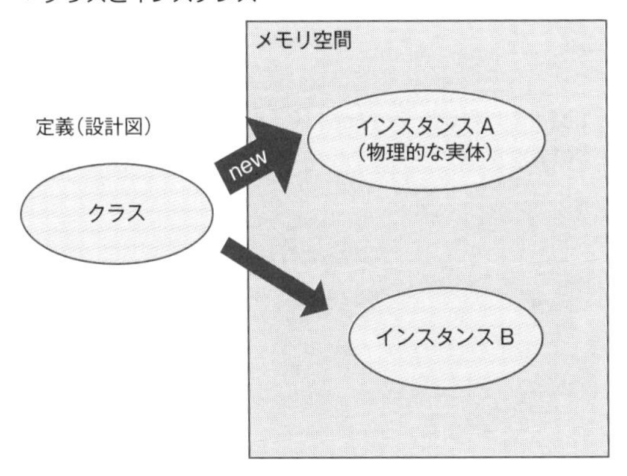

オブジェクト指向では、この世界に存在するあらゆるもの(概念的なものでも)を、**オブジェクト**と見なします。オブジェクトが相互に関連しあい、動作することによって、あらゆる処理が成り立っていると考えるのです。この考え方をソフトウェア開発に応用したのが、**オブジェクト指向開発**です。オブジェクト指向開発では、オブジェクトとなるものを抽象化し、クラスとして定義します。

クラスの定義は、**class**キーワードを用います。クラスを構成しているものを、**メンバ**と呼び、{ }内のブロックで定義します。メンバは、大きく分けると、データを定義した部分と、機能を定義したコード部分とになりますが、どちらか片方だけのクラスも可能です。

データの部分は、**フィールド**と呼び、変数や定数となります。機能の部分は、**メソッド**と呼ばれます。

サンプル ▶ **Triangle.java**

```
public class Triangle
{
    // フィールド
    float x;
    float y;

    // メソッド
    float getArea(float height, float bottom) {
        return height * bottom / 2;
    }
}
```

メソッドを定義する

書式

```
retType メソッド名([type arg1, ... argN]) {
        処理の定義
        [ return retValue; ]
}
```

引数 type：データ型、retType：戻り値のデータ型、arg1, argN：引数、ret-val：戻り値

解説

メソッドとは、クラスの実際の動作や処理、ふるまいを定義したものです。メソッドを実行する際には、同時に値を与えることができます。これを、**引数**(または**パラメータ**)と呼びます。引数は、カンマ(,)で区切って複数指定が可能です。

またメソッドには、**戻り値**を指定できます。戻り値は、メソッドの処理の結果として、メソッドを呼び出した側に返す値です。戻り値を指定するには、**return文**を用います。return文は、メソッドから明示的に抜け出るための制御文で、直ちにメソッドの処理を中断して、制御をメソッドの呼び出し元に返します。

戻り値がない場合には、return文は省略可能です。ただし、メソッドの途中で処理を終えるときには、戻り値のないreturn文を使います。

メソッド名の前には、戻り値のデータ型を記述します。戻り値がない場合には、データ型の代わりに**void**キーワードを指定します。

サンプル ▶ **Triangle.java**

```
float getArea(float height, float bottom) {
    return height * bottom / 2;
}

void getArea2(float height, float bottom) {
    this.area = height * bottom / 2;
}
```

実際にメソッドに渡す値を実引数、メソッドの定義で記述する引数を仮引数として区別することがあります。ただし本書内では、実引数と仮引数を区別せず、総称して引数と呼ぶものとします。

インスタンスを生成する

書式1 クラス名 インスタンス名;
インスタンス名 = new クラス名();

書式2 クラス名 インスタンス名 = new クラス名([type arg1, ... argN]);

引数 type：データ型、arg1, argN：引数

解説

クラスから**インスタンス**を生成するには、**new演算子**を用います。生成されたインスタンスは、変数として利用します。この変数は、**参照型**の変数となり、**オブジェクト変数**と呼ばれます。

参照型の変数は、基本データ型の変数とは異なり、データ値そのものを格納しているわけではありません。格納している値は、生成されたオブジェクトのメモリ上に存在する場所(アドレス)になります。

クラスの参照変数の定義と、インスタンス生成は、同時にもあるいは分けて書くこともできます。

サンプル ▶ **InstanceSample.java**

```
Triangle triangle1;
triangle1 = new Triangle();

Triangle triangle2 = new Triangle();
```

クラスのメンバにアクセスする

書式 インスタンス名.メソッド名([type arg1, ... argN]);
インスタンス名.変数名;

引数 type：データ型、arg1, argN：引数

解説

インスタンス生成されたオブジェクトの**メンバ**、**フィールド**と**メソッド**にアクセスするには、オブジェクト変数に**ドット**(.)を付けて、メンバを指定します。

サンプル ▶ **SquareMember.java**

```
class Square
{
    // フィールド
    float width;
    float height;

    // 面積を求めるメソッド
    float getArea() {
        return this.width * this.height;
    }
}

public class SquareMember {
    public static void main(String args[]) {
        Square sqar = new Square();

        sqar.width = 10;
        sqar.height = 5;

        System.out.println("面積：" + sqar.getArea());
    }
}
```

⬇

```
面積：50.0
```

クラス定義のなかでは、オブジェクト変数の指定をせずに、メンバの名前だけでアクセスできます。ただし、他の変数と区別するために、クラスのメンバであることを**this**キーワードを用いて明示的に指定するのが一般的です。

コンストラクタを定義する

書式

```
クラス名([type arg1, ... argN]) {
    コンストラクタ処理の定義
}
```

引数 type：データ型、arg1, argN：引数

解説

コンストラクタとは、クラスがインスタンス化されるときに、自動的に実行されるメソッドのことで、主にクラスの初期化に利用されます。

メソッドをコンストラクタとして定義するには、クラス名と同じ名前とし、戻り値を指定しません。

またコンストラクタは、メソッドと同じように引数の定義も可能です。引数を定義した場合は、クラスのインスタンスを作成する際に引数を指定します。

サンプル ▶ SquareConstructor.java

```
class Square2
{
    // フィールド
    float width;
    float height;

    // コンストラクタ
    Square2(float width, float height) {
        this.width = width;
        this.height = height;
    }

    // 面積を求めるメソッド
    float getArea() {
        return this.width * this.height;
    }
}
```

```
public class SquareConstructor {
    public static void main(String args[]) {
        Square2 sqar = new Square2(10, 5);

        System.out.println("面積：" + sqar.getArea());
    }
}
```

⬇

```
面積：50.0
```

　コンストラクタを定義しない場合、自動的に、引数のないコンストラクタが生成されます。このコンストラクタのことを、**デフォルトコンストラクタ**と呼びます。
　ただしデフォルトコンストラクタは、引数を指定したコンストラクタを定義した場合には生成されません。したがって、サンプルのSquareクラスでは、デフォルトコンストラクタは生成されず、また引数のないコンストラクタも明示的に定義していないので、以下のコードはコンパイルエラーとなります。

```
Square2 sqar = new Square2();
```

COLUMN

this

クラスのメンバにアクセスする際に指定するthisは、そのクラス自身のインスタンスを示しています。よって、this.メンバとすれば、メンバを参照することができます。また、クラスのコンストラクタ内では、this(引数);とすることで、そのクラスの他のコンストラクタを実行することができます。ただし、super()と同様、コンストラクタの最初の文として記述する必要があります。

初期化子を定義する

書式

```
public class クラス名
    static { 処理の定義 }  static初期化子
    { 処理の定義 }         インスタンス初期化子
    ...
}
```

解説

クラスのインスタンスが作成されたときには、コンストラクタが実行されますが、それ以外にも、**static初期化子**、**インスタンス初期化子**を使えば、コンストラクタと同じように起動する処理が定義できます。

static初期化子は、主に**静的変数**(クラス変数)を初期化するときに使用します。クラスが初めて使われた(クラスがロードされた)ときのみ、1回だけ実行されます。

対してインスタンス初期化子は、コンストラクタと同じように、インスタンスが生成されるたびに実行されます。コンストラクタをオーバーロードして複数のコンストラクタ内で共通する処理があるときなど、インスタンス初期化子を使えば、共通の処理を1つにまとめて記述することができます。

なお、クラスを生成するときに、初期化子やコンストラクタが起動する順番は、次のようになります。

1 スーパークラスのstatic初期化子(staticなフィールドの初期化も含む)
2 生成するクラスのstatic初期化子(staticなフィールドの初期化も含む)
3 スーパークラスのインスタンス初期化子(フィールドの初期化も含む)
4 スーパークラスのコンストラクタ
5 生成するクラスのインスタンス初期化子(フィールドの初期化も含む)
6 生成するクラスのコンストラクタ

サンプル ▶ **InitializerSample.java**

```
// スーパークラス
class SuperClass {
    static {
        System.out.println("SuperClass static初期化子");
    }
    {
        System.out.println("SuperClass インスタンス初期化子");
    }
    SuperClass() {
        System.out.println("SuperClass コンストラクタ");
```

```
    }
}

// サブクラス
class SubClass extends SuperClass {
    // static初期化子
    static {
        System.out.println("SubClass static初期化子");
    }
    // インスタンス初期化子
    {
        System.out.println("SubClass インスタンス初期化子");
    }
    // コンストラクタ
    SubClass() {
        System.out.println("SubClass コンストラクタ");
    }
}

public class InitializerSample {
    public static void main(String[] args) {
        // 初回のクラス生成
        System.out.println("1回目");
        SubClass c1 = new SubClass();
        // 2回目のクラス生成（static初期化子は呼ばれない）
        System.out.println("2回目");
        SubClass c2 = new SubClass();
    }
}
```

⬇

```
1回目
SuperClass static初期化子
SubClass static初期化子
SuperClass インスタンス初期化子
SuperClass コンストラクタ
SubClass インスタンス初期化子
SubClass コンストラクタ
2回目
SuperClass インスタンス初期化子
SuperClass コンストラクタ
SubClass インスタンス初期化子
SubClass コンストラクタ
```

静的メンバを定義／利用する

書式
```
static type 変数名;
static メソッド名([type arg1, ... argN]) { }
クラス名.静的メンバ名;
```

引数 type：データ型、arg1, argN：引数

解説

クラスのメンバに**static**キーワードを付加すると、**静的メンバ**となります。静的メンバは、クラスを**インスタンス化**しなくてもアクセスすることができます。

staticが付加付加されたフィールドは、**static変数**や**クラス変数**と呼ばれます。またメソッドも同様に、**staticメソッド**や**クラスメソッド**といいます。

静的メンバは、プログラムが実行されると、クラスから生成されるインスタンスとは別に、クラス単位に1つだけ自動的に生成されます。そのためstatic変数は、クラスに属する変数となり、各インスタンスを複数生成しても1つだけしか存在しません。

なお、静的メンバにアクセスするには、クラス名にドット(.)を付けて、メンバを指定します。

サンプル ▶ **StaticMethod.java**

```
public class StaticMethod {
    // staticメソッド
    static void print() {
        System.out.println("staticメソッド");
    }

    public static void main(String[] args) {
        StaticMethod.print(); // クラス名.メソッド名でアクセスできる
    }
}
```

⬇

```
staticメソッド
```

クラスを継承する

書式
```
class サブクラス名 extends スーパークラス名 {
    クラス定義
}
```

解説

継承(inheritance)とは、あるクラスをベースとして、新たなクラスを作ることです。元のクラスのことを**親クラス**や**スーパークラス**と呼び、新たなクラスのほうは**子クラス**や**サブクラス**と呼ばれます。

▼継承

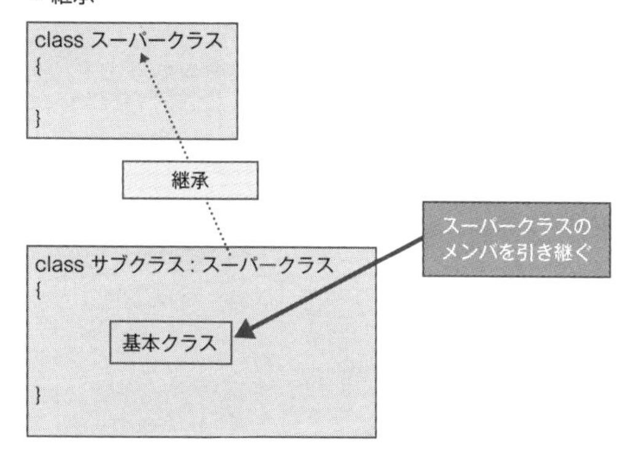

Javaのサブクラスは、1つのスーパークラスしか指定できません。これは**単一継承**と呼ばれ、複数のスーパークラスから継承する**多重継承**は許されていません。ただし、サブクラスからさらに継承することは可能です。

継承を定義するには、クラスの定義で、**extends**キーワードを付けて、スーパークラスを指定します。

サンプル ▶ **SquareExtends.java**
```
class Square3 extends Square2
{
    Square3(float width, float height) {
        super(width, height);
    }
}
```

スーパークラスのコンストラクタを実行する

書式 super([type arg1, ...argN]);

引数 type：データ型、arg1, argN：引数

解説

フィールドとメソッドは、スーパークラスからサブクラスへ引き継がれますが、コンストラクタは継承されず、各クラスごとに独立したものになります。ただし、サブクラスがインスタンス化され、**コンストラクタ**が処理される際に、自動的にスーパークラスのデフォルトコンストラクタが実行されます。

デフォルトコンストラクタ以外を実行するには、**super**キーワードを用いて、明示的に実行する必要があります。

なおsuperは、コンストラクタの最初の文として記述する必要があります。他の文があるとコンパイルエラーとなります。

サンプル ▶ **SquareExtends.java**

```
class Square3 extends Square2
{
    // コンストラクタは継承しないので必要となる
    Square3(float width, float height) {
        // スーパークラスのコンストラクタで初期化
        super(width, height);
    }

    @Override
    public float getArea() {
        return this.width * this.height / 2;
    }
}

class SquareExtends {
    public static void main(String args[]) {
        Square3 sqar = new Square3(2, 3);
        System.out.println("面積：" + sqar.getArea());
    }
}
```

⬇

```
面積：3.0
```

オーバーライドを定義／禁止する

書式
```
final type メソッド名([type arg1, ... argN]) { }
final class クラス名([type arg1, ... argN]) { }
```

引数 type：データ型、arg1, argN：引数

解説

スーパークラスで定義したメソッドをサブクラスで再定義することを、**オーバーライド**と呼びます。再定義するメソッドは、スーパークラスのメソッドと同じ名称、同じ引数とする必要があります。

なお、メソッドのオーバーライドを禁止することもできます。その場合は、メソッド定義の先頭に、**final**キーワードを付加します。またfinalキーワードは、クラスの定義にも用いることができます。finalをクラスに用いると、クラスの継承を禁止したことになります。

サンプル ▶ **SubClass.java**

```
class SuperClassA {
    void methodA(int i) {
        System.out.println(i);
    }

    final void methodB(int i) {
        System.out.println(i * 2);
    }
}

class SubClassB extends SuperClassA {
    // オーバーライド
    @Override
    void methodA(int i) {
        System.out.println(i * 10);
    }

   // void methodB(int i) { }とはできない

    public static void main(String[] args) {
        SubClassB sub = new SubClassB();
        sub.methodA(10); // 結果：100
    }
}
```

可変長引数を定義する

書式 戻り値の型 メソッド名([type arg1, ... argN] type ... arg)

引数 type：データ型、arg1, argN, arg：引数

解説

メソッドの定義で、引数の型のあとに(...)をつけると、そのメソッドを呼び出すときに、指定した型の引数を複数記述できるようになります。このような引数を、**可変長引数**と呼びます。なお可変長引数は、メソッドの最後の引数にだけ指定可能です。

なお、呼び出されたメソッド内で可変長引数を参照するには、その引数を配列として扱います。

サンプル ▶ **VLengthSample.java**

```
class VLengthSample {

    void method(String... args) {    // 可変長引数
        for (String s : args) {      // argsは配列として扱う
            System.out.println(s);
        }
    }

    public static void main(String[] args) {
        VLengthSample v = new VLengthSample();
        v.method("a");
        v.method();
        v.method("a", "b", "c");
    }
}
```

⬇

```
a
a
b
c
```

アクセス制御する

書式 アクセス修飾子 フィールド定義
アクセス修飾子 メソッド定義
アクセス修飾子 class クラス定義

解説

オブジェクト指向の考え方の1つに、**カプセル化**があります。カプセル化とは、データや処理をクラス内部に隠蔽して、外部からは公開された手段のみでアクセスするというものです。

カプセル化を実現するために、Javaでは外部からのアクセスを制御するための修飾子、**アクセス修飾子**が用意されています。

▼アクセス修飾子

アクセス修飾子	意味
private	同じクラスのメンバからのみアクセス可能
なし	同じパッケージ内からのみアクセス可能
protected	同じパッケージか、そのサブクラスからのみアクセス可能
public	どのクラスでもアクセス可能

アクセス修飾子は、クラスの定義、フィールド、メソッド、コンストラクタに付加することができます。

サンプル ▶ **AccessSample.java**

```
public class AccessSample {
    protected int val = 0;

    private void methodA(int i) {
        System.out.println(i * 10);
    }

    public static void main(String[] args) {
        AccessSample obj = new AccessSample();
        obj.methodA(10);
    }
}
```

クラスの定義には、protectedとprivateを指定することはできません。publicまたは、何も指定しない、のどちらかです。

抽象メソッド／クラスを定義する

書式 abstract メソッド名([type arg1, ... argN]);
abstract クラス定義

引数 type：データ型、arg1, argN：引数

解説

抽象メソッドとは、処理の中身がなく、メソッド名や引数だけを定義したメソッドのことで、**abstract**キーワードを付加して定義します。抽象メソッドの処理自体は、そのクラスのサブクラスで定義します。

抽象クラスとは、1つ以上の抽象メソッドを持つクラスのことで、classの前に、abstractキーワードを付けて定義します。つまり抽象メソッドを持つクラスでは、必ずabstractを付けて定義しなければなりません。

抽象メソッドや抽象クラスは、サンプルのFigureクラスのように、各サブクラスで共通するメソッドを定義する場合に用います。

サンプル ▶ **figure.abst.Figure.java**

```
abstract class Figure {         // 図形クラス
  abstract float getArea();     // 面積を求める
}
class Square extends Figure { //四角形クラス
    float width;
    float height;

    Square( float width, float height ){
        this.width = width;
        this.height = height;
    }
    float getArea() { return this.width * this.height; }
}
class Circle extends Figure {  // 円クラス
    float radius;

    Circle(float radius) {
        this.radius = radius;
    }
    float getArea() {
        return this.radius * this.radius * 3.14f; }
}
```

```
class Triangle extends Figure { // 三角クラス
    float base;
    float height;

    Triangle(float base, float height) {
        this.base = base;
        this.height = height;
    }
    float getArea() {
        return this.base * this.height / 2; }
}
class FigureDemo {
  public static void main(String args[]) {

    Figure fig; // スーパークラスの宣言
    fig = new Square(2,3);
    System.out.println(fig.getArea()); // 結果：6.0
    // →Squarクラスのメソッドが実行される

    fig = new Circle(2);
    System.out.println(fig.getArea()); // 結果：12.56
    // →Circleクラスのメソッドが実行される

    fig = new Triangle(2,3);
    System.out.println( fig.getArea()); // 結果：3.0
    // →Triangleクラスのメソッドが実行される
  }
}
```

オブジェクト指向に、**ポリモフィズム**(多態性)という考え方があります。ポリモフィズムとは、同じメソッドを使って、暗黙的にさまざまなインスタンスの動作を切り替えるというものです。

たとえば上記のサンプルでは、Figureクラスを継承するSquareクラス、Triangleクラス、Circleクラスがあり、それぞれ面積を計算するareaメソッドがオーバーライドされています。

Javaでは、スーパークラスの型の参照変数(変数fig)には、サブクラスの参照(Squareなどのインスタンス)を代入できます。この参照を使ってメソッドを起動した場合、スーパークラスの型ではなく、サブクラスのメソッドが起動します。そのため、同じ型のオブジェクトに対して、同じメソッド(getArea)を実行しても、代入されたオブジェクトが異なれば、異なるメソッドが起動されるのです。

インターフェイスを定義する

書式

```
interface インターフェイス名{ }                                   定義
class クラス名  implements インターフェイス名 { }                   実装
interface インタフェース名 extends スーパーインターフェイス名{ } 継承
```

解説

インターフェイスとは、ある特定の機能の概要を定義したものです。抽象クラスと同様に、処理の中身がなく、メソッド名や引数だけを定義します。実際の処理は、インターフェイスを継承したクラスで定義します。このように、インターフェイスを継承して処理を定義することを、インターフェイスの**実装**といいます。

インターフェイスの定義は、**interface**キーワードを用います。なお、インターフェイスで定義するメソッドは、すべてpublicを指定したことになります。そのため、実装するメソッドには、public修飾子が必要となります。

クラスでインターフェイスを実装する場合は、**implements**キーワードを用います。複数のインターフェイスを実装することもでき、カンマで区切って指定します。またインターフェイスは、それ自体クラスと同様、継承することができます。継承の定義は、クラスと同様にextendsキーワードを用います。

インターフェイスは、継承とは関係なく、複数の型をクラスに実装することができます。親子の関係となる抽象クラスの継承とは異なり、あくまでも共通の機能を定義したものになります。

サンプル ▶ **figure.interface.Figure.java**

```
interface GetAreable
{
    // 面積を求める
     float getArea();
}

// 四角形クラス
class Square implements GetAreable
{
    float width;
    float height;

    Square(float width, float height) {
        this.width = width;
        this.height = height;
    }

    public float getArea() {
        return this.width * this.height;
    }
}

class FigureDemo {
    public static void main(String args[]) {
        Square sqa = new Square(2, 3);
        System.out.println("面積：" + sqa.getArea());
    }
}
```

⬇

```
面積：6.0
```

インターフェイスで静的メソッド、デフォルトメソッドを定義する

書式

```
interface インターフェイス名 {
    static 戻り値の型 メソッド名(引数);      静的メソッド
    ...
}
interface インターフェイス名 {
    default 戻り値の型 メソッド名(引数);     デフォルトメソッド
    ...
}
```

解説

インターフェイスに、処理の中身が記述できる**静的(static)メソッド**や、**default メソッド**が使えます。

インターフェイスの静的メソッドを実行するには、クラスと同様、インターフェイス名.メソッド名()と記述します。ただし、指定できるのは、定義したインターフェイス名のみで、実装したクラス名やインターフェイス名を使って呼び出すことはできません。

defaultメソッドは、通常のメソッドと変わりなく、インターフェイスを実装したクラスから実行、オーバーライドが可能です。

インターフェイスに実装が記述できることで、互換性を損なうことなく既存のインターフェイスを拡張したり、クラスの多重継承に似た使い方が可能になりました。

サンプル ▶ **DefaultInterface.java**

```
interface Intf1 {
    default void do1() { // デフォルトメソッド
        System.out.println("do1");
    }
}
interface Intf2 {
    default void do2() { // デフォルトメソッド
        System.out.println("do2");
    }
}
interface Intf3 {
    static void do3() { // 静的メソッド
        System.out.println("do3");
    }
}
```

```
//  複数のインターフェイスの実装
class DefaultInterface implements Intf1, Intf2 {
    public static void main(String[] args) {
        DefaultInterface df = new DefaultInterface();
        df.do1();
        df.do2();
        Intf3.do3();     // 静的メソッドの実行
    }
}
```

⬇

```
do1
do2
do3
```

Objectクラスの toString、equals、hashCodeメソッドや、final修飾子がついたメソッドは、defaultメソッドとしてオーバーライドできません。

「関数型インターフェイスを定義する」 → P.118

COLUMN

インターフェイスのmainメソッド

インターフェイスにstaticメソッドが実装できるようになったことで、mainメソッドも実装可能になりました。サンプルのように、インターフェイスのみで実行することができます。

サンプル ▶ **StaticInterface.java**

```
public interface StaticInterface {
    public static void main(String[] args) {
        System.out.println("mainメソッド");  // 結果：mainメソッド
    }
}
```

インターフェイスで privateメソッドを定義する 9

書式

```
interface インターフェイス名 {
    private [static] 戻り値の型 メソッド名(引数);
    ...
}
```

解説

Java 9から、インターフェイスのメソッドに、privateキーワードが使えるようになりました。privateキーワードを付加すると、インターフェイスの内部でのみ利用できるメソッドとなり、インターフェイス外部や実装したクラスからは、呼び出すことはできません。

サンプル ▶ **PrivateInterface.java**

```
interface PrivateSampleInterface {
    default void do1() {
        do2();
    }
    // privateメソッド
    private void do2() { System.out.println("private"); }
}

class PrivateInterface implements PrivateSampleInterface {
    public static void main(String[] args) {
        var pi = new PrivateInterface();
        pi.do1();
    }
}
```

内部クラスを定義する

書式

```
class 外部クラス名 {
    class 内部クラス名 { クラス定義 }
    ...
}
class 外部クラス名 {
    メソッド名 {
        class 内部クラス名 { クラス定義 }
    }
    ...
}
```

解説

内部クラス(または**インナークラス**)とは、クラスの中で、さらにクラスを定義したものです。内部クラスは、イベントの処理などクラス間の関係を明確にする場合や、クラスで実装したい処理を外部に公開したくない、する必要がない場合などに使用します。

内部クラスは、フィールドやメソッドと同じように定義することが可能で、staticキーワードを付加した場合は、静的クラスとなります。またメソッド内に定義することもできます。メソッド内で定義した内部クラスは、**メソッドローカル**な内部クラスと呼びます。

内部クラスは、クラスのメンバでもあるため、内部クラスを定義しているクラス(**外部クラス**と呼びます)のメンバには自由にアクセスすることできます。たとえprivateアクセスレベルであっても参照可能です。

また内部クラスや内部クラスのメンバには、アクセス修飾子を付けることができます。アクセス修飾子を付けない場合は、同じパッケージ内のクラスから、内部クラスにアクセス可能となります。

メソッド内に内部クラスを定義した場合、その内部クラスはメソッド内でのみ有効で、外部クラスのメンバを参照することはできません。

サンプル ▶ **InnerSample.java**

```
public class InnerSample {

    class Inner1 {
        public void disp() {
            System.out.println("Inner1クラス");
        }
    }
```

```
    // staticな内部クラス
    static class StaticInner {
        public void disp() {
            System.out.println("static Innerクラス");
        }
    }

    public void disp() {

        // メソッドローカルな内部クラス
        class Inner2 {

            public void disp() {
                System.out.println("Inner2クラス");
            }
        }
        new Inner2().disp();
    }

    public static void main(String[] args) {

        InnerSample is = new InnerSample();
        is.disp();

        // 内部クラスのインスタンス生成
        InnerSample.Inner1 inner = is.new Inner1();
        inner.disp();

        // InnerSampleの指定は不要
        new StaticInner().disp();
    }
}
```

⬇

```
Inner2クラス
Inner1クラス
static Innerクラス
```

内部クラスをメソッド内に定義した場合、内部クラスからメソッド内のローカル変数を参照することはできません。ただしfinal修飾子を付けて、定数化すれば参照可能です。

無名クラスを定義する

書式 new スーパークラス名( ) { クラスの定義 }
new インターフェイス名( ) { インターフェイスの実装 }

解説

内部クラスでは、クラス名のない**無名クラス**(または**匿名クラス**)を定義することできます。

無名クラスは、特定のクラスやインターフェイスを元にして定義し、new演算子によるオブジェクト生成まで定義します。無名クラスを利用することで、新たなクラスを宣言することなく、メソッド内でクラスの定義や、インターフェイスの実装が可能となります。なお、インターフェイスの実装でも、無名クラスの場合では、implementsキーワードの記述は不要です。

無名クラスを使えば、抽象クラスやインターフェイスから直接オブジェクトが生成でき、イベントハンドラの実装など、冗長になりがちなコードを簡潔に記述することができます。

サンプル ▶ **AnonymousSample.java**

```
interface Idisp {
    void disp();
}

public class AnonymousSample {
    public static void main(String[] args) {
        // Idisp型オブジェクトの定義と生成
        Idisp obj = new Idisp()  {
            private String msg = "無名クラス";

            public void disp() {
                System.out.println(msg); // 結果：無名クラス
            }
        };
        obj.disp();
    }
}
```

参考 無名クラスの元になるクラスとして、特定のクラスを指定しない場合には、すべてのクラスのスーパークラスであるObjectクラスを指定します。

例外処理を定義する

書式

```
try {
      例外を検出したい処理
}
catch (例外クラス名 変数名) {
      例外が発生したときに行う処理
}
[finally {
      終了処理 (例外の有無に関係ない)
}]
```

解説

例外とは、プログラムの動作において、想定外の事象、エラーのことを指します。また、例外が発生した際に行う処理のことを、**例外処理**と呼びます。

Javaのデフォルトの例外処理では、あらかじめ用意されているエラーメッセージを表示して、プログラムを強制終了します。通常のアプリケーションでは、強制終了の代わりに、たとえばログ書き込みなど、独自の処理を追加します。

Javaでは、例外の発生を、エラー情報などが含まれた**例外クラス**の生成を行うことで通知します。このように例外クラスのオブジェクトを生成することを、**例外をスローする**といいます。

Javaのデフォルトの例外処理ではなく、独自の例外処理を記述するには、**try ... catch ... finally文**を用います。

tryブロックには、例外が発生する可能性があり、例外を検出したい処理を書きます。catchブロックには、例外が発生したときの処理を記述します。また、catchブロックを複数記述することで、複数の例外処理が定義可能です。ただし処理が実行されるのは、発生した例外クラスに合致したcatchブロック1つだけです。なお、catchブロックは、**エラーハンドラ**とも呼ばれます。

finallyブロックは、例外が発生してもしなくても、メソッドの最後に必ず実行したい処理を書きます。必要でなければ省略可能です。

サンプルのArithmeticExceptionクラスは、例外クラスのひとつで、算術演算の際に発生した例外に対応しています。このように、例外の種類によって異なる例外クラスが生成されるので、複数の例外が発生する場合には、catchブロックを複数用意して、それぞれの例外処理を分けることができます。

サンプル ▶ **ExceptionDemo1.java**

```
// Javaのデフォルトの例外処理
int a = 5;
a /= 0;
```

```
Exception in thread "main" java.lang.ArithmeticException: / by zero
    at jp.wings.pocket.chap2.ExceptionDemo1.main(ExceptionDemo1.java:8)
```

サンプル ▶ **ExceptionDemo2.java**

```
// 独自の例外処理
try {
    int a = 5;
    a /= 0;
}
catch (ArithmeticException ex) {
    System.out.println(ex.getMessage());
}
finally {
    System.out.println("終了処理");
}
```

```
/ by zero
終了処理
```

すべての例外クラスは、java.langパッケージにあるThrowableクラスを継承しています。このクラス、またはこのクラスのサブクラスのインスタンスだけが、catchステートメントの引数の型に指定できます。

java.lang.Errorクラスは、Java仮想マシンで検出されるような致命的な例外で、通常はアプリケーションで処理する必要はありません。

java.lang.Exceptionクラスを継承するクラスは、プログラムに起因する例外で、さらにjava.lang.RuntimeExceptionクラスを継承するクラスと、それ以外に区別することができます。

RuntimeExceptionのサブクラスは、上記のゼロ除算のようなプログラムのエラーで、**非チェック例外**と呼ばれ、コンパイルの際にチェックされません。

Exceptionクラスのサブクラスで、RuntimeExceptionのサブクラス以外は**チェック例外**と呼ばれ、コンパイルの際に検査されます。これらの例外が発生する可能性があれば、必ず例外処理が必要になり、定義されていない場合にはコンパイルエラーとなります。

▼例外クラス

```
java.lang.Throwable
  ├─java.lang.Error──(非チェック例外)
  └─java.lang.Exception
       ├─java.lang.RuntimeException──(非チェック例外)
       └─チェック例外のクラス
```

複数の例外をまとめてキャッチする

書式

```
try { ... }
catch (例外クラス名1 [| 例外クラス名2 | ... | 例外クラス名n]
変数名) {
    例外が発生したときに行う処理
}
[finally {...}]
```

解説

複数の例外をまとめてキャッチできる、**マルチキャッチ**機能は、例外クラスをバーティカルバー(|)で区切って列挙します。例外クラスにかかわらず、例外が発生したときに行う処理が同じであれば、マルチキャッチを用いると、よりシンプルに記述できます。

サンプル ▶ **MultiCatchSample.java**

```
public static class Exception1 extends Exception {
}
public static class Exception2 extends Exception {
}
public static void main(String[] args) {
    int n = 2;
    try {
        switch (n) {
        case 1:
            throw new Exception1();
        case 2:
            throw new Exception2();
        }
    }
    catch (Exception1 | Exception2 e) {      // マルチキャッチ
        // Exception2の例外ならtrue
        System.out.println(e instanceof Exception2);
    }
}
```

⬇

```
true
```

継承関係にある例外クラス(IOExceptionとFileNotFoundExceptionなど)は、マルチキャッチとして列挙することはできません。

try-with-resources構文でリソースを確実に閉じる

書式

```
try (リソースの宣言) {
    ...
}
```

解説

ファイルやデータベースなどのリソースをオープンした場合、リソースを解放するためにクローズ処理を実行する必要があります。そのようなケースでは、オブジェクトがtryブロックを抜ける際に、自動的にクローズ処理を呼び出す**try-with-resources構文**が便利です。

この構文を使うには、tryキーワードの直後の()内に、1つ以上のリソースを宣言します。複数のリソースを宣言する場合は、セミコロンで区切ります。またJava 10からは、varキーワードを使った宣言が使えるようになりました。

なお、try-with-resources構文が使えるのは、java.lang.AutoCloseableを実装したクラスのみです。

サンプル ▶ **TWRSample.java**

```
// try-with-resources構文
try (var fis = new FileInputStream("file.txt")) {
    int content;
    while ((content = fis.read()) != -1) {
        System.out.print((char)content);
    }
    // 明示的なクローズは不要
}
catch (IOException e) {
    e.printStackTrace();
}
```

参考 try-with-resources構文では、tryブロックを抜けるとクローズが実行されます。そのため、catchブロックやfinallyブロックでは、リソースはクローズ済みで、利用することはできません。従来は、明示的にクローズを実行しない限り、catchブロックやfinallyブロックで利用可能でした。

try-with-resources構文で既存の変数を利用する 9

書式

```
リソースの宣言;
try( リソースの変数 ){
    ...
}
```

解説

Java 9から、try-with-resources構文で、tryキーワードの直後の()内に、既存の変数が使えるようになりました。try-with-resources構文の前に定義したリソースが使えます。ただし、finalを使って宣言したリソースか、値の更新がされていない、実質的にfinalな変数である必要があります。

サンプル ▶ **TWRSample2.java**

```
public static void main(String[] args) throws FileNotFoundException
{
    var fis = new FileInputStream("file.txt");

    // 変数の割り当ては不要
    try (fis) {
        int content;
        while ((content = fis.read()) != -1) {
            System.out.print((char)content);
        }
    } catch (IOException e) {
        e.printStackTrace();
    }
}
```

例外処理を呼び出し側に任せる

書式

```
戻り値の型 メソッド名() throws 例外クラス {
    ...
}
```

解説

メソッド内で発生した例外を、そのメソッドの中で処理しないで、メソッドを呼び出した側で行うこともできます。例外が非チェック例外であれば、例外処理がそのメソッドに見当たらない場合、自動的に呼び出し元をたどって、例外処理を探します。ただし、例外がチェック例外なら、**throws**キーワードを使って、明示的に例外を呼び出し側に送出する必要があります。

throwsキーワードでは、そのメソッドで発生する可能性のある、チェック例外クラスすべてを指定します。例外クラスが複数であれば、カンマで区切って記述します。

throwsキーワードは、指定した例外を呼び出し元で処理するという意味なので、呼び出し元にエラーハンドラが必要となります。

サンプル ▶ **ExceptionThrows.java**

```
public class ExceptionThrows {
    // FileNotFoundException例外を委譲する
    static void methodSample() throws FileNotFoundException {
        FileReader exFile = new FileReader("aaaa.txt");
    }

    public static void main (String[] args) {
        try {
            methodSample();
        }
        catch (FileNotFoundException e) {
            System.err.println(e.getMessage());
        }
        finally {
            System.out.println("finally");
        }
    }
}
```

⬇

```
aaaa.txt (指定されたファイルが見つかりません。)
finally
```

例外を任意に発生させる

書式 throw new 例外クラス名;

解説

throw文は、メソッドの任意の位置で、例外を発生させる場合に用います。throwキーワードの後には、Throwableクラスのサブクラスを指定します。throw文は、プログラムを中断して、指定した例外オブジェクトを処理できるもっとも近いエラーハンドラに制御を移します。

サンプル ▶ **ExceptionThrowNew.java**

```
public class ExceptionThrowNew {
    // throwsで、IllegalAccessException例外を指定
    static void throwSample() throws IllegalAccessException {
        System.out.println("throwSample");

        // 例外のスロー
        throw new IllegalAccessException("demo");
    }

    public static void main(String[] args) {
        try {
            throwSample();
        } catch (IllegalAccessException e) {
            System.out.println(e);
        }
    }
}
```

⬇

```
throwSample
java.lang.IllegalAccessException: demo
```

標準アノテーションを利用する

書式 @アノテーション名 対象[("警告")]

引数 対象：パッケージ／クラス／メソッド／フィールド、
警告：unchecked, deprecation, fallthrough, finally, serial, path, unused, all

解説

アノテーションとは、Javaコンパイルに対して、ソースファイルに記述する注釈やオプションのようなものです。ソースコードのロジックに対しては何の影響もありません。

アノテーションのうち、標準で提供されるアノテーションを、**標準アノテーション**と呼び、次のようなものがあります。

▼標準アノテーション

名称	対象	用途
@Override	メソッド	スーパークラスのメソッドを継承していることを示す
@Deprecated	クラス、メソッド	非推奨であることを示す
@SuppressWarnings	パッケージ、クラス、フィールド、メソッド	以下の指定の警告メッセージを抑制する ・unchecked：安全でない型のカーストなど ・deprecation：使用すべきでないクラスやメソッドを使用した ・fallthrough：switchブロックにbreakがない ・finally：finallyブロックが正常に実行できない ・serial：直列化可能なクラスにserialVersionUIDが未定義 ・path：コンパイルオプションのclasspathやsourcepathが存在しない ・unused：使用されていない変数やメソッドが存在する ・preview：プレビュー機能を使用している ・all：上記すべての警告
@FunctionalInterface	インターフェイス	インターフェイスを関数型インターフェイスとして定義したい場合

Overrideアノテーションは、指定したメソッドが**オーバーライド**の対象であることをコンパイラに伝えます。たとえば、オーバーライドのつもりでいても、引数の記述ミスなどで、オーバーライドにならない場合があります。プログラマの意図とは異なっていても、文法上誤りではないので、エラーの表示はありません。そのようなとき、Overrideアノテーションを付与しておくと、オーバーライドになっていないことを警告するようになります。

Deprecatedアノテーションは、主にAPIのソースに使用されているもので、現状のバージョンでは古くなって使用が推奨されないクラスやメソッドであることを、プログラマに警告させるものです。

SuppressWarningsアノテーションは、指定した警告メッセージの表示を抑制するものです。たとえば、古いプログラムを最新バージョンのJavaでコンパイルしたら、記述方法の変更のため大量の警告が表示された、といった場合に有効なアノテーションです。

FunctionalInterfaceアノテーションは、指定したインターフェイスが関数型インターフェイスであることを表すためのものです。関数型インターフェイスの条件を満たしていないときは、コンパイル時にエラーが発生します。

サンプル ▶ **AnnotationSample1.java**

```
class FigureSample
{
    float getArea(float a, float b) { return 0.0f; }
}

class SquareSample extends FigureSample
{
    // Deprecatedの表示（Eclipse上で表現される）
    @Deprecated
    public int sample() { return 0; }

    // 引数の型が異なるためエラーとなる
    //@Override
    double getArea(double a, double b) {
        return a * b;
    }
}

@SuppressWarnings("unused")
public class AnnotationSample1 {
    public static void main(String[] args) {
        // 未使用の警告が抑制される
        int x;
        SquareSample obj = new SquareSample();
        obj.sample();
    }
}
```

独自のアノテーションを利用する

書式
```
@interface アノテーション名 { アノテーション本体 }
@アノテーション名 (メンバ名 = 定数[, メンバ名 = 定数 , ...])
```

解説

アノテーションは独自に作成することができます。独自アノテーションの宣言は、@interfaceキーワードと、クラス定義のように{ }を用います。

アノテーション本体には、何も指定しないか、またはメンバの宣言を記述します。メンバは抽象メソッドのみ可能で、引数は持てません。また、戻り値として、基本データ型、String、Class、列挙型、アノテーション型のいずれかを指定する必要があります。

メンバは、「@アノテーション名」キーワードを用いて初期化することができます。

アノテーションは、クラスやメソッドなど、あらゆる宣言に付与することができ、デフォルトではクラスファイルに記録されます。しかしアノテーションの目的によっては、クラスだけに指定して意味のあるものや、クラスファイルへの記録は不要な場合があります。

このようなときには、アノテーションに注釈を加える**メタアノテーション**を利用します。メタアノテーションには、次ページの表のようなものがあります。

なお、1つの場所に同じアノテーションを複数指定できる@Repeatableを使うには、複数指定したいアノテーションと、そのアノテーションを複数個保持するコンテナアノテーションの2つを定義します。

@Repeatableアノテーションには、コンテナアノテーションのクラスを指定し、コンテナアノテーションには、複数指定したいアノテーションの配列としたvalue()メソッドを定義します。

▼メタアノテーション

名称	用途	指定できる定数
@Target	アノテーションが何を対象とするか	・ElementType.ANNOTATION_TYPE：アノテーション ・ElementType.CONSTRUCTOR：コンストラクタ ・ElementType.FIELD：フィールド ・ElementType.LOCAL_VARIABLE：ローカル変数 ・ElementType.METHOD：メソッド ・ElementType.PACKAGE：パッケージ ・ElementType.PARAMETER：引数 ・ElementType.TYPE：クラス、インターフェイス、または列挙型 ・指定なし：すべての要素
@Retention	アノテーションがどの段階まで保持されるか	・RetentionPolicy.CLASS：クラスファイルに記録される ・RetentionPolicy.RUNTIME：実行時まで保持される ・RetentionPolicy.SOURCE：コンパイル後破棄される ・指定なし：クラスファイルに記録される
@Documented	Javadocに、Annotation情報を反映する	
@Inherited	クラス宣言に付加するアノテーションが、サブクラスにも継承される	
@Repeatable	複数のアノテーションの指定(別に複数のアノテーションを保持するアノテーションも必要)	

サンプル ▶ **AnnotationSample2.java**

```
@Retention(RetentionPolicy.RUNTIME)
@Target(ElementType.METHOD)
@interface Debug {}

@Retention(RetentionPolicy.RUNTIME)
@Target(ElementType.TYPE)
@Documented
@interface Version { double value(); }

// 複数指定可能なアノテーション
@Repeatable(ValueAnnotation.class)
@interface StringAnnotation { String value(); }
```

```
// 複数指定したアノテーションを保持する
@interface ValueAnnotation {
 StringAnnotation[] value();
}

// 複数の同じアノテーションの付加
@StringAnnotation(value = "str1")
@StringAnnotation(value = "str2")
@Version(0.1)
public class AnnotationSample2 {
    @Debug
    public void disp() {
    }
    public static void main(String[] args) throws SecurityException,
        NoSuchMethodException {
        // Versionアノテーションを取得
        Version v = AnnotationSample2.class.getAnnotation
            (Version.class);
        // バージョン表示
        System.out.println(v.value());

        // Debugアノテーションを取得
        Debug d = AnnotationSample2.class.getMethod("disp").
            getAnnotation(Debug.class);
        if (d != null) {
            System.out.println("debug!");
        }

    }
```

⬇

```
0.1
debug!
```

補足　設定したアノテーションは、**リフレクション**という機能を用いてクラスやメソッドの情報を取得すると、参照できます。getAnnotationメソッドは、java.lang.Classオブジェクトやjava.lang.reflect.Methodオブジェクトで実装されたメソッドで、指定のアノテーションを取得します。

参考　アノテーションのメンバが1つの場合、通常valueという名称にします。この名称であれば、初期化の際にメンバ名の指定を省略して、直接値を記述することができます。value以外であれば、「メンバ名=値」と指定します。

ジェネリックスでクラスを定義する

書式

```
class クラス名<型引数>  {
        型引数 フィールド;
        型引数 メソッド(型引数 引数) { }
}
```

解説

ジェネリックスとは、<>で囲んだ型名(**型引数**、または**型パラメータ**)をクラスやメソッドに付加して定義することで、汎用的なクラスをコンパイル時に特定の型に対応付けるようにする機能です。

クラス定義にジェネリックスを用いる場合は、クラス名の直後に型引数を付加します。クラスの内部では、その型引数の型名を任意の型として利用できます。

型引数には任意の文字を利用できますが、通常はTやEといった、その型の使用目的や意味を表す名称(Type、Elementなど)の先頭大文字1文字を用います。

サンプル ▶ **GenericSample.java**

```
// 型引数を使ったクラス定義
class GenericClass<T> {

    T value; // 型引数によるフィールドの宣言

    // メソッドの引数に使った場合
    public void setValue(T val) {
        T value2 = val; // ローカル変数に使った場合
        this.value = value2;
    }

    // メソッドの戻り値に使った場合
    public T getValue() {
        return this.value;
    }

    // 静的なメソッドやフィールドには使えません
    // public static void getValue2(T val){}
    // static T value2;
}
```

```
public class GenericSample {
    public static void main(String[] args) {
        // IntegerクラスのGenericClass
        GenericClass<Integer> gc1 = new GenericClass<Integer>();
        gc1.setValue(123);
        System.out.println(gc1.getValue());

        // StringクラスのGenericClass
        GenericClass<String> gc2 = new GenericClass<String>();
        gc2.setValue("文字列");
        System.out.println(gc2.getValue());

        // 型が異なるのでコンパイルできない
        // gc2.setValue(123);
    }
}
```

⬇

```
123
文字列
```

ジェネリックスでは、広い型から狭い型への変換(**共変**)、狭い型から広い型への変換(**反変**)も許されていません(**不変**)。

```
List<Float> flist = new ArrayList<Float>();
List<Double> dlist = flist; // エラー、変換できない
```

変数型を制限する

書式 <T extends 型>　　サブクラス指定
<T super 型>　　スーパークラス指定

引数 T：変数型

解説

型引数の変数型には、一定範囲の制限を付けることができます。

<T extends 型>とすれば、指定した型と同じ、あるいはその型のサブクラスの指定、<T super 型>であれば、指定した型と同じ、あるいはその型のスーパクラスの指定になります。

変数型に制限を付けることで、想定外の型を指定した場合はコンパイルエラーになります。また、型が不定ではないので、指定されたクラスに定義されているメソッドを実行できるようになります。

サンプル ▶ **GenericBoundedSample.java**

```
// Number型かサブクラスのみに制限したクラス
class NumberExtends<T extends Number> {
    T value;
    public void setValue(T val) {
        this.value = val;
    }
    public int intValue() {
        // Number型かサブクラスなのでNumber型のメソッドが可能
        return this.value.intValue();
    }
}

public class GenericBoundedSample {
    public static void main(String[] args) {
        NumberExtends<Float> f = new NumberExtends<Float>();
        f.setValue(1.23F);
        System.out.println(f.intValue()); // 結果：1

        // StringはNumber型のサブクラスでないので以下はエラー
        // NumberExtends<String> s = new NumberExtends<String>();
    }
}
```

注意 メソッドに型引数を使った場合も同様に制限を設けることができます。

参照

「ジェネリックスでクラスを定義する」 →　P.110
「ジェネリックスでメソッドを定義する」 →　P.114

変数型にワイルドカードを利用する

書式 クラス名<?>

解説

型引数は、コンパイル時に特定のクラスに置き換えますが、**ワイルドカード**を利用すると、まったくクラスに依存しない処理を汎用的に宣言することができます。ワイルドカードは、変数の型宣言で、?記号を用いて記述します。

サンプル ▶ **GenericWildSample.java**

```
GenericClass<Number> gc_number = new GenericClass<Number>();
GenericClass<? super Integer> gc1;
gc1 = gc_number;          // Integer型か、そのスーパークラスなら代入OK
gc1.setValue(123);        // 123はint(Integer)型なのでOK
// gc1.setValue("123");   // 文字列は、コンパイルエラー

GenericClass<? extends Number> gc2 = new GenericClass<>();
// gc2.setValue(123);     // Number型のどのサブクラスか不明なためエラー

GenericClass<Integer> gc3 = new GenericClass<>();
gc3.setValue(123);
gc2 = gc3;                // Number型か、そのサブクラスなら代入OK

// gc2.getValue()の戻り値は、Number型かそのサブクラスが保証されるので、
// コンパイルエラーにはならない
System.out.println(gc2.getValue().intValue()); // 結果：123
```

ワイルドカードで宣言したオブジェクトは参照のみ可能で、特定の型の情報が必要な更新処理はコンパイルエラーになります。

ワイルドカードでも、extends、superキーワードによる制限を付けることができます。

参照

「ダイヤモンド演算子を使ってインスタンスを生成する」 → P.115

ジェネリックスでメソッドを定義する

書式 修飾子 <型引数> 戻り値 メソッド名 ([type arg1, ...argN]) {...}

引数 type：データ型、arg1, argN：引数

解説

ジェネリックスは、クラスだけでなく、**メソッド単位**でも利用することができます。たとえば、インスタンスを作らずに使用するstaticメソッドでも、ジェネリックスを用いて汎用的な処理を記述することができます。

ジェネリックスのメソッドでは、戻り値の直前に、型引数を宣言します。宣言された型引数は、戻り値や引数の型として利用できます。

サンプル ▶ **GenericDiamondSample.java**

```
public class GenericDiamondSample {

    public static <E> List<E> MyArrayList(){
        return new ArrayList<E>();
    }

    public static void main(String[] args) {

        // 明示的な型の指定は不要
        List<String> list1 = MyArrayList();

        // ジェネリックスのメソッドを使わない場合（Java SE 6まで）
        List<String> list2 = new ArrayList<String>();
    }
}
```

ダイヤモンド演算子を使ってインスタンスを生成する

書式 new クラス名<> ([引数]);

解説

ジェネリックスのクラスをインスタンス生成する場合、型推論が働き、クラス名の後の型指定を省略できます。

ただし、すべて省略できるわけではなく、ジェネリックスをあらわすために、<>だけを記述します。<>の形がダイヤモンドのような形であることから、<>を**ダイヤモンド演算子**と呼びます。

なお、Java 9から、無名(匿名)クラスにもダイヤモンド演算子が使えるようになりました。

サンプル ▶ **GenericDiamondSample.java**

```
// ジェネリックスのメソッドを使わない場合（Java SE 6まで）
List<String> list2 = new ArrayList<String> ();

// Java SE 7以降
List<String> rank = new ArrayList<> ();

rank.add("ニュージーランド");
rank.add("オーストラリア");
rank.add("南アフリカ共和国");

System.out.println(rank.get(1)); // 結果：オーストラリア
// 無名（匿名）クラスにも使える
List<String> al = new ArrayList<> () {
  @Override
  public String remove(int index) {
    return "";
  }
};
```

ラムダ式を記述する

書式 ([type arg1, ...argN]) -> { 処理 [return 値;] }　　引数2つ以上
arg1 -> { 処理 }　　引数1つ
([type arg1, ...argN]) -> 式　　式で記述可能なとき

引数 type：データ型、arg1, argN：引数（パラメータ変数）

解説

ラムダ式(lambda expression)とは、ひとことで言えば、引数(パラメータ変数)を持つ式のことで、Java言語にも導入されました。また、ラムダ式の使用を前提にしたAPI(Stream APIなど)も追加されています。

なお、Javaでのラムダ式は、(厳密には少し異なりますが)**クロージャ**(Closure)と呼ぶ場合もあります。

ラムダ式の引数(パラメータ変数)は、型推論が働き、型を省略することができます。ただし、引数が複数ある場合は、引数すべての型の省略が必要です。また、引数がひとつだけのときは、型も引数を囲む()も省略可能です。

ラムダ式の処理本体が、1つだけの式の場合は、処理本体を囲む{}と、returnキーワード、最後のセミコロン(;)を省略できます。

ラムダ式は、抽象メソッドが1つだけ定義されているインターフェイス(**関数型インターフェイス**)のメソッドを実装することができ、従来**無名クラス**を使っていた処理がシンプルに記述できるようになります。

Java 11から、ラムダ式の引数宣言に、varキーワードが使用できるようになりました。ただラムダ式では、従来から型推論を行っているので、varキーワードがなくても動作します。

サンプル ▶ **LambdaSample.java**

```
public class LambdaSample {

    public static void main(String[] args) {
        // Runnableインターフェイスのラムダ式による実装
        Runnable runner1 = () -> {
            List<Integer> list = Arrays.asList(4, 0, 8, 2, -5);

            Collections.sort(list,
                    // Comparatorインターフェイスのラムダ式による実装
                    (o1, o2) -> { return Integer.compare(o1, o2); }
                    // (o1, o2) -> Integer.compare(o1, o2)  でも可
```

```
                    // (var o1, var o2) -> Integer.compare(o1, o2)
                    // とも書ける
            );

            // Consumerインターフェイスのラムダ式による実装
            list.forEach(s -> System.out.println(s));
        };

        Thread t1 = new Thread(runner1);
        t1.start();
        try {
            t1.join();
        } catch (InterruptedException e) {
        }
        System.out.println("メインスレッド終了");
    }
}
```

⬇

```
-5
0
2
4
8
メインスレッド終了
```

参照

「関数型インターフェイスを定義する」 → P.118

「メソッド参照を利用する」 → P.121

関数型インターフェイスを定義する

書式

```
[@FunctionalInterface]
interface インターフェイス名 {
    戻り値の型 メソッド名( [type arg1, ...argN] );
}
```

引数 type：データ型、arg1, argN：引数

解説

関数型インターフェイスとは、定義されている抽象メソッドが1つだけのインターフェイスのことで、**ラムダ式**や**メソッド参照**の代入先とすることができます。

定義されている抽象メソッドが1つだけであれば、すべて関数型インターフェイスとして使用可能ですが、関数型インターフェイスとして定義した場合は、**FunctionalInterfaceアノテーション**をつけて明示的に表すことができます。FunctionalInterfaceアノテーションを付加しておけば、抽象メソッドが複数あるなど、関数型インターフェイスの条件を満たしていないときには、コンパイル時にエラーが発生します。

なお、JDKでは汎用的に使える関数型インターフェイスがすでに定義されています。多くの場合で、これらのインターフェイスが使えるはずです。

▼定義済みの関数型インターフェイス

引数	戻り値	インターフェイス名	
()	R	Supplier	(引数なし)値を返す
()	int	IntSupplier	
()	long	LongSupplier	
()	double	DoubleSupplier	
()	boolean	BooleanSupplie	
()	void	Runnable	処理を行う(値を返さない)
(T)	void	Consumer	
(int)	void	IntConsumer	
(long)	void	LongConsumer	
(double)	void	DoubleConsumer	
(T, U)	void	BiConsumer	
(T, int)	void	ObjIntConsumer	
(T, long)	void	ObjLongConsumer	
(T, double)	void	ObjDoubleConsumer	

引数	戻り値	インターフェイス名	
(T)	boolean	Predicate	条件判定(booleanを返す)
(int)	boolean	IntPredicate	
(long)	boolean	LongPredicate	
(double)	boolean	DoublePredicate	
(T, U)	boolean	BiPredicate	
(T)	R	Function	任意のクラスを返す
(int)	R	IntFunction	
(long)	R	LongFunction	
(double)	R	DoubleFunction	
(T, U)	R	BiFunction	
(T)	int	ToIntFunction	(引数あり)intを返す
(long)	int	LongToIntFunction	
(double)	int	DoubleToIntFunction	
(T, U)	int	ToIntBiFunction	
(T)	long	ToLongFunction	(引数あり)longを返す
(int)	long	IntToLongFunction	
(double)	long	DoubleToLongFunction	
(T, U)	long	ToLongBiFunction	
(T)	double	ToDoubleFunction	(引数あり)doubleを返す
(int)	double	IntToDoubleFunction	
(long)	double	LongToDoubleFunction	
(T, U)	double	ToDoubleBiFunction	
(T)	T	UnaryOperator	(引数あり)引数と同一の型を返す
(int)	int	IntUnaryOperator	
(long)	long	LongUnaryOperator	
(double)	double	DoubleUnaryOperator	
(T, T)	T	BinaryOperator	
(int, int)	int	IntBinaryOperator	
(long, long)	long	LongBinaryOperator	
(double, double)	double	DoubleBinaryOperator	

サンプル ▶ **FunctionalInterfaceSample.java**

```
public class FunctionalInterfaceSample {

    @FunctionalInterface
    interface BMI {
        //  2つのdoubleの引数、doubleの戻り値の仮想メソッド
        double calc(double w, double h);
    }

    public static void main(String[] args) {

        // ラムダ式での実装
        BMI bmi = (w, h) -> { return w / (h * h); };

        // 定義済みのDoubleBinaryOperatorを使った場合
        DoubleBinaryOperator d = (w, h) -> { return w / (h * h); };

        System.out.println("BMI= " + bmi.calc(78d, 1.7d));
        System.out.println("BMI= " + d.applyAsDouble(78d, 1.7d));
    }
}
```

⬇

```
BMI= 26.989619377162633
BMI= 26.989619377162633
```

デフォルトメソッドや静的メソッドは、抽象メソッドとは見なされないので、1つの抽象メソッド以外に、これらのメソッドがあっても関数型インターフェイスとなります。

「インターフェイスで静的メソッド、デフォルトメソッドを定義する」 → P.92
「メソッド参照を利用する」 → P.121

メソッド参照を利用する

書式

クラス名::メソッド名	静的メソッド
クラスのインスタンス名::メソッド名	インスタンスメソッド
クラス名::new	コンストラクタ参照
要素の型[]::new	配列型のコンストラクタ参照

解説

メソッド参照は、ラムダ式とともに導入された構文です。

関数型インターフェイスの実装で、引数と戻り値の型が同じメソッドをひとつだけ実行する場合、ラムダ式の代わりに、メソッド参照を用いることができます。

またメソッド参照では、通常のメソッドだけでなく、コンストラクタも実行することができます(**コンストラクタ参照**)。コンストラクタ参照の場合は、戻り値がオブジェクトになります。

サンプル ▶ **LambdaMethodSample.java**

```
static class MultiValue {
    int v;
    MultiValue(String _v){
            this.v = Integer.parseInt(_v)*2;
    }
    @Override
    public String toString(){
        return String.valueOf(this.v);
    }
}
public static void main(String[] args) {
    List<String> list = Arrays.asList("123", "7", "-2");

    // StringからMultiValueオブジェクトのStreamに変換
    Stream<MultiValue> m =
      list.stream().map(MultiValue::new); // コンストラクタ参照

    m.forEach(System.out::println);    // メソッド参照
    // m.forEach(s -> System.out.println(s))と同義
}
```

⬇

```
246
14
-4
```

モジュール内のパッケージを公開する 9

» module-info.java

書式
```
module モジュール定義名 {
    exports 公開したいパッケージ名 [ to 公開したいモジュール名1[, モジュール名2, ... モジュール名n] ];
}
```

解説

Java 9から、**Javaプラットフォームモジュールシステム**(JPMS)という機能が追加されました。モジュールシステムを利用すると、複数のパッケージやリソースをモジュールと呼ばれる単位でまとめることができます。モジュールを定義するには、module-info.javaという固定の名前のファイルに、公開したいパッケージや使用するモジュールを記述します。

exportsディレクティブでは、外部に公開したいパッケージ名を指定します。exportsディレクティブにtoをつけると、特定のモジュールに限定して、パッケージ公開することができます。

次のような定義では、jp.wings.pocket.chap2パッケージを公開していることを示しています。プログラム内で、jp.wings.pocket.chap2パッケージ以外を定義していても、他のモジュールからは利用することができません。

サンプル ▸ **module-info.java**
```
module pocket.sample {
    exports jp.wings.pocket.chap2;
}
```

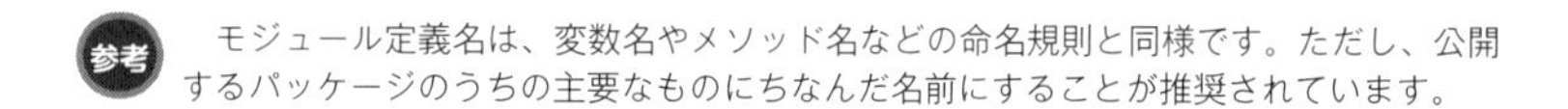

参考 モジュール定義名は、変数名やメソッド名などの命名規則と同様です。ただし、公開するパッケージのうちの主要なものにちなんだ名前にすることが推奨されています。

参考 Eclipseでは、既存のプロジェクトから、module-info.javaを自動で作成することができます。パッケージ・エクスプローラーから、プロジェクトを右クリックしてメニューを表示し、[構成]-[module-info.javaの作成]を選択すると、プロジェクト内の依存関係を解析して、srcパス直下にmodule-info.javaが作成されます。

参照

「参照したいモジュールを指定する」 → P.123

「推移的に参照したいモジュールを指定する」 → P.124

「動的に操作するメンバを公開する」 → P.125

「自動モジュールを利用する」 → P.126

「実行時のみ参照できるパッケージ／モジュールを定義する」 → P.127

参照したいモジュールを指定する 9

» module-info.java

```
module モジュール定義名 {
    requires 参照したいモジュール名;
}
```

解説

モジュールの定義のrequiresディレクティブでは、アプリケーションがどのモジュールを使用しているのかを定義します。

次のモジュール定義の例では、java.compilerというモジュールを参照していることを示しています。

 module-info.java

```
module pocket.sample {
    requires java.compiler;
}
```

参考　Java 9からは、Java SEおよびJDKで定義されている標準ライブラリもモジュールとして定義されており、システムモジュールと呼ばれます。なおシステムモジュールのうち、よく利用されるパッケージをまとめたjava.baseモジュールは、自動的にロードされるようになっています。そのため、java.baseモジュールは、requiresディレクティブで定義する必要はありません。

参照
「推移的に参照したいモジュールを指定する」 → P.124

推移的に参照したいモジュールを指定する 9

» module-info.java

書式

```
module モジュール定義名 {
    requires transitive 参照したいモジュール名;
}
```

解説

モジュールの定義のrequiresディレクティブに、transitiveをつけると、推移的にモジュールを読み込みます。推移的とは、指定のモジュール内で、さらに他のモジュールに依存していた場合、そのモジュールも読み込むことです。

次のモジュール定義の例では、java.loggingモジュールだけでなく、java.loggingモジュール内でrequiresディレクティブに定義されているモジュールも参照できることになります。

サンプル ▸ module-info.java

```
module pocket.sample {
    requires transitive java.logging;
}
```

参照

「参照したいモジュールを指定する」 → P.123

動的に操作するメンバを公開する 9

» module-info.java

書式
```
module モジュール定義名 {
    requires static コンパイル時のみに使用するモジュール名;
}
```

解説

モジュールの定義のrequiresディレクティブに、staticをつけると、コンパイル時のみに必要で、実行時には不要なモジュールを指定できます。コンパイル時にのみ有効なアノテーションなど特殊な用途に使うものです。

サンプル ▶ **module-info.java**

```
module pocket.sample {
    requires static java.logging;
}
```

参照

「参照したいモジュールを指定する」→ P.123

自動モジュールを利用する 9

書式 `Automatic-Module-Name: モジュール名`

解説

モジュールシステムでは、システムモジュールやmodule-info.javaで定義するアプリケーションモジュール以外に、**自動モジュール**(automatic module)、**無名モジュール**(unnamed module)というしくみがあります。自動モジュール、無名モジュールは、主にJava 8以前のライブラリを利用するためのものです。

module-info.classを持たない、Java 8以前の形式で作成されたJARファイルは、自動モジュールとして扱われます。自動モジュールの名前は、JARファイル名にしたがって決定されます。ただし、JARのマニフェストファイル(META-INF/MANIFEST.MF)に、Automatic-Module-Name属性があれば、その定義された名前が自動モジュールの名前となります。なお、自動モジュールでは、JAR内のすべてのパッケージをexport、すべてのモジュールと無名モジュールをrequiresしたことになります。

サンプル ▶ **MANIFEST.MF**

```
Manifest-Version: 1.0
Automatic-Module-Name: hoge;
```

無名モジュールとは、クラスパス上のあるJARファイルのことです。無名のとおり、このJARファイルには、モジュール名はなく、コンパイルや実行時に参照できるのは、自動モジュールのみです。そのため、Java 9以降のモジュールを定義したアプリケーションで、Java 8以前のJARファイルを利用するには、モジュールパスとして指定したパス上にJARファイルを配置し、自動モジュールとする必要があります。

実行時のみ参照できるパッケージ／モジュールを定義する 9

» module-info.java

書式

```
module モジュール定義名 {
    opens パッケージ名 [ to 公開したいモジュール名1[, モジュール名2, ... モジュール名n] ];
}
または
open module モジュール定義名 {
    ...
}
```

解説

リフレクションという機能を使うと、アプリケーションの実行時に動的に、メンバの参照やメソッドの実行を行うことができます。このような実行時のみに参照したいパッケージには、opensディレクティブを使って定義します。また、moduleキーワードの前にopenをつけてモジュールを定義すると、定義されたパッケージすべてが、実行時に参照可能となります。

なお、外部からこのモジュールを参照する場合は、参照する側で、requiresディレクティブでの定義が必要です。

サンプル ▸ module-info.java

```
module pocket.sample {
    opens jp.wings.pocket.chap2; // jp.wings.pocket.chap2パッケージが
                                    実行時参照可能になる
}
```

参照

「参照したいモジュールを指定する」 → P.123

COLUMN

シングルクォーテーションとダブルクォーテーション

Javaでは、文字リテラルは、シングルクォーテーション(')で囲み、文字列リテラルは、ダブルクォーテーション(")で囲みます。一見すると、2つは同じように見えるものの、データ型が異なります。たとえば、+演算子を使った場合、文字列同士では文字列の結合となりますが、文字リテラルでは、文字コードの加算となります。

サンプル ▶ **QuotesSample.java**

```
// 文字列の結合
System.out.println("A" + "B" + "C"); // 結果：ABC

// 文字コードの加算
System.out.println('A' + 'B' + 'C'); // 結果：198
```

3
基本API

この章では、Javaの基本的なAPIを解説します。

文字列操作

Javaでの文字列は、基本データ型とは異なり、オブジェクトとして管理されます。この章では、文字列の連結や検索、可変の文字列を扱う文字列バッファの基本的な操作を紹介します。

テキストのフォーマッティング

Javaでは、文字列や数値を整形(フォーマット)するためのクラス(java.text.MessageFormat、java.text.NumberFormat、java.text.DecimalFormat)が用意されています。この章では、これらのクラスの基本的な操作を紹介します。

数値演算

Javaで算術計算を行うには、java.lang.Mathクラスあるいはjava.lang.StrictMathクラスを用います。どちらも指数関数、三角関数などの基本的な数値演算を提供していますが、StrictMathクラスはどんなJava環境でも同じ結果となるのに対し、Mathクラスは多少の差は生じても高速に処理されるように実装されています。また両クラスとも、メソッドはstaticとして定義されており、インスタンスを生成することなくメソッドを使用できます。

この章では、Mathクラスで提供されるメソッドを紹介します。

乱数

乱数とは、規則性がなく現れる数値のことです。一般にコンピュータでは、完全な乱数を作り出すことは困難なため、必要な範囲内で乱数と見なせる擬似乱数をアルゴリズムによって生成し、利用します。Javaでは、線形合同法というアルゴリズムを用いて擬似乱数を生成します。

正規表現

正規表現とは、特定の文字列パターンを、ある規則に従って表す方法です。たとえば「[0-9]{3}-[0-9]{4}」は、7桁の郵便番号を表しています。正規表現を使うことで、ユーザーが正しく入力しているかを確かめたり、ある特定の部分だけを置換したりするなど、自在に文字列を操作することができます。Javaには正規表現機能を扱うために多くのパッケージが用意されていますが、この章ではjava.util.regexパッケージを使用します。

ラッパークラス

ラッパークラスとは、基本データ型の値をインスタンス変数として保持し、その値を操作するメソッドを持つクラスのことで、主にデータの型を変換する場合に利用します。基本データ型の変数やリテラルを、オブジェクトとして包む様子から、ラッパークラスと呼ばれます。

この章では、ラッパークラスの基本操作や、ボクシングと呼ばれる基本データ型との変換などを紹介します。

例外処理

Javaでは、エラーを処理するために、例外という仕組みを用います。エラーが発生すると、メソッドはそのエラーに関する情報を含む例外をスローします。その例外を捕捉することで、エラー発生時の処理を行います。

java.lang.Throwableクラスは、すべての例外のスーパークラスです。Throwableクラスのサブクラスであれば、例外としての機能を持つと見なされ、throw文やcatch文で、指定することができます。この章では、例外処理の基本となるメソッドを紹介します。

リフレクション

リフレクションとは、アプリケーションの実行時に、オブジェクトのクラス情報を操作することです。フィールドやメソッドの定義情報を取得したり、文字列からクラスを生成することもできます。この章では、リフレクション機能の基本となるクラスを紹介します。

文字列クラスを生成する

» java.lang.String

▼ メソッド

String　　文字列オブジェクトを生成する

書式
```
public String(char[] value[, int offset, int count])
public String(byte[] value | int[] value, int offset,
    int count)
public String(byte[] value[, int offset, int count],
    String chart | Charset charset)
public String(StringBuffer string_buffer)
public String(StringBuilder string_builder)
```

引数　value：文字列を作る配列、offset：配列のオフセット、count：配列の長さ、string_buffer：StringBufferオブジェクト、string_builder：StringBuilderオブジェクト、chart, charset：文字セット名、文字セットオブジェクト

throws　UnsupportedEncodingException
指定された文字セットがサポートされていない（文字セットを文字列で指定した場合のみ）

解説

Stringクラスは文字列を示すクラスです。文字列オブジェクトを生成するには、引数に文字配列、Unicodeデータの配列や、文字列バッファを指定します。配列を指定する場合には、オフセットと長さを使って配列の一部分を指定することもできます。

また、指定された文字セット、Charsetオブジェクトを使用して、指定されたバイト配列を復号化することもできます。

Stringオブジェクトは、また特殊なオブジェクトであり、格納している文字列は定数となります。したがって、作成した後に保持している文字列の変更はできません。可変の文字列を扱うには、**文字列バッファクラス**(StringBuilder、StringBuffer)を用います。

サンプル ▸ **StringSample.java**

```
char ary[] = { 'j', 'a', 'v', 'a' }; // これは
String str = new String(ary);        // String str = "java"と同じ

System.out.println(str);             // 結果：java

String str2 = new String(ary, 1, 2);
System.out.println(str2);            // 結果：av
```

補足 **リテラル文字列**はすべて、自動的にStringクラスのインスタンスに変換されます。そのため、リテラル文字列には、new演算子は必要ありません。

参考 **オフセット**とは、データの位置をある基準点からの差で表した値です。配列では、先頭からのデータ数に一致します。

参照
「可変長文字列(文字列バッファ)を生成する」 → P.148

COLUMN

文字列の等価演算子

Javaでは、文字列(Stringオブジェクト)の比較には、等価演算子(==)ではなく、equalsメソッドを使用します。これは、文字列が参照型のため、等価演算子では、文字列としての比較ではなく、同じインスタンスを指しているかどうかの比較になってしまうからです。
ちなみに、Javaとよく似た文法のC#では、文字列に等価演算子を用いても、文字列としての比較になります。

文字列に含まれる文字を検索する

» java.lang.String

▼メソッド

charAt	指定位置の文字を取得する
indexOf	指定文字の位置を取得する
lastIndexOf	最後の文字位置を取得する

書式

```
public char charAt(int index)
public int indexOf(int ch[, int fromIndex])
public int indexOf(String str[, int fromIndex])
public int lastIndexOf(int ch[, int fromIndex])
public int lastIndexOf(String str[, int fromIndex])
```

引数 index：検索する位置、ch：検索する文字、str：検索する文字列、fromIndex：検索を開始する位置

解説

charAtメソッドは、指定した位置にある文字を取得します。文字列の先頭を0番目として数え、最後の文字は「文字数－1」となります。文字数を取得するには、lengthメソッドを使用します。

indexOf／lastIndexOfメソッドは、指定した文字または文字列が最初／最後に出現した位置を、文字列の先頭を0番目としたインデックスで取得します。見つからない場合は－1となります。また両メソッドとも、検索を開始する位置を指定することもできます。

サンプル ▶ STSearchSample.java

```
// 文字列内を検索
String str = "Javaは楽しいですか？Javaマスターになりましょう。";
System.out.println(str.charAt(5));              // 結果：楽
System.out.println(str.indexOf("Java"));        // 結果：0
System.out.println(str.lastIndexOf("Java")); // 結果：12
```

文字列の長さを取得する

» java.lang.String

▼メソッド

length	長さを取得する
codePointCount	コードポイントの数を取得する

書式
```
public int length()
public int codePointCount(int beginIndex,int endIndex)
```

引数 beginIndex：長さを求める範囲の最初のインデックス、endIndex：長さを求める範囲の最後のインデックス

解説

lengthメソッドは、文字列内の文字数を返します。文字数は、**Unicode**コード単位の数となります。ただし、文字列に**サロゲートペア**が含まれる場合には、正しい値にはなりません。サロゲートペアが含まれる文字列から文字数を求めるには、codePointCountメソッドを用います。

codePointCountメソッドは、文字列を**コードポイント**単位でカウントします。コードポイントとは、Unicodeの本来のコードを示し、Javaではint型の長さになります。

サンプル ▶ **STLengthSample.java**

```
//文字列の長さを取得
String str = "壱弐参";
System.out.println(str.length()); // 結果：3

str = "𩸽叱";

System.out.println(str.length());                           // 結果：4
System.out.println(str.codePointCount(0, str.length())); // 結果：2
```

JavaではUTF-16という符号化方式を用いてUnicodeを表しています。従来のUTF-16では、1文字16ビット単位だったのですが、追加の文字数が増えてコードが足りなくなってしまい、一部の文字に、UTF-16のコードを2つ(32ビット)使うという方法が導入されました。これが、サロゲートペアと呼ばれるものです。

文字列に含まれる文字コードを取得する

» java.lang.String

▼メソッド

codePointAt	指定位置のコードポイントを取得する
codePointBefore	指定位置の直前のコードポイントを取得する

書式

```
public int codePointAt(int index)
public int codePointBefore(int index)
```

引数 index：検索する位置

解説

codePointAtメソッドは、指定位置にある文字のコードポイントを返します。また、codePointBeforeは、指定位置の直前の文字のコードポイントを返します。これら2つのメソッドは、サロゲートペアが含まれる文字列に対応したものです。

位置の指定は、char単位とします。

サンプル ▶ STCodepointSample1.java

```
static void printHex(char[] cs) {
    for (char c : cs) {
        System.out.printf("0x%H ", (int)c);
    }
}

public static void main(String[] args) {
    String str = "この𩸽はサロゲートペアです";

    int codepoint = str.codePointAt(6);
    System.out.printf("%c [u+%h] ", codepoint,codepoint);
    STCodepointSample1.printHex(Character.toChars(codepoint));
    System.out.println();

    codepoint = str.codePointBefore(4);
    System.out.printf("%c [u+%h] ", codepoint,codepoint);
    STCodepointSample1.printHex(Character.toChars(codepoint));
    System.out.println();
}
```

⬇

```
は [u+306f] 0x306F
𩸽 [u+29e3d] 0xD867 0xDE3D
```

文字列のインデックスを取得する

» java.lang.String

▼メソッド

offsetByCodePoints　指定位置のインデックスを取得する

書式 `public int offsetByCodePoints(int index, int codePointOffset)`

引数 index：検索する位置、codePointOffset：コードポイント単位のオフセット

解説

offsetByCodePointsメソッドは、指定位置のインデックスを返す、**サロゲートペア**が含まれる文字列に対応したメソッドです。

第1引数で指定したインデックス(char単位)から、**コードポイント**単位で指定の文字数だけ離れた位置を、char単位のインデックス値で返します。第2引数には、負の値を指定することもでき、その場合は文字列の先頭方向へのオフセットとなります。

サンプル ▶ **STCodepointSample2.java**

```
String str = "この𩸽𠮟はサロゲートペアです";

// コードポイント単位で先頭から5つ出力する
for (int i = 0; i < str.offsetByCodePoints(0, 5);
    i = str.offsetByCodePoints(i, 1)) {
    int codepoint = str.codePointAt(i);
    System.out.printf("%c [u+%h]%n", codepoint,codepoint);
}
```

```
こ [u+3053]
の [u+306e]
𩸽 [u+29e3d]
𠮟 [u+20b9f]
は [u+306f]
```

文字列の連結を行う

» java.lang.String

▼ メソッド

concat	文字列を連結する

書式 public String concat(String str)

引数 str：連結する文字列

解説

concatメソッドは、指定した文字列をこの文字列の後尾に連結し、その結果を新しいStringオブジェクトとして返します。空の文字列を指定した場合は、元のStringオブジェクトを返します。

サンプル ▸ STConcatSample.java

```
String str1 = "にんじん・たまねぎ・じゃがいも";
String str2 = str1.concat("・ぶたにく");

System.out.println(str2);
// 結果：にんじん・たまねぎ・じゃがいも・ぶたにく
```

区切り文字を指定して文字列の連結を行う

» java.lang.String

▼ メソッド

join 文字列を連結する

書式

```
public static String join(CharSequence delimiter,
    CharSequence... elements)
public static String join(CharSequence delimiter,
    Iterable<? extends CharSequence> elements)
```

引数 delimiter：区切り文字、elements：結合する要素

解説

joinメソッドは、指定した区切り文字で、文字列を結合する静的メソッドです。結合された結果を新しいStringオブジェクトとして返します。

サンプル ▶ StringJoinSample.java

```
// カンマ区切り文字列にする
String str1 = String.join(",", "あ","い","う");
System.out.println(str1); // 結果：あ,い,う

// 区切り文字なしの場合
List<String> list = Arrays.asList("a","b","c");
String str2 = String.join("",list);
System.out.println(str2); // 結果：abc
```

区切り文字の指定には、nullを指定できません。区切り文字が不要なら空の文字列を指定します。

文字列の置換を行う

» java.lang.String

▼メソッド

replace	1文字を置換する
replaceAll	文字列を置換する（すべて）
replaceFirst	文字列を置換する（1つのみ）

書式

```
public String replace(char oldChar, char newChar)
public String replaceAll(String regex,
    String replacement)
public String replaceFirst(String regex,
    String replacement)
```

引数 oldChar：置換される文字、newChar：置換する文字、regex：正規表現、replacement：置換する文字列

解説

replaceメソッドは、文字列内に存在する第1引数に指定した文字をすべて、第2引数で指定した文字に置換します。

replaceAllメソッドは、指定した**正規表現**と一致する文字列すべてを、第2引数の文字列に置換します。また、replaceFirstメソッドは、一致した文字列のうち、最初のものだけを置換します。

サンプル ▶ STReplaceSample.java

```
String str1 = "にんじん・たまねぎ・じゃがいも";
String str2 = str1.replace("・", "と");
String str3 = str1.replaceAll("[^あ-ん]", "と");
String str4 = str1.replaceFirst("[^あ-ん]", "と");

System.out.println(str2); // 結果：にんじんとたまねぎとじゃがいも
System.out.println(str3); // 結果：にんじんとたまねぎとじゃがいも
System.out.println(str4); // 結果：にんじんとたまねぎ・じゃがいも
```

文字列を分割する

» java.lang.String

▼ メソッド

split　文字列を分割する

書式 public String[] split(String regex[, int limit])

引数 regex：正規表現、limit：最大分割数

解説

splitメソッドは、指定された正規表現に一致した位置で分割し、その結果をString型の配列に格納して返します。分割する最大数を指定することもできます。

サンプル ▶ STsplitSample.java

```
String str1 = "にんじん・たまねぎ・じゃがいも";
String str2 = str1.replaceAll("[^あ-ん]", "と");

String[] strAry = str2.split("と");

for (String str : strAry) {
    System.out.println(str);
}
System.out.println();

// 2分割する
strAry = str2.split("と", 2);
for (String str : strAry) {
    System.out.println(str);
}
```

⬇

```
にんじん
たまねぎ
じゃがいも

にんじん
たまねぎとじゃがいも
```

文字列の空白除去を行う

» java.lang.String

▼メソッド

trim	空白を除去する

書式 public String trim()

解説

trimメソッドは、文字列の先頭と末尾にある空白文字を削除して返します。空白文字には、「¥u0020(空白文字)」より小さい文字コードすべてが含まれるので、改行文字やタブなどのASCII制御文字も削除されます。

サンプル ▸ STTrimSample.java

```
//文字列の空白除去を行う
String str1 = " にんじん たまねぎ じゃがいも ";
String str2 = str1.trim();
System.out.println(str2); // 結果:にんじん たまねぎ じゃがいも
```

COLUMN

全角スペースのトリム

Stringクラスのtrimメソッドは、文字列の先頭または最後の空白文字をとりのぞきます。ただし、この空白文字には、全角文字のスペースは含まれていません。
全角のスペースも削除したい場合は、別の手段で対応する必要があります。たとえば、次のサンプルでは、replaceAllメソッドで正規表現を用いる方法です。全角スペースまたは空白文字(¥s)を置換して削除しています。

サンプル ▸ ColumnTrim.java

```
String str = "　　全角空白　のトリム　　";

System.out.println("[" + str + "]"); // [　　全角空白　のトリム　　]

// 先頭の空白文字を削除
str = str.replaceAll("^[　|¥¥s]*", "");
// 最後の空白文字を削除
str = str.replaceAll("[　|¥¥s]*$", "");

System.out.println("[" + str + "]"); // 結果:[全角空白　のトリム]
```

文字列が指定された接尾辞／接頭辞を持つか調べる

» java.lang.String

▼メソッド

endsWith	指定の文字列で終わるか調べる
startsWith	指定の文字列から始まるか調べる

書式 public boolean endsWith(String suffix)
public boolean startsWith(String prefix[, int toffset])

引数 suffix：接尾辞、prefix：接頭辞、toffset：比較を開始する位置

解説

endsWith／startsWithメソッドは、引数で指定した文字列が、文字列の最後／先頭にあるかどうかを調べます。また、startsWithメソッドでは、文字列の検索位置を、文字列の先頭を0番目としたインデックスで指定することもできます。

サンプル ▶ STEndsStartsWithSample.java

```
// 文字列のプロトコルと拡張子を調べる
String url = "http://localhost/";
if (url.startsWith("http")) {
    System.out.println("これはHTTPプロトコルです。");
}
// http://の後に、localとなるか
System.out.println(url.startsWith("local", "http://".length()));

String file = "sample.java";
if (file.endsWith(".java")) {
    System.out.println("これはJavaソースファイルです。");
}
```

⬇

```
これはHTTPプロトコルです。
true
これはJavaソースファイルです。
```

文字列の大文字／小文字を変換する

» java.lang.String

▼メソッド

toLowerCase	大文字→小文字変換を行う
toUpperCase	小文字→大文字変換を行う

書式

```
public String toLowerCase([Locale locale])
public String toUpperCase([Locale locale])
```

引数 locale：変換に使用するロケール

解説

toLowerCaseメソッドは保持している文字列の大文字を小文字に、toUpperCaseメソッドは小文字を大文字に変換します。引数には、**ロケール**を指定することができます。指定がない場合は、デフォルトのロケールが使用されます。

サンプル ▸ **STToLowerUpperCase.java**

```
// 文字列を大文字／小文字に変換
String str = "EnJoY jAvA!!";
System.out.println(str.toLowerCase()); // 結果：enjoy java!!
System.out.println(str.toUpperCase()); // 結果：ENJOY JAVA!!
// デフォルトのロケールの指定
System.out.println(str.toLowerCase(Locale.getDefault()));
// 結果：enjoy java!!
```

ロケールとは、国や言語など、地域の情報を表す情報のことです。

文字列を比較する

» java.lang.String

▼メソッド

compareToIgnoreCase	大／小文字区別なく比較する
contentEquals	文字列バッファが同じシーケンスか調べる
equalsIgnoreCase	大／小文字区別なく等しいか調べる
matches	正規表現検索を行う
regionMatches	文字列領域を比較する

書式

```
public int compareToIgnoreCase(String str)
public boolean contentEquals(StringBuffer sb)
public boolean equalsIgnoreCase(String str)
public boolean matches(String regex)
public boolean regionMatches([boolean ignoreCase,]
    int toffset, String other, int ooffset, int len)
```

引数 str：比較の対象となる文字列、sb：比較の対象となる文字列バッファ、regex：正規表現、ignoreCase：大文字／小文字を無視するか、toffset：比較される文字列のオフセット、other：比較する文字列を含む文字列、ooffset：比較する文字列のオフセット、len：比較する文字数

解説

compareToIgnoreCaseメソッドは、大文字／小文字の区別をせずに、文字列をアルファベット順に比較します。引数に指定した文字列が、比較の対象となる文字列よりも後になる場合は負の値、等しい場合は0、前であれば正の値を返します。

contentEqualsメソッドは、文字列が指定した文字列バッファ(StringBuffer型)と同じ文字の並びを持つ場合、trueを返します。

equalsIgnoreCaseメソッドは、大文字／小文字を区別せずに比較して、等しければtrueを返します。ここでの「等しい」とは、以下の3つのうちどれか1つに該当する場合をいいます。

- ==演算子で比較した場合にtrueが返される
- Character.toUpperCase(char)を両文字列の各文字に適応すると、同じ結果が得られる
- Character.toLowerCase(char)を両文字列の各文字に適応すると、同じ結果が得られる

regionMatchesメソッドは、指定した範囲の文字列のみを比較します。第1引数に、大文字／小文字を無視するか否かの指定をすることもできます。

サンプル ▶ **STCompareStringSample.java**

```
// 文字列を比較
String str = "Java!";
String strUp = "JAVA!";
String strMes = "Do you enjoy Java?";
StringBuffer strBuf = new StringBuffer("JAVA!");
if (str.compareToIgnoreCase("C!") > 0) {
    System.out.println("C! > Java!");
}
if (str.contentEquals(strBuf)) {
    System.out.println(str + "と" + strBuf + "は等しいです。");
}
if (str.equalsIgnoreCase(strUp)) {
    System.out.println(str + "と" + strUp + "は等しいです。");
}
String strNum = "0123-456";
if (strNum.matches("[0-9]{4}-[0-9]{3}")) {
    System.out.println("7桁の郵便番号です。");
}
if (str.regionMatches(0, strMes, 13, 4)) {
    System.out.println(
        str + "の0文字目からの4文字と" + strMes +
            "の13文字目からの4文字は等しいです。");
}
```

⬇

```
C! > Java!
Java!とJAVA!は等しいです。
7桁の郵便番号です。
Java!の0文字目からの4文字とDo you enjoy Java?の13文字目からの4文字は等し
いです。
```

文字列が等しいかどうかを調べるには、equalsメソッドを用います。

「オブジェクトを比較する」 → P.217

文字列の一部分を取得する

» java.lang.String

▼ メソッド

subSequence	一部を文字シーケンスで取得する
substring	文字列の一部を取得する

書式

```
public CharSequence subSequence(int beginIndex,
    int endIndex)
public String substring(int beginIndex[, int endIndex])
```

引数 beginIndex：開始位置、endIndex：終了位置

解説

文字列の一部分を取得します。subSequenceメソッドは、指定した開始位置から終了位置までの文字列を、新しい**文字シーケンス**(CharSequenceオブジェクト)として取得します。substringメソッドは、指定した開始位置から、最後までの文字列もしくは指定した終了位置までの文字列を、新しい文字列(Stringオブジェクト)として取得します。

サンプル ▶ STSubStringSample.java

```
//文字列の一部分を取得
String str = "Hello World!!";
System.out.println(str.subSequence(0, 5)); // 結果：Hello
System.out.println(str.substring(6));      // 結果：World!!
```

文字シーケンスとは、CharSequenceオブジェクトが表す文字列のことです。CharSequenceクラスは、文字列の情報を取得するための基本的なメソッドを定義したインターフェイスで、String、StringBuilder、StringBuffer、CharBufferなどのクラスは、CharSequenceインターフェイスの実装クラスです。

可変長文字列（文字列バッファ）を生成する

» java.lang.StringBuilder、StringBuffer

▼ メソッド

StringBuilder	可変長文字列を生成する（高速・単一スレッドのみ）
StringBuffer	可変長文字列を生成する（マルチスレッド対応）

書式

```
public StringBuilder([int capacity | String str
    | CharSequence seq])
public StringBuffer([int capacity | String str
    | CharSequence seq])
```

引数 capacity：バッファの容量、str：コピーする文字列、seq：コピーする文字シーケンス（CharSequenceオブジェクト）

解説

StringBuilder、StringBufferクラスは、**可変長**の文字列を扱うためのクラスです。Stringクラスとは異なり、内部で保持している文字列の変更が可能です。

StringBuilderクラスは、単一のスレッドで使うことを前提としており、複数のスレッドからの使用を考慮したStringBufferクラスよりも高速に処理されます。メソッドは両クラスとも同じものが提供されています。

デフォルトコンストラクタでは、容量が16文字の文字列バッファが構築されます。また、初期の容量は引数で指定可能です。

文字列や文字シーケンスを引数に指定した場合、その文字列で文字列バッファを初期化することができます。

サンプル ▸ StringBuilderSample.java

```
String str = "Javaは難しいですか？";
StringBuilder sb = new StringBuilder(str);
System.out.println(sb);     // 結果：Javaは難しいですか？

CharSequence charSequence = str;
StringBuffer sbf = new StringBuffer(charSequence);
System.out.println(sbf);    // 結果：Javaは難しいですか？
```

文字列バッファに文字を設定する

» java.lang.StringBuilder、StringBuffer

▼ メソッド

setCharAt	指定位置の文字を設定する

書式 `public void setCharAt(int index, char ch)`

引数 index：指定する位置、ch：指定する文字

解説

setCharAtはメソッドは、指定した位置に文字を設定します。

サンプル ▶ SBSetCharSample.java

```
// 指定した文字を設定
StringBuilder sb = new StringBuilder("Javaは難しいですか？");
sb.setCharAt(sb.indexOf("難"), '楽');
System.out.println(sb); // 結果：Javaは楽しいですか？
```

COLUMN

StringJoinerクラス

Java SE 8から、StringクラスにjoinメソッドYが追加されましたが、このメソッドの内部では、java.util.StringJoinerというクラスが使われています。このStringJoinerクラスは、単独でも使用することができます。
StringJoinerクラスを単独で用いた場合、コンストラクタで、デリミタだけでなく、接頭辞、接尾辞の3つを指定することができます。

サンプル ▶ ColumnStringJoiner.java

```
// デリミタ、接頭辞、接尾辞を指定
StringJoiner sj = new StringJoiner(",", "{", "}");

// addメソッドで連結する文字列を設定する
sj.add("data1").add("data2").add("data3");

System.out.println(sj.toString()); // 結果：{data1,data2,data3}
```

文字列バッファを検索する

» java.lang.StringBuilder、StringBuffer

▼メソッド

charAt	指定位置の文字を取得する
indexOf	指定文字の位置を取得する
lastIndexOf	最後の文字位置を取得する

書式

```
public char charAt(int index)
public int indexOf(String str[, int fromIndex])
public int lastIndexOf(String str[, int fromIndex])
```

引数 index：指定する位置、str：検索する文字列、fromIndex：検索開始位置

解説

charAt、indexOf、lastIndexOfメソッドは、Stringクラスの同名メソッドと同じ機能です。

charAtメソッドは、指定した位置にある文字を取得します。indexOf／lastIndexOfメソッドは、指定した文字または文字列が最初／最後に出現した位置を、文字列の先頭を0番目としたインデックスで取得します。

サンプル ▶ SBIndexOfSample.java

```
StringBuilder sb = new StringBuilder("あいうかきくあいう");

System.out.println(sb.indexOf("う"));                    // 結果：2
System.out.println(sb.indexOf("う", 5));                 // 結果：8
System.out.println(sb.lastIndexOf("う"));                // 結果：8
System.out.println(sb.charAt(sb.lastIndexOf("う"))); // 結果：う
```

参照

「文字列に含まれる文字を検索する」 → P.134

文字列バッファの長さを取得／設定する

» java.lang.StringBuilder、StringBuffer

▼メソッド

length	文字列バッファの長さを取得する
codePointCount	文字列バッファのコードポイントの数を取得する
setLength	文字列バッファの長さを設定する

書式

```
public int length()
public void setLength(int newLength)
public int codePointCount(int beginIndex,
    int endIndex)
```

引数 newLength：設定する長さ、beginIndex：長さを求める範囲の最初のインデックス、endIndex：長さを求める範囲の最後のインデックス

解説

lengthメソッドは、文字列バッファの長さ、文字数を返します。文字数の単位は、char型の単位となります。

setLengthメソッドは、文字列バッファの長さを設定します。指定した長さが現在よりも長い場合には、増えた長さの分がnull文字で埋められます。また、指定した長さが現在の長さよりも短い場合には、文字列が後ろから削られます。

codePointCountメソッドは、サロゲートペアに対応したメソッドで、指定の文字列バッファの、コードポイントの数を返します。

サンプル ▶ SBSetGetLengthSample.java

```
// 文字列の長さを取得し、指定した長さに変更する
StringBuilder sb = new StringBuilder(
    "Javaは楽しいですか？Javaマスターになりましょう。");
System.out.println("文字列の長さ：" + sb.length());
// 結果：文字列の長さ：28
sb.setLength(sb.lastIndexOf("Java"));
System.out.println("文字列の長さ："
    + sb.codePointCount(0, sb.lastIndexOf("？")));
// 結果：文字列の長さ：11
```

参照

「文字列の長さを取得する」 → P.135

文字列バッファに含まれる文字コードを取得する

» java.lang.StringBuilder、StringBuffer

▼メソッド

codePointAt	指定位置のコードポイントを取得する
codePointBefore	指定位置の直前のコードポイントを取得する

書式
```
public int codePointAt(int index)
public int codePointBefore(int index)
```

引数 index：検索する位置

解説

Stringクラス同様、codePointAtメソッドは、指定位置にある文字のコードポイントを返します。また、codePointBeforeは、指定位置の直前の文字のコードポイントを返します。これら2つのメソッドは、サロゲートペアが含まれる文字列に対応したものです。

位置の指定は、char単位とします。

サンプル ▸ SBCodepointSample1.java

```
String str = "この𩸽はサロゲートペアです";

StringBuilder sb = new StringBuilder(str);
StringBuffer sbf = new StringBuffer(str);

int codepoint = sb.codePointAt(6);
System.out.printf("%c [u+%h] ", codepoint, codepoint);
SBCodepointSample1.printHex(Character.toChars(codepoint));
System.out.println();

codepoint = sbf.codePointBefore(4);
System.out.printf("%c [u+%h] ", codepoint, codepoint);
SBCodepointSample1.printHex(Character.toChars(codepoint));
System.out.println();
```

⬇

```
は [u+306f] 0x306F
𩸽 [u+29e3d] 0xD867 0xDE3D
```

参照

「文字列に含まれる文字コードを取得する」 → P.136

文字列バッファのインデックスを取得する

» java.lang.StringBuilder、StringBuffer

▼ メソッド

offsetByCodePoints　指定位置のインデックスを取得する

書式
```
public int offsetByCodePoints(int index,
    int codePointOffset)
```

引数　index：検索する位置、codePointOffset：コードポイント単位のオフセット

解説

offsetByCodePointsメソッドは、指定位置のインデックスを返す、サロゲートペアが含まれる文字列バッファに対応したメソッドです。

第1引数で指定したインデックス（char単位）から、コードポイント単位で指定の文字数だけ離れた位置を、char単位のインデックス値で返します。第2引数には負の値を指定することもでき、その場合は文字列バッファの先頭方向へのオフセットとなります。

サンプル　▶ SBCodepointSample2.java

```
String str = "この𩸽𠮟はサロゲートペアです";
StringBuilder sb = new StringBuilder(str);

// コードポイント単位で先頭から5つ出力する
for (int i = 0; i < sb.offsetByCodePoints(0, 5);
    i = sb.offsetByCodePoints(i, 1)) {
        int codepoint = str.codePointAt(i);
        System.out.printf("%c [u+%h]%n", codepoint, codepoint);
}
```

⬇

```
こ [u+3053]
の [u+306e]
𩸽 [u+29e3d]
𠮟 [u+20b9f]
は [u+306f]
```

参照

「文字列のインデックスを取得する」 → P.137

値を文字列に変換する

» java.lang.String

▼メソッド

valueOf	文字列に変換する

書式

```
public static String valueOf(type x)
public static String valueOf(char[] x, int offset,
    int len)
```

引数 type：データ型（boolean, char, double, float, int, long, Object）、x：変換する値、offset：配列のオフセット、len：文字数

解説

valueOfメソッドは、引数のデータ型を文字列に変換します。引数にbooleanを指定した場合は、trueまたはfalseの文字列を返します。文字配列の場合では、開始オフセットと文字数の指定が可能です。オブジェクトを変換する場合は、指定のオブジェクトがnullのときは「null」の文字列、それ以外はObjectのtoString()メソッドと同じ結果になります。

サンプル ▸ STValueOfSample.java

```
System.out.println(String.valueOf(123));     // 結果：123
System.out.println(String.valueOf(12.3));    // 結果：12.3

char[] ch = { 'あ', 'い', 'う' };
System.out.println(String.valueOf(ch, 0, ch.length));
// 結果：あいう
```

文字列バッファに追加する

» java.lang.StringBuilder、StringBuffer

▼メソッド

append 文字を追加する

書式

```
public buffer append(type x)
public buffer append(char[] x[, int offset, int len])
public buffer append(CharSequence s[, int start,
    int end])
public buffer append(String s | StringBuffer s)
```

引数 buffer：StringBuilderまたはStringBuffer、type：データ型（boolean, char, double, float, int, long, Object）、x：追加する値、offset：配列のオフセット、len：文字数、start：開始位置、end：終了位置、s：文字列／文字シーケンス（CharSequenceオブジェクト）

解説

appendメソッドは、文字列バッファに指定した文字を、文字列バッファの末尾に追加します。引数として各種のデータ型を選択できますが、追加される文字は、StringクラスのvalueOfメソッドによって得られます。また、第1引数が文字配列の場合は、オフセットと長さを指定して、追加する文字列を文字配列の一部分とすることができます。また、追加する文字列がnullの場合は「null」という文字列が追加されます。

サンプル ▶ SBAppendSample.java

```
StringBuilder sb = new StringBuilder("Java");
System.out.println(sb.append('?')); // 結果：Java?
System.out.println(sb.append(123));  // 結果：Java?123

char[] ch = { 'あ', 'い', 'う' };
System.out.println(sb.append(ch));  // 結果：Java?123あいう

CharSequence cs= new String("かきく");
System.out.println(sb.append(cs));  // 結果：Java?123あいうかきく
```

文字列バッファを削除する

» java.lang.StringBuilder、StringBuffer

▼ メソッド

delete	文字列を削除する
deleteCharAt	文字を削除する

書式

```
public buffer delete(int start, int end)
public buffer deleteCharAt(int index)
```

引数 buffer：StringBuilderまたはStringBuffer、start：開始位置（この値を含む）、end：終了位置（この値を含まない）、index：削除位置

解説

deleteメソッドは、指定した位置の文字列を削除します。対象となる範囲を指定できますが、終了位置に関しては、指定したインデックスの1文字前までが削除されることに注意してください。また、終了位置をこの文字列バッファの長さ以上に指定すると、最後まで削除されます。

deleteCharAtメソッドは、指定位置の文字を削除します。

サンプル ▸ SBDeleteSample.java

```
StringBuilder sb = new StringBuilder("Java");
System.out.println(sb.deleteCharAt(3)); // 結果：Jav
System.out.println(sb.delete(0, 2));    // 結果：v
```

文字列バッファに挿入する

» java.lang.StringBuilder、StringBuffer

▼ メソッド

insert　　文字を挿入する

書式
```
public buffer insert(int index, type x)
public buffer insert(int index, char[] x, int offset,
    int len)
public buffer insert(int dstOffset, CharSequence s
    [, int start, int end])
```

引数　buffer：StringBuilderまたはStringBuffer、type：データ型（boolean, char, double, float, int, long, Object）、x：挿入する値、offset：配列のオフセット、len：文字数、start：開始位置、end：終了位置、index：挿入位置、dstOffset：挿入位置、s：文字シーケンス（CharSequenceオブジェクト）

解説

insertメソッドは、文字列バッファに指定した文字を指定した位置に挿入します。挿入するデータの扱いなど、細かい挙動はappendメソッドと同じです。

サンプル ▶ SBInsertSample.java

```
StringBuilder sb = new StringBuilder("今年は年です");
System.out.println(sb.insert(3, 2020)); // 結果：今年は2020年です
```

文字列バッファを置換する

» java.lang.StringBuilder、StringBuffer

▼ メソッド

replace　　文字列バッファを置換する

書式 public buffer replace(int start, int end, String s)

引数 buffer：StringBuilderまたはStringBuffer、start：開始位置（この値を含む）、end：終了位置（この値を含まない）、s：文字列

解説

replaceメソッドは、文字列バッファの文字列を、指定した文字列に置換します。置換する部分文字列の位置は、指定した開始位置から、終了位置−1をインデックスとする部分になります。もし、指定した終了位置が元の文字列バッファの範囲を超えるような場合、終了位置は文字列バッファの最後までとなります。置換の結果、バッファサイズが元のサイズを超えるようなときは、必要に応じて大きくなります。

サンプル ▸ SBReplaceSample.java

```
StringBuilder sb = new StringBuilder("Javaは楽しい");
System.out.println(sb.replace(5, 8, "難しい！"));
// 結果：Javaは難しい！
```

Stringクラスとは異なり、元の文字列は変更されます。

参照

「文字列の置換を行う」 → P.140

文字列バッファを逆順にする

» java.lang.StringBuilder、StringBuffer

▼ メソッド

reverse	文字列を逆順にする

書式 `public buffer reverse()`

引数 buffer：StringBuilderまたはStringBuffer

解説

文字列バッファ内の文字列を、逆に並べ替えます。

サンプル ▶ SBReverseSample.java

```
StringBuilder sb = new StringBuilder("Javaは楽しい");
System.out.println(sb.reverse()); // 結果：いし楽はavaJ
```

COLUMN

文字列クラスのインスタンス

Javaの文字列は、Stringクラスのオブジェクトですが、他のクラスとは違って、通常は、newキーワードを使わずに、"文字列"という形でインスタンス化します。この場合、まったく同じ文字列であれば、複数インスタンス化しても、すべて同じものを参照するようになります。

"文字列"ではなく、new String("文字列")とした場合は、通常のクラスと同様、別のインスタンスになります。

サンプル ▶ ColumnString.java

```
// 文字列の初期化
String str1 = "abc";
String str2 = "abc";
String str3 = new String("abc");

// 同じインスタンスになる
System.out.println(str1 == str2); // 結果：true

// 異なるインスタンスになる
System.out.println(str2 == str3); // 結果：false
```

文字列バッファの容量を操作する

» java.lang.StringBuilder、StringBuffer

▼ メソッド

capacity	バッファ容量を取得する
ensureCapacity	バッファ容量を調節する

書式
```
public int capacity()
public void ensureCapacity(int minimumCapacity)
```

引数 minimumCapacity：バッファの最小値

解説

capacityメソッドは、現在の文字列バッファの容量を取得します。初期容量には「16＋引数の文字数」の値が与えられます。

ensureCapacityメソッドは、バッファの容量が指定した値以上になるようにします。もし、現在の容量が指定された値よりも小さい場合には、値を超えるような容量が追加されます。追加される容量は「引数」もしくは「以前の容量の2倍＋2」のうち、大きいほうの値が採用されます。引数として負の値が設定された場合、このメソッドは何も行いません。

サンプル ▶ SBCapacitySample.java

```
StringBuilder sb = new StringBuilder("Java");
// 初期16+4文字分のバッファが確保される
System.out.println(sb.capacity()); // 結果：20
sb.ensureCapacity(30);
// 30と以前の容量の2倍+2を比較し、大きいほうが採用される
System.out.println(sb.capacity()); // 結果：42
```

文字列バッファを配列にコピーする

» java.lang.StringBuilder、StringBuffer

▼メソッド

getChars　　配列にコピーする

書式 public void getChars(int srcBegin, int srcEnd,
char[] dst, int dstBegin)

引数 srcBegin：コピーを開始する位置、srcEnd：コピーを終了する位置、dst：コピー先の配列、dstBegin：配列においてコピーを開始する位置

解説

文字列バッファの内容を、文字配列にコピーします。コピーされるのは、指定した開始位置から終了位置－1までのインデックスに含まれる文字列バッファとなります。また、そのデータは、コピー先の配列の指定した位置にコピーされます。

サンプル ▸ SBGetCharsSample.java

```
// 文字列バッファの内容の一部分を文字配列の指定した位置にコピー
StringBuilder sb = new StringBuilder("panda");
char[] dst = { 'J', 'a', 'v', 'a', '!' };

sb.getChars(0, 3, dst, 2);

for (int i = 0; i < dst.length; i++) {
    System.out.print(dst[i]);
}
```

⬇

```
Japan
```

文字列バッファの一部を取得する

» java.lang.StringBuilder、StringBuffer

▼ メソッド

subSequence	一部を文字シーケンスとして取得する
substring	一部を新しい文字列として取得する

書式
```
public CharSequence subSequence(int start, int end)
public String substring(int start[, int end])
```

引数 start：開始位置、end：終了位置

解説

文字列の一部分を取得します。subSequenceメソッドは、指定した開始位置から終了位置までの文字列を、新しい文字シーケンス(CharSequenceオブジェクト)として取得します。substringメソッドは、指定した開始位置から、最後までもしくは指定した終了位置までを、新しい文字列(Stringオブジェクト)として取得します。終了位置は、指定したインデックス－1の位置までになることに注意してください。

サンプル ▶ SBSubstringSample.java
```
// 文字列の一部分を取得し、出力する
StringBuilder sb = new StringBuilder("Hello World!!");
System.out.println(sb.subSequence(0, 5)); // 結果：Hello
System.out.println(sb.substring(6));      // 結果：World!!
```

「文字列の一部分を取得する」 → P.147

数値／通貨をフォーマットするオブジェクトを取得する

» java.text.NumberFormat

▼メソッド

getInstance	数値のフォーマッタを取得する
getCurrencyInstance	通貨のフォーマッタを取得する
getIntegerInstance	整数型の数値のフォーマッタを取得する
getNumberInstance	通常の数値のフォーマッタを取得する
getPercentInstance	パーセント表記のフォーマッタを取得する

書式

```
public static final NumberFormat getCurrencyInstance()
public static NumberFormat getCurrencyInstance(
    Locale inLocale)
public static final NumberFormat getInstance()
public static NumberFormat getInstance(Locale inLocale)
public static final NumberFormat getIntegerInstance()
public static NumberFormat getIntegerInstance(
    Locale inLocale)
public static final NumberFormat getNumberInstance()
public static NumberFormat getNumberInstance(
    Locale inLocale)
public static final NumberFormat getPercentInstance()
public static NumberFormat getPercentInstance(
    Locale inLocale)
```

引数 inLocale：ロケール

解説

NumberFormatクラスは、すべての数値フォーマットに対する基底クラスです。また、NumberFormatクラスは抽象クラスとして定義されており、インスタンスを直接生成することができないため、別途メソッドを利用して、オブジェクトを生成します。

それぞれのメソッドは、数値や通貨などをフォーマットするオブジェクトを取得します。適用するロケールを引数としていずれも指定することができ、指定しなかった場合にはデフォルトの**ロケール**が使用されます。

サンプル ▶ **NFGetInstanceSample.java**

```
// 各国のロケールを適用して、数値や通貨を表示
NumberFormat nf1 = NumberFormat.getInstance(Locale.JAPAN);
NumberFormat nf2 = NumberFormat.getInstance(Locale.ITALY);
NumberFormat nf3 = NumberFormat.getCurrencyInstance(Locale.JAPAN);
NumberFormat nf4 = NumberFormat.getCurrencyInstance(Locale.UK);
NumberFormat nf5 = NumberFormat.getPercentInstance(Locale.JAPAN);
NumberFormat nf6 = NumberFormat.getPercentInstance(Locale.US);
System.out.println("日本：" + nf1.format(10000.01) +
    "、イタリア：" + nf2.format(10000.01));
System.out.println("日本：" + nf3.format(10000) +
    "、イギリス：" + nf4.format(10000));
System.out.println("日本：" + nf5.format(0.235) +
    "、アメリカ：" + nf6.format(0.235));
```

```
日本：10,000.01、イタリア：10.000,01
日本：¥10,000、イギリス：£10,000.00
日本：24%、アメリカ：24%
```

「数値をフォーマットする」 → P.165
「日付／時刻のフォーマットに関する情報を取得／設定する」 → P.240

数値をフォーマットする

» java.text.NumberFormat

▼メソッド

format　数値をフォーマットする

書式 `public final String format(double number | long number)`

引数 number：フォーマットする数値

解説

formatメソッドは、数値を、指定のパターン、**ロケール**に従ってフォーマットし、文字列を返します。

数値のパターンは、次のような文字を使用して表します。

▼数値パターン

文字	概要
0	数字
#	数字(ゼロは表示されない)
.(ドット)	数値、通貨の桁数を区切る
-	マイナス記号
,(カンマ)	グループを区切る
E	科学表記法の仮数と指数を区切る
;	数値が正の場合のパターンと負の場合のパターンを区切る
%	100倍してパーセントを表す
¥u2030	1,000倍してパーミルを表す
¥u00A4	通貨記号で置換される通貨符号
'	特殊文字を引用符で囲む場合に使用する。たとえば"'#'#"を使用すると、123は"#123"となる

サンプル ▶ NFFormatSample.java

```
// 数値をフォーマットする
NumberFormat nf = NumberFormat.getInstance();
System.out.println(nf.format(5 / 3));
System.out.println(nf.format(5.0 / 3.0));
```

⬇

```
1
1.667
```

文字列から数値を生成する

» java.text.NumberFormat

▼ メソッド

parse	文字列を解析する

書式 public Number parse(String source)

引数 source：解析される文字列

throws ParseException
解析エラーが発生したとき

解説

parseメソッドは、指定された文字列を解析して、数値オブジェクトを取得します。文字列の解析は先頭から行うため、先頭に余分な空白などが入っている場合には、空白をうまく解析できずに、期待した動作が行われません。

サンプル ▶ NFParseSample.java

```
// 与えた文字列を解析して数値、オブジェクトを取得
try {
    NumberFormat nf = NumberFormat.getInstance();
    System.out.println(nf.parse("100.8です"));
}
catch (ParseException e) {
    e.printStackTrace();
}
```

⬇

```
100.8
```

数値／通貨のフォーマットに関する情報を取得／設定する

» java.text.NumberFormat

▼メソッド

getAvailableLocales	ロケールを取得する
getCurrency	通貨を取得する
isGroupingUsed	グループ化するかを調べる
isParseIntegerOnly	整数として解析するかを調べる
setCurrency	通貨を設定する
setGroupingUsed	グループ化を設定する
setParseIntegerOnly	整数としての解析を設定する

書式
```
public static Locale[] getAvailableLocales()
public Currency getCurrency()
public boolean isGroupingUsed()
public boolean isParseIntegerOnly()
public void setCurrency(Currency currency)
public void setGroupingUsed(boolean newValue)
public void setParseIntegerOnly(boolean value)
```

引数 currency：使用する通貨、newValue：グループ化をするかどうか、value：整数としてのみ解析するかどうか

解説

それぞれのメソッドは、数値／通貨フォーマットに関する情報を取得／設定します。

isGroupingUsedとsetGroupingUsedメソッドにおけるグループ化とは、たとえば「10000」を「10,000」にするように、数値をカンマやピリオドで区切ることです。具体的な区切り方は、ロケールによって変わります。

サンプル ▶ NFGetSetSample.java

```
// 数値／通貨フォーマットに関する情報を取得／設定し、出力
NumberFormat nf1 = NumberFormat.getInstance();
NumberFormat nf2 = NumberFormat.getCurrencyInstance();
nf1.setParseIntegerOnly(true);
nf1.setGroupingUsed(false);
nf2.setCurrency(Currency.getInstance(Locale.ITALY));
System.out.println("整数のみ解析：" + nf1.isParseIntegerOnly());
// true
System.out.println("グループ化：" + nf1.isGroupingUsed()); // false
System.out.println("通貨：" + nf2.getCurrency()); // EUR
```

数値の桁に関する情報を取得／設定する

» java.text.NumberFormat

▼ メソッド

getMaximumIntegerDigits	最大桁（整数）を取得する
getMinimumIntegerDigits	最小桁（整数）を取得する
getMaximumFractionDigits	最大桁（小数）を取得する
getMinimumFractionDigits	最小桁（小数）を取得する
setMaximumIntegerDigits	最大桁（整数）を設定する
setMinimumIntegerDigits	最小桁（整数)を設定する
setMaximumFractionDigits	最大桁（小数）を設定する
setMinimumFractionDigits	最小桁（小数）を設定する

書式

```
public int getMaximumIntegerDigits()
public int getMinimumIntegerDigits()
public int getMaximumFractionDigits()
public int getMinimumFractionDigits()
public void setMaximumIntegerDigits(int newValue)
public void setMinimumIntegerDigits(int newValue)
public void setMaximumFractionDigits(int newValue)
public void setMinimumFractionDigits(int newValue)
```

引数 newValue：設定する桁の値

解説

これらのメソッドは、表示する数値の整数部分、小数部分の最大／最小桁数を取得／設定します。もちろん、それぞれのminXxxには、maxXxxよりも小さい値が設定されている必要があります。setXxxメソッドにおいて、引数に0より小さい値を指定した場合には、0が適用されます。

サンプル ▸ **NFGetSetMaxMinSample.java**

```
// 小数部の桁数を調節して出力
NumberFormat nf = NumberFormat.getInstance();
nf.setMinimumFractionDigits(2);
System.out.println("少なくとも小数点以下" +
    nf.getMinimumFractionDigits() + "位：" + nf.format(100));
```

⬇

```
少なくとも小数点以下2位：100.00
```

数値のフォーマットに必要なパターンを取得／設定する

» java.text.DecimalFormat

▼ メソッド

DecimalFormat	フォーマットオブジェクトを生成する
applyPattern	パターンを指定する
applyLocalizedPattern	ローカライズされたパターンを指定する
toPattern	パターンを取得する

書式

```
public DecimalFormat()
public DecimalFormat(String pattern)
public void applyPattern(String pattern)
public void applyLocalizedPattern(String pattern)
public String toPattern()
```

引数 pattern：フォーマットに使用するパターン

解説

DecimalFormatクラスはNumberFormatクラスのサブクラスで、指定したパターンに従って10進数をフォーマットします。

パターンとは、フォーマットの書式を表す文字列です。コンストラクタ、またはapplyPattern、applyLocalizedPatternメソッドで指定します。applyLocalizedPatternメソッドは、指定のパターンが**ローカライズ**されていると見なします。

サンプル ▸ **NFPatternSample.java**

```
// 数値をパターンでフォーマットする
DecimalFormat df = new DecimalFormat("#.#");
double a = 1.5D;
System.out.println(df.format(a)); // 結果：1.5
df.applyPattern("000.00");
System.out.println(df.format(a)); // 結果：001.50
a = 1000000D;
// 通貨記号+3桁区切り
df.applyLocalizedPattern("¥u00A4,###"); // 結果：¥1,000,000
System.out.println(df.format(a));
```

数値の丸め処理に関する情報を取得／設定する

» java.text.DecimalFormat

▼メソッド

getRoundingMode　丸め処理を行う
setRoundingMode　丸め処理を設定する

書式
```
public RoundingMode getRoundingMode()
public void setRoundingMode(RoundingMode roundingMode)
```

引数 roundingMode：丸め処理モード

解説

getRoundingMode、setRoundingModeメソッドはそれぞれ、このNumberFormatオブジェクトで使用されるRoundingModeを取得、設定します。

RoundingModeとは、小数値に対する**丸め処理**を指定する列挙型のオブジェクトで、次に示すように、8種類のモードが定義されています。

各丸めモードは、最下位の桁の計算方法を指定します。UNNECESSARYモードは、丸め処理が必要な場合に、ArithmeticException例外をスローします。

▼丸めモードと処理例

RoundingModeの値	5.5を丸めた場合	1.6を丸めた場合	1.0を丸めた場合	-1.1を丸めた場合	概要
UP	6	2	1	-2	0から離れるように丸める
DOWN	5	1	1	-1	0に近づくように丸める
CEILING	6	2	1	-1	正の無限大に近づくように丸める
FLOOR	5	1	1	-2	負の無限大に近づくように丸める
HALF_UP	6	2	1	-1	「もっとも近い数字」に丸める。両隣りの数字が等距離の場合は切り上げ

Rounding Modeの値	5.5を丸めた場合	1.6を丸めた場合	1.0を丸めた場合	-1.1を丸めた場合	概要
HALF_DOWN	5	2	1	-1	「もっとも近い数字」に丸める。両隣りの数字が等距離の場合は切り捨て
HALF_EVEN	6	2	1	-1	「もっとも近い数字」に丸める。両隣りの数字が等距離の場合は偶数側に丸める
UNNECESSARY	ArithmeticException例外のスロー	ArithmeticException例外のスロー	1	ArithmeticException例外のスロー	丸めが必要でないかどうかを調べる

サンプル ▶ **NFRoundingSample.java**

```
// 丸め処理を行う
DecimalFormat df = new DecimalFormat("#");

double a = 1.5D;
df.setRoundingMode(RoundingMode.UP);
System.out.println(df.format(a)); // 結果：2

df.setRoundingMode(RoundingMode.DOWN);
System.out.println(df.format(a)); // 結果：1

df.setRoundingMode(RoundingMode.CEILING);
System.out.println(df.format(a)); // 結果：2

df.setRoundingMode(RoundingMode.FLOOR);
System.out.println(df.format(a)); // 結果：1

df.setRoundingMode(RoundingMode.HALF_UP);
System.out.println(df.format(a)); // 結果：2

df.setRoundingMode(RoundingMode.HALF_DOWN);
System.out.println(df.format(a)); // 結果：1

df.setRoundingMode(RoundingMode.HALF_EVEN);
System.out.println(df.format(a)); // 結果：2

try {
    df.setRoundingMode(RoundingMode.UNNECESSARY);
    // 例外がスローされる
    System.out.println(df.format(a));
}
catch (ArithmeticException e) {
    System.out.println("丸めが必要");
}
```

メッセージをフォーマットするために必要なパターンを取得／設定する

» java.text.MessageFormat

▼メソッド

toPattern	パターンを取得する
applyPattern	パターンを設定する

書式

```
public String toPattern()
public void applyPattern(String pattern)
```

引数 pattern：フォーマットに使用するパターン

解説

MessageFormatクラスは、指定されたパターンに従って文字列をフォーマットします。

toPattern、applyPatternメソッドは、メッセージフォーマットに必要なパターンを取得／設定します。パターンはコンストラクタで指定することもでき、同時にロケールの指定もできます。

なお、パターンは、次のような書式で構成要素を記述します。

▼パターンを記述するための文法

パターン	構成要素
メッセージフォーマットパターン	文字列 メッセージフォーマットパターン フォーマット要素 文字列
フォーマット要素	{ 引数[, フォーマットタイプ[, フォーマットスタイル]]}
フォーマットタイプ	number date time choice
フォーマットスタイル	short medium long full integer currency percent サブフォーマットパターン
文字列	部分文字列(0回以上) 文字列 部分文字列

パターン	構成要素
部分文字列	'' '引用符で囲まれた文字列' 引用なしの文字列
サブフォーマットパターン	サブサブフォーマットパターン(0回以上) サブフォーマットパターン サブサブフォーマットパターン
サブ部分フォーマットパターン	'囲われた文字列' 囲われていない文字列

表の「引数」は、0以上の整数値で、formatメソッドに渡されたarguments配列、またはparseメソッドによって返された結果の配列のインデックスを表します。

「フォーマットタイプ」と「フォーマットスタイル」は、次の表のような組み合わせで用いることで、フォーマット要素を表すFormatインスタンスを生成します。

「サブフォーマットパターン」は、使用するFormatサブクラスに対して有効なパターン文字列でなければなりません。

また「'」や「{」、「}」については特別な扱いが必要です。文字列内においては、「'」を「''」で表します。囲われた文字列は「'」以外の任意の文字列で構成され、もし「'」を含んでいる場合にはそれが削除されます。囲われていない文字列は「'」と「{」以外の任意の文字で構成されます。

「サブフォーマットパターン」では、「メッセージフォーマットパターン」とは異なったパターンが使用されます。囲われた文字列は「'」以外の任意の文字から構成されますが、もし「'」が含まれていても削除されません。囲われていない文字列は「'」以外の文字から構成されますが、「{」が必ず「}」とペアになっていなければなりません。

▼フォーマットタイプ、フォーマットスタイル、生成されるサブフォーマット

フォーマットタイプ	フォーマットスタイル	生成されるサブフォーマット
なし	なし	null
number	(なし)	NumberFormat.getInstance(getLocale())
	integer	NumberFormat.getIntegerInstance(getLocale())
	currency	NumberFormat.getCurrencyInstance(getLocale())
	percent	NumberFormat.getPercentInstance(getLocale())
	SubformatPattern	new DecimalFormat(subformatPattern, new DecimalFormatSymbols(getLocale()))

フォーマットタイプ	フォーマットスタイル	生成されるサブフォーマット
date	（なし）	DateFormat.getDateInstance(DateFormat.DEFAULT, getLocale())
	short	DateFormat.getDateInstance(DateFormat.SHORT, getLocale())
	medium	DateFormat.getDateInstance(DateFormat.DEFAULT, getLocale())
	long	DateFormat.getDateInstance(DateFormat.LONG, getLocale())
	full	DateFormat.getDateInstance(DateFormat.FULL, getLocale())
	SubformatPattern	new SimpleDateFormat(subformatPattern, getLocale())
time	（なし）	DateFormat.getTimeInstance(DateFormat.DEFAULT, getLocale())
	short	DateFormat.getTimeInstance(DateFormat.SHORT, getLocale())
	medium	DateFormat.getTimeInstance(DateFormat.DEFAULT, getLocale())
	long	DateFormat.getTimeInstance(DateFormat.LONG, getLocale())
	full	DateFormat.getTimeInstance(DateFormat.FULL, getLocale())
	SubformatPattern	new SimpleDateFormat(subformatPattern, getLocale())
choice	SubformatPattern	new ChoiceFormat(subformatPattern)

サンプル ▶ **MFPatternSample.java**

```
// パターンを設定し直し、メッセージをフォーマット
String[] argment = { "Maeda", "Akimoto" };
MessageFormat form =
    new MessageFormat("{0}さんは{1}さんの先輩です。");
System.out.println("現在のパターン：" + form.toPattern());
form.applyPattern("{1}さんは{0}さんの後輩です。");
System.out.println(form.format(argment));
```

```
現在のパターン：{0}さんは{1}さんの先輩です。
AkimotoさんはMaedaさんの後輩です。
```

「メッセージをフォーマットする」 → P.175

メッセージをフォーマットする

» java.text.MessageFormat

▼メソッド

format　　　　メッセージをフォーマットする

書式
```
public final StringBuffer format(Object[] arguments |
    Object argument, StringBuffer result,
    FieldPosition pos)
public static String format(String pattern,
    Object[] arguments)
```

引数 argument, arguments：フォーマットまたは置き換えるオブジェクトの配列、result：テキストが追加される可変長文字列、pos：位置を合わせるフィールド（入力時）または位置を合わせるフィールドのオフセット（出力時）、pattern：適用するパターン

解説

メッセージをフォーマットします。パターンが明示的に指定されていないものは、コンストラクタを使用してMessageFormatオブジェクトが生成された際のパターンか、applyPatternメソッドによって設定されたパターンに従うことになります。

また、2つ目の書式のformatは「(new MessageFormat(pattern)).format(arguments, new StringBuffer(), null).toString()」と同じ意味になります。

サンプル ▶ MFFormatSample.java

```
// フォーマットしたメッセージを出力
StringBuffer message = new StringBuffer();
Object[] argument1 = { 250, "ブレンド" };
Object[] argument2 = { 280, "カフェラテ" };
MessageFormat form = new MessageFormat("{1}は¥{0}です。");
System.out.println(form.format(argument1, message, null));
form.format(argument2, message, null);
System.out.println(message);
```

```
ブレンドは¥250です。
ブレンドは¥250です。カフェラテは¥280です。
```

文字列からオブジェクトの配列を生成する

» java.text.MessageFormat

▼メソッド

parse	文字列を解析する

書式 public Object[] parse(String source[, ParsePosition pos])

引数 source：解析の対象となる文字列、pos：インデックスやエラーインデックス情報を持つParsePositionオブジェクト

throws ParseException
解析エラーが発生したとき

解説

parseメソッドは、与えられた文字列を解析し、オブジェクトの配列を生成します。formatメソッドとまったく逆の挙動になります。ただし、このメソッドは、次のような原因のために正しく動作しないことがあります。

- 引数の1つがパターンにない
- フォーマットにより情報が失われている
- 解析する文字列をパターンが一意に解釈できない

サンプル ▶ MFParseSample.java

```
// 文字列を解析し、オブジェクトの配列を生成
try {
    MessageFormat form =
        new MessageFormat("{0}さんは{1}さんの先輩です。");
    String message = "MaedaさんはAkimotoさんの先輩です。";
    for (Object o : form.parse(message)) {
        System.out.println(o);
    }
}
```

⬇

```
Maeda
Akimoto
```

文字列解析のエラー位置を取得する

» java.text.ParsePosition

▼メソッド

getErrorIndex 　**位置を取得する**

書式 `public int getErrorIndex()`

解説

getErrorIndexメソッドは、parseメソッドでエラーが発生した場合に、解析に失敗した文字列の位置(エラーインデックス)を返します。この位置は、文字列の比較対象であるサブパターンの開始オフセットとなります。

サンプル ▶ **MFParseSampleError.java**

```
// 文字列を解析し、エラー位置を表示
MessageFormat form =
    new MessageFormat("{0}さんは{1}さんの先輩です。");
String message = "Maedaさんは先輩です。";
ParsePosition pos = new ParsePosition(0);
Object[] obj = form.parse(message, pos);
if (obj != null) {
    for (Object o : obj) {
        System.out.println(o);
    }
}
else {
    System.out.println("エラー位置:" + pos.getErrorIndex());
}
```

⬇

```
エラー位置:8
```

絶対値を求める

» java.lang.Math

▼ メソッド

abs	絶対値を返す

書式 public static type abs(type a)

引数 type：数値型（int, long, double, float）、a：絶対値を求める値

解説

指定した値の絶対値を求めます。引数に指定できる数値は、double型、float型、int型、long型です。引数が負でない場合は、引数そのものを返し、負のときは、その正負を逆にした値を返します。ただし、引数がdouble型、float型のときは、次の場合を除きます。

- 引数が正のゼロまたは負のゼロの場合は、正のゼロを返す
- 引数が無限大の場合は、正の無限大値を返す
- 引数がNaNの場合は、NaNを返す

サンプル ▶ AbsSample.java

```
//絶対値を出力する
for (int i = -1 ; i < 2 ; i++) {
    System.out.println(i + "の絶対値は" + Math.abs(i) + "です");
}
for (double d = -1.0 ; d < 1.3 ; d += 1.1) {
    System.out.println(d + "の絶対値は" + Math.abs(d) + "です");
}
```

```
-1の絶対値は1です
0の絶対値は0です
1の絶対値は1です
-1.0の絶対値は1.0です
0.10000000000000009の絶対値は0.10000000000000009です
1.2000000000000002の絶対値は1.2000000000000002です
```

どちらか大きい／小さい値を取得する

» java.lang.Math

▼メソッド

max	大きい値を返す
min	小さい値を返す

書式
```
public static int max(int a, int b)
public static int min(long a, long b)
public static float max(float a, float b)
public static double min(double a, double b)
```

引数 a, b：比較する値

解説

引数で指定した2つの値を比較し、大きいほう／小さいほうの値を返します。

サンプル ▶ MaxSample.java

```
int x = 3, y = 5;
System.out.println(x + "と" + y + "を比較すると");
System.out.println(Math.max(x, y) + "のほうが大きい");
```

⬇

```
3と5を比較すると
5のほうが大きい
```

数値の切り上げ／切り捨て／四捨五入を行う

» java.lang.Math

▼メソッド

ceil	値を切り上げする
floor	値を切り捨てる
round	値を四捨五入する

書式

```
public static double ceil(double a)
public static double floor(double a)
public static int round(float a)
public static long round(double a)
```

引数 a：変換する値

解説

ceilメソッドは、引数の値を切り上げます。

floorメソッドは、引数の値を切り捨てます。roundメソッドは、引数の値を**四捨五入**します。

roundメソッドの結果は、(int)Math.floor(a + 0.5f)、または(long)Math.floor(a + 0.5d)と同じになります。

サンプル ▸ CeilSample.java

```
//切り上げ／切り捨て／四捨五入を求める
double a = 5.43d;

System.out.println(Math.ceil(a));  // 結果：6.0
System.out.println(Math.floor(a)); // 結果：5.0
System.out.println(Math.round(a)); // 結果：5
```

平方根／立方根を求める

» java.lang.Math

▼メソッド

sqrt	平方根を返す
cbrt	立方根を返す

書式
```
public static double sqrt(double a)
public static double cbrt(double a)
```

引数 a：変換する値

解説

sqrtメソッドは、引数のdouble値の正の**平方根**を返します。
cbrtメソッドは、double値の**立方根**を返します。

サンプル ▶ SqrtSample.java

```
// 平方根／立方根を求める
double d = 5.6;
System.out.println(Math.sqrt(d)); // 結果：2.3664319132398464
System.out.println(Math.cbrt(d)); // 結果：1.7758080034852013
```

指数関数を処理する

» java.lang.Math

▼ メソッド

exp	底eを引数で累乗した値を返す
pow	累乗を返す

書式

```
public static double exp(double a)
public static double pow(double a, double b)
```

引数 a：変換する値、b：指数

解説

expメソッドは、**底e**を引数で**累乗**した値を返します。
powメソッドは、第1引数を、第2引数で累乗した値を返します。

サンプル ▶ ExpSample.java

```
System.out.println("eの5乗：" + Math.exp(5));
System.out.println("4の3乗：" + Math.pow(4, 3));
```

⬇

```
eの5乗：148.4131591025766
4の3乗：64.0
```

対数を求める

» java.lang.Math

▼ メソッド

log	自然対数（底がeの対数）を返す
log10	底が10の対数を返す
log1p	1+引数の自然対数を返す

書式
```
public static double log(double a)
public static double log10(double a)
public static double log1p(double a)
```

引数 a：変換する値

解説

logメソッドは、指定された値の**自然対数**（底e）を返します。log10メソッドは、10を底とする**常用対数**を返します。

log1pメソッドは、1+引数の自然対数を返します。引数aが小さい場合、log1pの結果は、log(1.0+a)とするよりも、ln(1+a)の結果に近くなります。

サンプル ▸ **LogSample.java**

```
// 各対数を求める
double a = 2;

System.out.println(Math.log(a));   // 結果：0.6931471805599453
System.out.println(Math.log10(a)); // 結果：0.3010299956639812
System.out.println(Math.log1p(a)); // 結果：1.0986122886681096
```

角度を変換する

» java.lang.Math

▼メソッド

toDegrees	ラジアン→度に変換する
toRadians	度→ラジアンに変換する

書式

```
public static double toRadians(double angdeg)
public static double toDegrees(double angrad)
```

引数 angdeg：度で計測した角度、angrad：ラジアンで表した角度

解説

toRadians、toDegreesメソッドは、指定した角度を、**ラジアン**または度に変換します。

サンプル ▶ AngleSample.java

```
// 角度を変換する
double a = 45;
System.out.println(Math.toRadians(a)); // 結果：0.7853981633974483
System.out.println(Math.toDegrees(Math.toRadians(a))); // 結果：45.0
```

注意 toRadians、toDegreesメソッドの変換は、正確ではありません。たとえば、cos(toRadians(90.0))としても、正確に0.0とはなりません。

三角関数を求める

» java.lang.Math

▼ メソッド

sin	サインを返す
cos	コサインを返す
tan	タンジェントを返す
asin	アークサインを返す
acos	アークコサインを返す
atan	アークタンジェントを返す

書式

```
public static double sin(double a)
public static double cos(double a)
public static double tan(double a)
public static double asin(double a)
public static double acos(double a)
public static double atan(double a)
```

引数 a：変換する値

解説

これらのメソッドは、指定された角度の**三角関数**、または**逆三角関数**の値を返します。なお、引数で指定する角度、逆三角関数の結果は、すべてラジアンで表した角度です。

サンプル ▶ SinSample.java

```
double a = 90;
// sinを求める
double s = Math.sin(Math.toRadians(a));
// asinにより角度を求める
double as = Math.toDegrees(Math.asin(s));
System.out.println(as); // 結果：90.0
```

符号要素を求める

» java.lang.Math

▼メソッド

signum	符号要素を取得する

書式 `public static double signum(double | float a)`

引数 a：符号が返される値

解説

signumメソッドは、引数の符号を返します。引数が0の場合は0、引数が正なら1.0、引数が負なら、-1.0となります。

サンプル ▶ SignumSample.java

```
System.out.println(Math.signum(10.5));  // 結果：1.0
System.out.println(Math.signum(0));     // 結果：0.0
System.out.println(Math.signum(-20.3)); // 結果：-1.0
```

擬似乱数を生成する

» java.util.Random

▼ メソッド

next～ 擬似乱数を生成する

書式
```
public boolean nextBoolean()
void nextBytes(byte[] bytes)
public float nextFloat()
public double nextDouble()
public double nextGaussian()
public int nextInt()
public int nextInt(int n)
public long nextLong()
```

引数 bytes：乱数バイトを格納するバイト配列、n：乱数の限界値

解説

Randomクラスは、**線形合同法**アルゴリズムを用いた擬似乱数を生成します。

nextBooleanメソッドはboolean型の一様な乱数(trueまたはfalse)、nextBytesメソッドは指定したバイト配列に擬似乱数のバイト値を生成します。

nextFloat、nextDoubleメソッドは、0.0以上1.0未満のfloat型またはdouble型の擬似乱数値となります。nextIntメソッドでは、int型の一様な乱数値(-2147483648～2147483647)を返します。また、引数に限界値を指定することもでき、その場合は0以上限界値未満の値を返します。

nextLongメソッドは、long型の一様な乱数値を返します。ただしその値は、2の48乗通りの周期で、すべてのlong値が生成されるわけではありません。

nextGaussianメソッドは、平均0.0、標準偏差1.0の**ガウス分布**のなかから1つのdouble型の値を返します。

サンプル ▶ **RandomTest.java**

```
// 各種の乱数を表示（結果は実行する毎に異なります）
Random rand = new Random();
System.out.println(rand.nextFloat());     // 結果：0.16391802
System.out.println(rand.nextInt(10));     // 結果：6（10未満）
byte[] ba = new byte[5];
rand.nextBytes(ba);
for (byte b : ba)
    System.out.print(b + ",");            // 結果：88,-107,43,51,85,
```

擬似乱数のシードを設定する

» java.util.Random

▼ メソッド

setSeed	シードを設定する

書式 public void setSeed(long seed)

引数 seed：初期シード

解説

setSeedメソッドは、引数に指定したlong型の値を**シード値**として設定します。シード値とは、乱数計算のもとになる数値で、同じシード値であれば、生成される乱数列も同じものになります。

Randomクラスでは、明示的にシード値を設定しない場合、初期値としてインスタンスごとに異なるシード値が割り当てられます。

なお、シード値は、Randomクラスのコンストラクタでも設定可能です。

サンプル ▸ **RandomTestSeed.java**

```
// 5つのバイト値を表示
public static void printnum(Random r) {
    byte[] ba = new byte[5];
    r.nextBytes(ba);
    for (byte b : ba) {
        System.out.print(b + " ");
    }
    System.out.println();
}

// シード値を設定して乱数を表示
public static void main(String s[]) {
    // 各種の乱数を表示
    printnum(new Random()); // 結果：-79 108 97 36 33

    Random r = new Random(10);
    printnum(r);            // 結果：-46 122 -3 -70 -8
    r.setSeed(10);
    printnum(r); // 上と同じ値となる
}
```

正規表現のパターンを作成する

» java.util.regex.Pattern

▼ メソッド

compile	パターンを生成する
flags	マッチフラグを取得する
matcher	正規表現エンジンを生成する
pattern	正規表現を取得する

書式
```
public static Pattern compile(String regex[, int flags])
public int flags()
public Matcher matcher(CharSequence input)
public String pattern()
```

引数 regex：正規表現、flags：マッチフラグ（補足参照）、input：判定する文字列

解説

Javaで**正規表現**を用いるためには、正規表現を表す文字パターンを持つPatternオブジェクトと、正規表現のマッチの対象となる文字列と、そのマッチを実行するMatcherオブジェクトが必要です。

Patternクラスのcompileメソッドは、引数に指定した文字列をコンパイルした、正規表現を表す文字パターンを返します。

patternメソッドは、パターンから正規表現の文字列表現を取得します。

matcherメソッドは、正規表現エンジンを作成します。作成された正規表現エンジンは、Matcherクラスのインスタンスとして表されます。

サンプル ▶ **RECompileSample.java**

```
// 大文字小文字を区別しないで"java"という文字が含まれるか
String str = "ポケットJavaリファレンス";
Pattern pattern = Pattern.compile(".*java.*",
    Pattern.CASE_INSENSITIVE);
Matcher matcher = pattern.matcher(str);
System.out.println("判定文字列:" + str);
Pattern pat = matcher.pattern(); // 正規表現エンジンからパターンの取得
System.out.println("正規表現:" + pat.pattern());
System.out.println("オプション:" + pattern.flags());
System.out.println("マッチしたかどうか:" + matcher.matches());
```

```
判定文字列:ポケットJavaリファレンス
正規表現:.*java.*
オプション:2
マッチしたかどうか:true
```

補足　マッチフラグで利用できる定数はPatternクラスのフィールドで、次のようなものがあります。

▼ Patternクラスのフィールド

定数	概要
UNIX_LINES	改行文字('¥n')のみを行末記号として認識する
CASE_INSENSITIVE	大文字／小文字を区別せずにマッチさせるようにする
COMMENTS	空白とコメントの有効
MULTILINE	複数行モードの有効
DOTALL	改行文字も文字として扱う
UNICODE_CASE	Unicodeに準拠した大文字／小文字を区別せずにマッチさせるようにする
CANON_EQ	文字を分解された形に変換(標準分解)した場合に、変換前のものと等価とする

「マッチ処理を行う」 → P.191

マッチ処理を行う

» java.util.regex.Matcher

▼メソッド

matches	全体にマッチするか調べる
find	次のマッチを検索する
lookingAt	先頭からマッチするか調べる
start	開始位置を取得する
end	前回のマッチ終了位置を取得する

書式

```
public boolean matches()
public boolean find([int start])
public boolean lookingAt()
public int start([int group])
public int end([int group])
```

引数 start：マッチ操作の開始位置、group：前方参照を行う正規表現グループ

解説

matchesメソッドは、Patternクラスのmatcherメソッドで生成された正規表現エンジンのパターンと入力文字列全体がマッチするかどうかを、真偽値で返します。

findメソッドは、パターンとマッチする文字列を検索し、マッチする部分があるかを返します。検索の開始位置は、入力される文字シーケンスの先頭、もしくは前回のマッチで一致しなかった最初の文字からになります。引数で指定することも可能です。

lookingAtメソッドは、パターンにマッチする文字列が先頭にあるかどうかを返します。matchesメソッドと違い、すべての文字がマッチする必要はありません。

startメソッドは前回のマッチの開始位置を返し、endメソッドは前回マッチが終了した位置の次の位置を返します。また、グループを指定した場合、startメソッドでは、そのグループによって前方参照された文字列の開始インデックスが返ります。endメソッドでは、最後の文字の次の位置が返ります。

サンプル ▸ **REMatchesSample.java**

```
// HTMLタグの抜き出しを行う
String html = "<font color=¥"red¥">Hello</font>";

Pattern pattern = Pattern.compile(
    "<[¥¥w¥¥s/=¥"]+>"); // 英字1文字以上の文字列
Matcher matcher = pattern.matcher(html);
System.out.println("matcher.matches():" + matcher.matches());
System.out.println("matcher.lookingAt():" + matcher.lookingAt()
    + ":(" + matcher.start()
    + "～" + matcher.end()
    + ":" + matcher.group() + ")");
System.out.println("matcher.find():" + matcher.find()
    + ":(" + matcher.start()
    + "～" + matcher.end()
    + ":" + matcher.group() + ")");
```

```
matcher.matches():false
matcher.lookingAt():true:(0～18:<font color="red">)
matcher.find():true:(23～30:</font>)
```

参照

「正規表現のパターンを作成する」 → P.189

マッチした文字シーケンスの処理を行う

» java.util.regex.Matcher

▼メソッド

appendReplacement	置換した文字列を追加する
appendTail	文字列をコピーする
replaceAll	置換した文字列を取得する
replaceFirst	最初のみ置換した文字列を取得する

書式

```
public Matcher appendReplacement(StringBuffer sb,
    String replacement)
public StringBuffer appendTail(StringBuffer sb)
public String replaceAll(String replacement)
public String replaceFirst(String replacement)
```

引数 sb：結果を追加する文字列バッファ、replacement：置換する文字列

解説

appendReplacementメソッドは、マッチする文字列を指定した文字列に置き換え、文字列バッファに追加します。findメソッドを用いて、マッチする部分があるか検索するループ内で使うのが有効です。

appendTailメソッドは、追加位置以降の文字列を、文字列バッファにコピーします。appendReplacementメソッドと共に用いれば、指定した文字列をすべて置換した文字列バッファを作成することができます。

replaceAllメソッドは、入力される文字シーケンスに含まれるパターンとマッチする文字列すべてを、指定した文字列に置換して返します。

replaceFirstメソッドでは、マッチした一番始めの文字列だけを置換した文字列を返します。

サンプル ▶ **REMatchStringSample.java**

```
// 前方参照を用いてHTMLタグの検索とエスケープ処理を行う
String str = "<font color=¥"red¥">Hello</font>";
Pattern pat1 = Pattern.compile(
    "<([¥¥w]+)[¥¥s¥¥w=¥"]+>[¥¥w]+</([¥¥w]+)>");
Pattern pat2 = Pattern.compile("<");
Pattern pat3 = Pattern.compile(">");

Matcher mat1 = pat1.matcher(str);
while (mat1.find()) {
  if (mat1.group(1).equals(mat1.group(2))) {
    System.out.println("これは " + mat1.group(1) + " タグです。");
  }
}
System.out.println("エスケープします。");
Matcher mat2 = pat2.matcher(str);
Matcher mat3 = pat3.matcher(mat2.replaceAll("&lt;"));
System.out.println(mat3.replaceAll("&gt;"));
```

⬇

```
これは font タグです。
エスケープします。
&lt;font color="red"&gt;Hello&lt;/font&gt;
```

「正規表現のパターンを作成する」 → P.189
「マッチ処理を行う」 → P.191

文字列から数値型のオブジェクトを生成する

» java.lang.Boolean、Byte、Double、Float、Integer、Long、Short

▼メソッド

valueOf　文字列からオブジェクトを生成する

書式
```
public static Boolean valueOf(String s)
public static Byte valueOf(String s)
public static Double valueOf(String s)
public static Float valueOf(String s)
public static Integer valueOf(String s)
public static Long valueOf(String s)
public static Short valueOf(String s)
```

引数　s：生成する型の文字列

解説

valueOfメソッドは、数値型の**ラッパークラス**(java.lang.Boolean, Byte, Short, Integer, Long, Float, Double)のメソッドで、指定された文字列を解釈して、その値をラップするオブジェクトを生成します。

BooleanクラスのvalueOfメソッドでは、指定された文字列がtrue(ただし大文字と小文字の区別なし)であれば、trueを表すオブジェクトを返し、それ以外の場合にはfalseを表すオブジェクトを返します。

サンプル ▶ **ValueOfSample.java**

```
// Boolean型とDouble型のオブジェクトを生成する
Boolean bl = Boolean.valueOf("true");
Double db = Double.valueOf("9.13");
System.out.println(bl.toString()); // 結果：true
System.out.println(db.toString()); // 結果：9.13
```

文字列から数値型のオブジェクトを生成する（基数指定）

» java.lang.Boolean、Byte、Double、Float、Integer、Long、Short

▼メソッド

valueOf　文字列からオブジェクトを生成する（基数指定）

書式

```
public static Byte valueOf(String s, int radix)
public static Integer valueOf(String s, int radix)
public static Long valueOf(String s, int radix)
public static Short valueOf(String s, int radix)
```

引数　s：生成する型の文字列、radix：解析に使用する基数

解説

整数型のラッパークラス(Byte, Short, Integer, Long)におけるvalueOfメソッドでは、デフォルトでは指定された文字列を10進数の数値として解釈しますが、基数を指定することもできます。

サンプル ▸ ValueOfSample.java

```
// 基数を指定してオブジェクトを生成する
Byte by = Byte.valueOf("3E", 16);
Integer in = Integer.valueOf("10", 8);
System.out.println(by.toString()); // 結果：62
System.out.println(in.toString()); // 結果：8
```

指定されたデータ型のオブジェクトを生成する

» java.lang.Boolean、Byte、Double、Float、Integer、Long、Short

▼ メソッド

valueOf	指定した値からオブジェクトを生成する

書式

```
public static Boolean valueOf(boolean x)
public static Byte valueOf(byte x)
public static Double valueOf(double x)
public static Float valueOf(float x)
public static Integer valueOf(int x)
public static Long valueOf(long x)
public static Short valueOf(short x)
```

引数 x：生成する値

解説

valueOfメソッドは、数値型のラッパークラス(java.lang.Boolean, Byte, Short, Integer, Long, Float, Double)のメソッドで、指定された数値からでも、その値をラップするオブジェクトを生成できます。

このような基本データ型からラッパークラスのオブジェクトに変換することを、**ボクシング**と呼んでいます。また逆に、オブジェクト型から基本データ型に変換することを、**アンボクシング**と呼びます。

なお、このボクシング変換は明示的に記述しなくても自動的に行われます(**オートボクシング**)。

サンプル ▶ ValueOfSample.java

```
// データ型からオブジェクトを生成する
Float fl = Float.valueOf(1.23f);
Boolean bl2 = Boolean.valueOf(false);
System.out.println(fl.toString());  // 結果：1.23
System.out.println(bl2.toString()); // 結果：false

Double d = 2d;    // オートボクシング
while (d < 10) {
    d *= 1.5;
}
System.out.println(d); // 結果：10.125
```

指定された文字列から各データ型の値を取得する

» java.lang.Byte、Double、Float、Integer、Long、Short

▼メソッド

parseByte	byte型の値を取得する
parseDouble	double型の値を取得する
parseFloat	float型の値を取得する
parseInt	int型の値を取得する
parseLong	long型の値を取得する
parseShort	short型の値を取得する

書式

```
public static byte parseByte(String s[, int radix])
public static double parseDouble(String s)
public static float parseFloat(String s)
public static int parseInt(String s[, int radix])
public static long parseLong(String s[, int radix])
public static short parseLong(String s[, int radix])
```

引数 s：解析の対象となる文字列、radix：解析に使用する基数

解説

指定した文字列を、各データ型の値に変換して返します。デフォルトでは10進数として解析されますが、整数型であるByte、Integer、Long、Shortクラスの各parseメソッドでは、解析に使用する**基数**を指定することもできます。

サンプル ▶ PRParseXxxSample.java

```
// 指定したFloat型とInteger型の値を解析し、結果を出力する
System.out.println(Float.parseFloat("913"));      // 結果：913.0
System.out.println(Integer.parseInt("1010", 2)); // 結果：10
```

文字の種類を変換する

» java.lang.Character

▼メソッド

toLowerCase	小文字に変換する
toTitleCase	タイトルケースに変換する
toUpperCase	大文字に変換する

書式

```
public static char toLowerCase(char ch)
public static char toTitleCase(char ch)
public static char toUpperCase(char ch)
```

引数 ch：変換する文字

解説

引数に指定された文字を、大文字／小文字／**タイトルケース**に変換します。タイトルケースとは、先頭だけ大文字となる文字列です。

サンプル ▶ **CHToXxxSample.java**

```
System.out.println("Aを小文字に変換：" + Character.toLowerCase('A'));
System.out.println("zを大文字に変換：" + Character.toUpperCase('z'));
System.out.println("lをタイトルケース文字に変換：" +
    Character.toTitleCase('l'));
```

```
Aを小文字に変換：a
zを大文字に変換：Z
lをタイトルケース文字に変換：L
```

指定した基数で数値／文字を解析する

» java.lang.Character

▼ メソッド

digit	文字→数値に変換する
forDigit	数値→文字に変換する

書式
```
public static int digit(char ch, int radix)
public static char forDigit(int digit, int radix)
```

引数 ch：変換する文字、radix：基数、digit：解析する数値

解説

digitメソッドは、指定された文字列を指定された**基数**によって解析し、int型の数値として返します。逆に、forDigitメソッドは、指定した数値を、指定された基数で解析し、文字として返します。

サンプル ▶ CHDigitSample.java

```
// 「13」を、16進数と10進数で表現する
System.out.println(Character.digit('D', 16));    // 結果：13
System.out.println(Character.forDigit(13, 16)); // 結果：d
```

Optional クラスで安全にnullを扱う

» java.util.Optional

▼メソッド

of	値を持つOptionalオブジェクトを生成する
empty	空のOptionalオブジェクトを生成する
ofNullable	nullの可能性のある値のOptionalオブジェクトを生成する
get	ラップされている値を取得する
isPresent	値があればtrue、なければfalseを返す
ifPresent	値が存在するときだけ処理を実行する
orElse	値がないときのデフォルト値を指定する
orElseGet	値がないときのデフォルト処理を指定する

書式

```
public static <T> Optional<T> of(T value)
public static <T> Optional<T> empty()
public static <T> Optional<T> ofNullable(T value)
public T get()
public boolean isPresent()
public void ifPresent(Consumer<? super T> consumer)
public T orElse(T other)
public T orElseGet(Supplier<? extends T> other)
```

引数 T：型引数、value：T型の値、consumer：インターフェイスの実装、other：デフォルト値や処理

throws NullPointerException
引数がnullのとき（of、ifPresent、orElseGet）

解説

Optionalクラスは、存在しない**null**の可能性がある値をラップするクラスです。これまでは、オブジェクトの参照値がnullの場合に**NullPointerException**が発生するため、意図しない例外を防ぐため、値がnullかどうかをチェックするコードが必要でした。

このクラスを利用することで、値がnullである可能性を明示できるとともに、値がnullの場合の処理をシンプルに記述できるようになります。

サンプル ▶ **OptionalSample.java**

```
String value1 = null;
Integer value2 = Integer.valueOf(10);
// new Integer(10)という書き方はJava 9以降非推奨

// nullの可能性がある値
Optional<String> a = Optional.ofNullable(value1);

// nullではない値
Optional<Integer> b = Optional.of(value2);

System.out.println("aに値があるか：" + a.isPresent());
// 結果：aに値があるか：false

System.out.println("bに値があるか：" + b.isPresent());
// 結果：bに値があるか：true

// nullなら文字列を設定する
String str = a.orElse("bの値：");
/* 次のコードと同じ
String str = "";
if (value1 == null) {
    str = "bの値：";
}
*/

System.out.println(str + b.get());
// 結果：bの値：10
```

Optionalクラスは、任意のオブジェクトが利用できますが、int、long、doubleの基本型を扱うクラスは、OptionalInt、OptionalLong、OptionalDoubleとして、別途用意されています。

例外を定義する

» java.lang.Exception

▼メソッド

Exception	例外オジェクトを生成する

書式
```
Exception([String message | Throwable cause])
Exception(String message, Throwable cause)
```

引数 message：詳細メッセージ、cause：原因例外を含むオブジェクト

解説

java.lang.Exceptionは、アプリケーションで扱う例外のスーパークラスです。第1章で紹介したArithmeticExceptionをはじめ、APIには多数の例外クラスが用意されています。そのすべては、Exceptionクラスを継承しています。

Exceptionクラスのコンストラクタでは、引数に、エラー詳細メッセージの文字列が指定できます。また、例外の原因となったThrowableオブジェクトの指定も可能です。これは、try-catch構造が入れ子になっている場合などで、それ自体の例外とは別に、内部的な例外をより上位のレイヤーに知らせることができる仕組みです。

サンプル ▶ **ExceptionDemo.java**

```
static void test() throws Exception {
    try {
        throw new InterruptedException();
    }
    catch (Exception e) {
        // 例外の原因（InterruptedException）と
        // 詳細メッセージを指定してスロー
        throw new Exception("サンプル", e);
    }
}

public static void main(String[] args) {
    try {
        test();
    }
    catch (Exception e) {
        // 詳細メッセージの表示
        System.out.println(e.getMessage());
    }
}
```

⬇

```
サンプル
```

例外メッセージ文字列を取得する

» java.lang.Throwable

▼メソッド

getMessage	詳細メッセージを取得する
toString	例外を示す文字列を取得する

書式

```
public String getMessage()
public String toString()
```

解説

getMessageメソッドは、Throwableオブジェクトで示される例外がスローされるときに、コンストラクタで指定された詳細メッセージを返します。

toStringメソッドは、ObjectクラスのtoStringメソッドをオーバーライドしたもので、Throwableオブジェクトの例外を示す文字列を返します。

例外オブジェクトのコンストラクタに詳細メッセージ文字列を指定した場合、toStringメソッドは「例外クラス名: getMessage()の結果」という形式の文字列を返します。詳細メッセージ文字列がnullであれば、このオブジェクトの実際のクラス名のみとなります。

サンプル ▶ ThrowableSample.java

```
int[] intArray = new int[3];

try {
    for (int i = 0; i < 4 ; i++) {
        intArray[i] = i * 2;
    }
}
catch (ArrayIndexOutOfBoundsException e) {
    System.out.println(e.getMessage());

    // 例外クラス名+e.getMessage()の結果
    System.out.println(e.toString());
}
```

⬇

```
Index 3 out of bounds for length 3
java.lang.ArrayIndexOutOfBoundsException: Index 3 out of bounds for
length 3
```

スタックトレース情報を取得する

» java.lang.Throwable

▼ メソッド

printStackTrace　スタックトレースを出力する

書式 `public void printStackTrace([PrintStream ps | PrintWriter pw])`

引数 ps：PrintStreamオブジェクト、pw：PrintWriterオブジェクト

解説

printStackTraceメソッドは、**スタックトレース**情報を出力します。スタックトレースとは、プログラムの実行過程を記録したもので、メソッドが呼ばれるたびに作成されます。この記録をたどることで、デバッグの際に、どのようにメソッドが呼ばれたのかを調査できます。

デフォルトでは、printStackTraceメソッドは標準エラー出力に出力されます。また、引数で出力ストリームを指定することができ、文字列バッファやファイルに出力することもできます。

サンプル ▶ **StackTraceSample.java**

```
StringWriter s = new StringWriter(); // 文字列バッファストリーム
try {
    int[] ary = new int[3];
    ary[4] = 1;
}
catch (ArrayIndexOutOfBoundsException e) {
    e.printStackTrace();
    e.printStackTrace(new PrintWriter(s));
}
// 改行、タブを削除して表示
System.out.println(s.toString().replaceAll("¥r|¥n|¥t", ""));
```

⬇

```
java.lang.ArrayIndexOutOfBoundsException: 4
 at jp.wings.pocket.chap3.StackTraceSample.main(StackTraceSample.
java:12)
java.lang.ArrayIndexOutOfBoundsException: 4at jp.wings.pocket.
chap3.StackTraceSample.main(StackTraceSample.java:12)
```

例外となった原因を取得する

» java.lang.Throwable

▼メソッド

getCause	原因を取得する

書式 `public Throwable getCause()`

解説

getCauseメソッドは、Throwableオブジェクトが持つ、例外の原因となったオブジェクトを取得します。原因となる例外が存在しない、または不明な場合には、nullが返されます。

サンプル ▸ **GetCauseSample.java**

```
try {
    test(); // ExceptionDemo.javaと同じメソッド
}
catch (Exception e) {
    Throwable th = e.getCause();
    // 原因のスタックトレース
    th.printStackTrace();
}
```

⬇

```
java.lang.InterruptedException
 at pocket.sample/jp.wings.pocket.chap3.GetCauseSample.test(
GetCauseSample.java:6)
 at pocket.sample/jp.wings.pocket.chap3.GetCauseSample.main(
GetCauseSample.java:18)
```

原因となった例外は、Exceptionクラスのコンストラクタで指定することができます。

クラス名からクラスのインスタンスを取得する

» java.lang.Class

▼ メソッド

forName　　クラス名からインスタンスを取得する

書式 public static Class<?> forName(String name[, boolean b, ClassLoader loader])

引数 name：要求するクラスの名前、b：クラスの初期化の有無、loader：使用するクラスローダー

解説

forNameメソッドは、指定された名前のクラス、またはインターフェイスに関連付けられたClassオブジェクトを返します。クラスの初期化の有無と、使用するクラスローダーを指定することもできます。

なお、単に、クラス名.classと記述しても、Classオブジェクトを得ることができます。

サンプル ▶ **FornameSample.java**

```
try {
    Class<?> myclass1 = Class.forName("java.lang.String");
    // Class<?> myclass1 = String.class; でも同じ
    System.out.println(myclass1.getName());
    // 結果：java.lang.String

    Class<?> myclass2 = Class.forName("java.lang.String", true,
        ClassLoader.getSystemClassLoader());

    System.out.println(myclass2.getName());
    // 結果：java.lang.String
}
catch (ClassNotFoundException e) {
}
```

Javaでは、classファイルに書かれたバイトコードからClassクラスを作成して、オブジェクトを生成します。このバイトコードからClassクラスを作成するのが、**クラスローダー**です。

関連クラスを取得する

» java.lang.Class

▼メソッド

getClasses	関連クラスの配列を取得する
getDeclaredClasses	宣言したクラスを取得する

書式
```
public Class[] getClasses()
public Class[] getDeclaredClasses()
```

解説

getClassesメソッドは、このオブジェクトのメンバのうち、すべてのpublicなクラスとインターフェイスを表すClassオブジェクトの配列を返します。配列には、スーパークラスから継承したpublicなクラスやインターフェイスも含まれます。

getDeclaredClassesメソッドは、メンバとして定義した全クラスとインターフェイスを示すClassオブジェクトの配列を返します。ただし、継承したクラスとインターフェイスは含まれません。

サンプル ▶ GetClassSample.java

```
Class<?> cls = Class.forName("java.lang.Character");

System.out.println("- getClasses - ");
for (Class<?> obj : cls.getClasses())
    System.out.println(obj.getName());

System.out.println("- getDeclaredClasses - ");
for (Class<?> obj : cls.getDeclaredClasses())
    System.out.println(obj.getName());
```

⬇

```
- getClasses -
java.lang.Character$UnicodeScript
java.lang.Character$UnicodeBlock
java.lang.Character$Subset
- getDeclaredClasses -
java.lang.Character$CharacterCache
java.lang.Character$UnicodeScript
java.lang.Character$UnicodeBlock
java.lang.Character$Subset
```

クラスに関連する情報を取得する

» java.lang.Class

▼ メソッド

getCanonicalName	標準クラス名を取得する
getPackage	クラスのパッケージを取得する

書式

```
public String getCanonicalName()
public Package getPackage()
```

解説

getCanonicalNameメソッドは、該当のクラスのパッケージ名を含む標準となる名称を返します。ローカルクラスや匿名クラスなどは、nullを返します。

getPackageメソッドは、該当のクラスのパッケージオブジェクトを取得します。ただし、クラスローダーがパッケージオブジェクトを生成しなかった場合には、nullが返されます。

サンプル ▶ **GetClassSample.java**

```
Class<?> cls = Class.forName("java.lang.Character");

System.out.println("- getPackage - ");
System.out.println(cls.getPackage().getName());

System.out.println("- getCanonicalName - ");
System.out.println(cls.getCanonicalName());
```

⬇

```
- getPackage -
java.lang
- getCanonicalName -
java.lang.Character
```

メソッドを取得する

» java.lang.Class

▼メソッド

getMethod	publicメンバメソッドを示すMethodオブジェクトを返す
getDeclaredMethod	定義されたメソッドを示すMethodオブジェクトを返す

書式
```
Method getMethod(String name, Class<?>... parameterTypes)
Method getDeclaredMethod(String name,
    Class<?>... parameterTypes)
```

引数 parameterTypes：Classオブジェクト

解説

getMethodメソッドは、指定されたクラスとメソッド名から、合致するpublicなメソッドが存在すれば、そのメソッド情報を含むMethodオブジェクトを返します。getDeclaredMethodメソッドでは、publicだけでなくすべてのメソッドから検索されます。

指定したメソッドの引数がない場合は、メソッド名のみ、引数があれば、メソッド名のあとに、引数の型のClassオブジェクトを指定します。

サンプル ▶ **GetMethodSample.java**

```
class Triangle
{
    public String getJName( ) {
        return "三角形";
    }
    public float getArea( float height, float bottom ) {
        return height * bottom / 2;
    }
}
public class GetMethodSample {

    public static void main(String[] args) {
        var t = new Triangle();
        try {
            // 引数なしのメソッド
            var m1 = Triangle.class.getMethod("getJName");
            System.out.println( m1.invoke(t) ); // 結果：三角形

            // 引数ありのメソッド
            var m2 = Triangle.class.getMethod(
                "getArea", float.class, float.class);
            System.out.println( m2.invoke(t, 10, 10) );
            // 結果：50.0

        } catch (Exception e) {
            e.printStackTrace();
        }
    }
}
```

参照

「メソッドを実行する」 → P.212

メソッドを実行する

» java.lang.reflect.Method

▼メソッド

invoke メソッドを実行する

書式 `public Object invoke(Object obj, Object... args)`

引数 obj：Classオブジェクト、args：メソッドの引数

解説

getMethod、getDeclaredMethodメソッドで取得したMethodオブジェクトでメソッドを実行するには、invoke()を使用します。invoke()メソッドの戻り値のデータ型は、Object型と定義されていますが、実際には指定したメソッドと同じデータ型となります。ただし、int型などのプリミティブ型では、そのラッパークラスがvoidのときは、nullとなります。

サンプル ▶ TWRSample2.java

```
var t = new Triangle();
var m2 = Triangle.class.getMethod(
    "getArea", float.class, float.class);
System.out.println( m2.invoke(t, 10, 10) instanceof Float );
// 結果：true
```

参照

「メソッドを取得する」 → P.210

どのようなオブジェクトか調べる

» java.lang.Class

▼ メソッド

isInstance	インスタンスか調べる
isInterface	インターフェイスか調べる
isArray	配列か調べる
isEnum	enum型か調べる
isAnonymousClass	匿名クラスか調べる
isMemberClass	メンバクラスか調べる
isLocalClass	ローカルクラスか調べる

書式

```
public boolean isInstance(Object obj)
public boolean isInterface()
public boolean isArray()
public boolean isEnum()
public boolean isAnonymousClass()
public boolean isMemberClass()
public boolean isLocalClass()
```

引数 obj：調べるオブジェクト

解説

isInstanceメソッドは、引数のオブジェクトが、このオブジェクトに対して代入可能かどうかを判定し、代入可能、つまりこのオブジェクトにキャスト可能であればtrue、それ以外はfalseを返します。

isInterface、isArray、isEnumメソッドは、それぞれこのオブジェクトが、インターフェイス型、配列型、Enum型かどうか判定して、真偽を返します。

isAnonymousClass、isMemberClass、isLocalClassメソッドは、それぞれこのオブジェクトが、**匿名クラス**、**インナークラス**、**メソッドローカル**なクラスかどうかを判定して、真偽を返します。

サンプル ▶ **IsInstanceSample.java**

```
String obj = new String();
System.out.println("isInstance: "
    + new String().getClass().isInstance(obj));

class Sample {}
Class<?> c = new Sample().getClass();
System.out.println("isAnonymousClass: " + c.isAnonymousClass());
System.out.println("isArray: " +
    (new int[1]).getClass().isArray());
System.out.println("isEnum: " + c.isEnum());
System.out.println("isAnonymousClass: " + c.isAnonymousClass());
System.out.println("isMemberClass: " + c.isMemberClass());
System.out.println("isLocalClass: " + c.isLocalClass());
```

⬇

```
isInstance: true
isAnonymousClass: false
isArray: true
isEnum: false
isAnonymousClass: false
isMemberClass: false
isLocalClass: true
```

オブジェクトのクローンを生成する

» java.lang.Object

▼メソッド

clone	オブジェクトの複製

書式 `protected Object clone()`

throws `CloneNotSupportedException`
コピー元がCloneableインターフェイスを実装していないとき

解説

cloneメソッドは、このオブジェクトのコピーを作成して返します。ただし、実際にコピーできるのは、java.lang.Clonableインターフェイスを実装しているオブジェクトのみです。

cloneメソッドのコピーは、**シャローコピー**(shallow copy：浅いコピー)と呼ばれます。シャローコピーは、オブジェクトのフィールドが値型であればその値を、参照型の場合なら、参照アドレスだけをコピーします。つまり、コピー先もコピー元も、同じ参照先を指すことになります。

シャローコピーに対して、ディープコピー(deep copy：深いコピー)があります。ディープコピーとは、フィールドのオブジェクト自体もコピーすることですが、実際にディープコピーを行うには、その処理を実装する必要があります。

サンプル ▶ **CloneSample.java**

```
public class CloneSample implements Cloneable  {
    StringBuilder str = new StringBuilder();

    public static void main(String[] args) throws
        CloneNotSupportedException {
        int[] org = { 1, 2 };
        int[] cloned = org.clone(); // 配列のクローン

        System.out.println("cloned:" + cloned[0] + cloned[1]);

        CloneSample obj = new CloneSample();

        // 初期文字列設定
        obj.str.append("Original");

        // 参照先がコピーされるだけ
        CloneSample shallow = (CloneSample)obj.clone();

        // 別のインスタンスに文字をコピーする（ディープコピー）
        CloneSample deep = new CloneSample();
        deep.str.append(obj.str.toString());

        // コピー元を変更
        obj.str.reverse();

        // コピー先も影響を受ける
        System.out.println("shallow:" + shallow.str.toString());
        // コピー時のまま
        System.out.println("deep:" + deep.str.toString());
    }
}
```

⬇

```
cloned:12
shallow:lanigirO
deep:Original
```

オブジェクトを比較する

» java.lang.Object

▼メソッド

equals オブジェクトを比較する

書式 `public boolean equals(Object obj)`

引数 obj：Objectクラス

解説

equalsメソッドは、このオブジェクトと、引数のオブジェクトが等しいかどうか比較します。このメソッドは、次のような性質を持っています。

- 反射性 (reflexive)：x.equals(x) はtrueを返す
- 対称性 (symmetric)：x.equals(y) はy.equals(x) がtrueの場合のみtrueを返す
- 推移性 (transitive)：x.equals(y) がtrueかつy.equals(z) がtrueの場合、x.equals(z) はtrueを返す
- 整合性 (consistent)：x.equals(y) を複数呼び出すと、常にtrueかfalseを返す

サンプル ▶ **EqualsSample.java**

```
EqualsSample org = new EqualsSample();

EqualsSample obj1 = (EqualsSample)org.clone();
EqualsSample obj2 = org;

// cloneでは別のオブジェクトとなる
System.out.println(org.equals(obj1)); // 結果：false
System.out.println(org.equals(obj2)); // 結果：true
```

オブジェクト同士の比較には、==演算子ではなく、このequalsメソッドを用いる必要があります。

オブジェクトを文字列として取得する

» java.lang.Object

▼ メソッド

toString	オブジェクトを文字列化する

書式 `public String toString()`

解説

toStringメソッドは、オブジェクトの文字列表現を返します。デフォルトでは、toStringメソッドは、オブジェクトの派生元のクラス名+アットマーク(@)+オブジェクトのハッシュコードの符号なし16進表現からなる文字列を返します。通常、このメソッドはサブクラスでオーバーライドし、適切な文字列を返すようにします。

サンプル ▶ **ToStringSample.java**

```
ToStringSample obj = new ToStringSample();
System.out.println(obj.toString());
// 結果：jp.wings.pocket.chap3.ToStringSample@6d06d69c
```

4 日付処理

この章では、Javaの日付／時刻に関するAPIを解説します。

日付／時刻

Javaでは、日付や時刻を扱うために、java.util.Dateクラスとjava.util.Calendarクラスが提供されています。Calendarクラスは国際化に対応していて、さまざまな言語や地域の日付、時刻の変換機能を提供しています。この章では、日付や時刻の比較、設定、取得などのAPIを紹介します。

また、Java SE 8から導入された日付や時刻を扱う新しいAPI(Date and Time API)も紹介します。これまでのAPIでは、時間の間隔を表せない点など、少し力不足なところがありました。そのため、従来のAPIを置き換えるべく、ISO 8601(日付と時刻の表記に関する国際規格)を元にした新しいAPI、Date and Time APIが導入されました。

フォーマット

日付や時刻のデータを整形して文字列に変換するには、java.text.SimpleDateFormatクラスや、Java SE 8から導入されたjava.time.format.DateTimeFormatterクラスを使います。また、日付や時刻を表す文字列を解析して、日付や時刻のオブジェクトに変換するAPIも提供されています。

ロケール

ロケールとは、国や言語など、地域の情報を意味します。ロケールの違いによって日付や金額などの表示を変える場合があり、このような処理のことを「ロケールに依存する処理」といいます。Javaでロケールを識別するには、java.util.Localeクラスを用います。Javaにはあらかじめ定義されたロケールが提供されていますが、新たなロケールを定義することもできます。

エポックからの時間を取得／設定する

» java.util.Date

▼メソッド

getTime	日付のミリ秒数を取得する
setTime	日付を設定する

書式
```
public long getTime()
public void setTime(long time)
```

引数 time：セットする時間（エポックからの経過ミリ秒数）

解説

getTimeメソッドは、Dateオブジェクトで表される**エポック**から起算したミリ秒を返します。エポックとは、グリニッジ標準時の1970年1月1日 00:00:00のことです。

setTimeメソッドは、このDateオブジェクトをエポックから起算したtimeミリ秒時点を表すように設定します。

サンプル ▶ DateSetGet.java

```
// 生成したDateオブジェクトから、エポックからのミリ秒数を取得し、
// さらに時刻を再度設定する
Date date = new Date();
long now = date.getTime();
System.out.println("現在時刻 " + date.toString());
date.setTime(now + 30000); // 現在時刻（ミリ秒）に30秒加算
System.out.println("再設定後 " + date.toString());
```

```
現在時刻 Sun Mar 08 11:10:12 JST 2020
再設定後 Sun Mar 08 11:10:42 JST 2020
```

日付データを文字列として取得する

» java.util.Date

▼メソッド

toString 日付を文字列で取得する

書式 `public String toString()`

解説

toStringメソッドは、ObjectクラスのtoString()をオーバーライドしたメソッドで、Dateオブジェクトを次の形式の文字列に変換します。

```
dow mon dd hh:mm:ss zzz yyyy
```

次に、それぞれの意味を示します。

▼DateクラスのtoStringメソッドの形式

記号	意味	表示形式
dow	曜日	Sun、Mon、Tue、Wed、Thu、Fri、Sat
mon	月	Jan、Feb、Mar、Apr、May、Jun、Jul、Aug、Sep、Oct、Nov、Dec
dd	日	01～31
hh	時	00～23
mm	分	00～59
ss	秒	00～61
zzz	タイムゾーン	空またはGMT、JSTなど
yyyy	年	4桁の10進数

サンプル ▶ **ToStringDate.java**

```
// 現在時刻を文字列で表現する
Date date = new Date();
System.out.println("現在時刻 " + date.toString());
```

```
現在時刻 Sun Mar 08 14:59:26 JST 2020
```

日付データを比較する

» java.util.Date

▼ メソッド

after	前の日付か調べる
before	後の日付か調べる
compareTo	日付を比較する
equals	同じ日付か調べる

書式

```
public boolean after(Date when)
public boolean before(Date when)
public int compareTo(Date anotherDate)
public boolean equals(Object obj)
```

引数 when：比較の対象となるDateオブジェクト、anotherDate：比較の対象となるDateオブジェクト、obj：比較の対象となるObjectオブジェクト

解説

after／beforeメソッドは、現在の日付が引数whenで指定された日付よりも前／後ならばtrue、そうでなければfalseを返します。

compareToメソッドは、引数がDateオブジェクトのとき、引数anotherDateで指定された日付と等しい場合は0、後の場合は0より小さい値、前の場合は0より大きい値を返します。また、引数がDateオブジェクト以外のときには、例外ClassCastExceptionをスローします。

equalsメソッドは、引数objで指定されたオブジェクトが同クラスで、同じ日付を表すオブジェクトである場合はtrue、それ以外であればfalseを返します。

サンプル ▸ CompareDateObjects.java

```
Date date1 = new Date();
// 現在時刻に1000ミリ秒プラス
Date date2 = new Date(date1.getTime() + 1000);
System.out.println(date1.after(date2));     // 結果：false
System.out.println(date1.before(date2));    // 結果：true
System.out.println(date1.equals(date2));    // 結果：false
System.out.println(date1.compareTo(date2)); // 結果：-1
```

Calendarオブジェクトを取得する

» java.util.Calendar

▼メソッド

getInstance Calendarインスタンスを取得する

書式

```
public static Calendar getInstance([Locale aLocale])
public static Calendar getInstance(TimeZone zone
    [, Locale aLocale])
```

引数 aLocale：ロケール、zone：タイムゾーン

解説

Calendarオブジェクトの取得は、コンストラクタを使用せずに、getInstanceメソッドを使用します。getInstanceメソッドは、指定されたロケールまたはタイムゾーンを使用してカレンダーを取得します。引数がない場合は、デフォルトのロケールとタイムゾーンを使用し、現在のシステム時刻を示すCalendarオブジェクトを返します。

サンプル ▶ GetCalendarData.java

```
// Calendarオブジェクトを取得し、日付を表示
Calendar cal = Calendar.getInstance();
System.out.println("今日の日付");

// Calendarオブジェクトにある情報をクラス定数を利用して取得
// MONTHから取得できる月は0から始まることに注意
System.out.println(cal.get(Calendar.YEAR) + "/" +
    (cal.get(Calendar.MONTH) + 1) + "/" + cal.get(Calendar.DATE));

// ロケールをフランスにする
Calendar cal2 = Calendar.getInstance(Locale.FRANCE);
// 週の最初の曜日と日曜を比較
System.out.println(cal2.getFirstDayOfWeek() == Calendar.SUNDAY);
```

⬇

```
今日の日付
2020/3/8
false
```

GregorianCalendarを使用する

» java.util.GregorianCalendar

▼メソッド

GregorianCalendar　GregorianCalendarオブジェクトを生成する

書式
```
GregorianCalendar([int year, int month, int dayOfMonth
    [, int hourOfDay, int minute[, int second]]])
GregorianCalendar(Locale aLocale)
GregorianCalendar(TimeZone zone[, Locale aLocale])
```

引数　year：西暦、month：月、dayOfMonth：日、hourOfDay：時刻、minute：分、second：秒、zone：タイムゾーン、aLocale：ロケール

解説

GregorianCalendarは、Calendarクラスの具象サブクラスであり、世界のほとんどの地域で使用される標準カレンダーです。

GregorianCalendarのオブジェクトは、コンストラクタからでも生成することができ、日付、時刻、ロケール、タイムゾーンの指定が可能です。

サンプル ▶ GetCalendarData.java

```
// GregorianCalendar作成
GregorianCalendar gcal = new GregorianCalendar(1966, 5, 22);
System.out.println(gcal.get(Calendar.YEAR) + "/" +
    (gcal.get(Calendar.MONTH) + 1) + "/" +
    gcal.get(Calendar.DATE));
```

⬇

```
1966/6/22
```

日付データを取得／設定する

» java.util.Calendar

▼ メソッド

get	日付を取得する
set	日付を設定する

書式

```
public int get(int field)
public void set(int field, int value)
public void set(int year, int month, int date
    [, int hour[, int minute, int second]])
```

引数 field：フィールド値、value：設定する値、year, month, date, hour, minute, second：設定する年、月、日、時、分、秒

解説

getメソッドは、指定されたフィールドの各値を取得します。

setメソッドは、指定されたフィールドの各値を設定します。次の表は、フィールドを示す定数の一覧です。各定数は、Calendarクラスで定義されており、フィールドを示す定数と、各フィールドに収められる具体的な値(曜日や月)を表す定数が用意されています。これらの定数はstatic定数であるため、たとえば月を示すフィールド値は次のようにして表します。

```
Calendar.MONTH
```

▼ Calendarクラスで定義されている時間フィールドの定数

定数名	説明	設定できる値
YEAR	年	1～
MONTH	月	JANUARY、FEBRUARY、MARCH、APRIL、MAY、JUNE、JULY、AUGUST、SEPTEMBER、OCTOBER、NOVEMBER、DECEMBER、UNDECIMBER、0～11(0は1月)
DATE、DAY_OF_MONTH	月の日	1～その月の日数
HOUR_OF_DAY	24時間制の時刻	0～23
AM_PM	午前か午後	AM、PM、0(午前)、1(午後)
HOUR	12時間制の時刻	0～11
MINUTE	分	0～59
SECOND	秒	0～59
MILLISECOND	ミリ秒	0～999
DAY_OF_WEEK	曜日	SUNDAY、MONDAY、TUESDAY、WEDNESDAY、THURSDAY、FRIDAY、SATURDAY、1～7(1は日曜日)
ERA	ユリウス暦の年代	GregorianCalendar.AD、GregorianCalendar.BC、0(BC)、1(AD)
DAY_OF_YEAR	現在の年の何日目か	1～その年の日数
DAY_OF_WEEK_IN_MONTH	現在の月の何度目の曜日か	-1～5
DST_OFFSET	夏時間によりずれる時間(ミリ秒単位)	定数値
FIELD_COUNT	getおよびsetによって識別される重複しないフィールドの数	定数値
WEEK_OF_MONTH	現在の月の何週目か	1～その月の週の数
WEEK_OF_YEAR	現在の年の何週目か	1～その年の週の数
ZONE_OFFSET	GMTからのオフセット(ミリ秒単位)	定数値

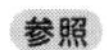

「Calendarオブジェクトを取得する」 → P.224

日付データをクリアする

» java.util.Calendar

▼メソッド

clear	フィールド値をクリアする

書式 public final void clear([int field])

引数 field：フィールド値

解説

clearメソッドは、指定したフィールド値をクリアします。引数がなければ、すべてのフィールド値をクリアします。

サンプル ▶ OperateCalendarClr.java

```
// カレンダーの時刻を表示するメソッド
private static void dispTime(Calendar cal){
    System.out.println(cal.get(Calendar.HOUR_OF_DAY) + ":"
        + cal.get(Calendar.MINUTE) + ":"
            + cal.get(Calendar.SECOND));
}
public static void main(String[] args){
    Calendar cal = Calendar.getInstance();
    System.out.println("現在時刻");
    dispTime(cal);
    System.out.println("時間フィールドの分の値をクリア");
    cal.clear(Calendar.MINUTE); // MINUTE値をクリア
    dispTime(cal);
}
```

⬇

```
現在時刻
18:16:47
時間フィールドの分の値をクリア
18:0:47
```

clearメソッドを使用した後、フィールド値はクリアされますが、getメソッドが呼ばれたときに、自動的にフィールドの初期値が設定されます。サンプルで分の値をクリアした後、値が0になっているのはそのためです。

日付データを操作する

» java.util.Calendar

▼メソッド

add	時間量を加算する
roll	ローリングする

書式

```
public void add(int field, int amount)
public void roll(int field, boolean up)
public void roll(int field, int amount)
```

引数 field：フィールド値、amount：フィールド値に加える（負の整数が指定された場合は減らす）整数値、up：trueのときに加算する（falseのときは減算する）単位時間

解説

addメソッドは、指定したフィールド値に指定された時間量を加えます。加算された時間量によっては、カレンダーの規則に従い、他のフィールド値にも影響を与えます。たとえば、addメソッドにより、2時30分に30分を加えると、3時0分になります。

一方rollメソッドも、指定されたフィールド値に1つの単位時間、あるいは指定された量の時間を加算(**ローリング**)しますが、異なるのは、このメソッドでは、指定されたフィールドより大きなフィールドには影響を与えないことです。たとえば、2時59分の分の値を1つローリングした場合、3時0分ではなく、2時0分になります。

サンプル ▶ **OperateCalendar.java**

```
// 時間の加算などの操作を行う
Calendar cal = Calendar.getInstance();
// 現在時刻
dispTime(cal);                        // 結果：18:33:59
// -65分加算
cal.add(Calendar.MINUTE, -65);
dispTime(cal);                        // 結果：17:28:59
// 秒の値をローリング
cal.roll(Calendar.SECOND, true); // 結果：17:28:0
dispTime(cal);
```

現在日時を取得／設定する

» java.util.Calendar

▼メソッド

getTime	現在時刻のDateオブジェクトを取得する
getTimeInMillis	現在のエポックからの経過ミリ秒数を取得する
getTimeZone	タイムゾーンを取得する
setTime	現在の日時を設定する
setTimeInMillis	エポックからの経過ミリ秒数を設定する
setTimeZone	タイムゾーンを設定する

書式

```
public final Date getTime()
public long getTimeInMillis()
public TimeZone getTimeZone()
public void setTime(Date date_obj)
public void setTimeInMillis(long millis)
public void setTimeZone(TimeZone value)
```

引数 date_obj：Dateオブジェクト、millis：設定するミリ秒、value：設定する値

解説

getTime／setTimeメソッドは、Dateオブジェクトにより現在日時の取得／設定を行います。一方、getTimeInMillis／setTimeInMillisメソッドは、現在日時をエポックから起算したミリ秒として取得／設定します。

getTimeZone／setTimeZoneは、現在のカレンダーのタイムゾーンの取得／設定を行います。

サンプル ▸ CalendarSetMethods.java

```
～略～

// 各種のsetメソッドを使い、Calendarオブジェクトを設定する
Calendar cal = Calendar.getInstance();
Date date = new Date();
TimeZone tz = TimeZone.getTimeZone("America/Los_Angeles");
System.out.println("今日の日付");
dispDate(cal);
```

```
//カレンダーについて各種設定をする
System.out.println("2003.1.1にセット");
cal.set(2003, 0, 1);
dispDate(cal);
System.out.println("Dateオブジェクトで再設定");
cal.setTime(date);
dispDate(cal);
System.out.println("0ミリ秒を指定し、エポックに設定");
cal.setTimeInMillis(0);
dispDate(cal);
System.out.println("週の最初を月曜日に設定");
cal.setFirstDayOfWeek(Calendar.MONDAY);
if (cal.getFirstDayOfWeek() == Calendar.MONDAY) {
    System.out.println("週の最初の曜日は月曜");
}
System.out.println("年の最初の週に必要な最小日数を7に設定");
cal.setMinimalDaysInFirstWeek(7);
System.out.println("年の最初の週に必要な日数は" +
    cal.getMinimalDaysInFirstWeek() + "日");
System.out.println("アメリカ/ロスのタイムゾーンを設定");
cal.setTimeZone(tz);
System.out.println("タイムゾーンは" +
    cal.getTimeZone().getDisplayName());
```

⬇

```
今日の日付
2020:3:8
2003.1.1にセット
2003:1:1
Dateオブジェクトで再設定
2020:3:8
0ミリ秒を指定し、エポックに設定
1970:1:1
週の最初を月曜日に設定
週の最初の曜日は月曜
年の最初の週に必要な最小日数を7に設定
年の最初の週に必要な日数は7日
アメリカ/ロスのタイムゾーンを設定
タイムゾーンはアメリカ太平洋標準時
```

Calendarオブジェクトの設定を取得する

» java.util.Calendar

▼ メソッド

getActualMaximum	フィールドの最大値を取得する
getActualMinimum	フィールドの最小値を取得する
getFirstDayOfWeek	最初の曜日を取得する
getMinimalDaysInFirstWeek	最初の週に必要な日数を取得する
getAvailableLocales	ロケールのリストを取得する

書式

```
public int getActualMaximum(int field)
public int getActualMinimum(int field)
public int getFirstDayOfWeek()
public int getMinimalDaysInFirstWeek()
public static Locale[] getAvailableLocales()
```

引数 field：フィールド値

解説

getFirstDayOfWeekメソッドは、たとえばフランスならば月曜日、アメリカならば日曜日を取得します。

getActualMaximumメソッドはこのカレンダーのフィールドで取り得る最大値、getActualMinimumは最小値になります。たとえばMONTHフィールドの最大値は、ユダヤ暦では13になる年があります。

getMinimalDaysInFirstWeekメソッドは、たとえば1週間の内1日が年の境をまたいでいればその週を翌年の第1週と認める場合、1が返されます。

getAvailableLocalesメソッドは、Calendarオブジェクトで使用できるLocaleオブジェクトの配列を返します。

サンプル ▶ CalendarGetMethods.java

```
Calendar cal = Calendar.getInstance();
GregorianCalendar gcal = new GregorianCalendar();
// グレゴリウス暦の各設定を表示する
System.out.println("ActualMaxmum:"
    + cal.getActualMaximum(Calendar.DATE));
System.out.println("ActualMinimum:"
    + cal.getActualMinimum(Calendar.DATE));
System.out.println("FirstDayOfWeek:" + cal.getFirstDayOfWeek());
```

```
System.out.println("MinimalDaysInFirstWeek:"
    + cal.getMinimalDaysInFirstWeek());
System.out.println("Date:" + cal.getTime().toString());
System.out.println("TimeInMillis:" + cal.getTimeInMillis());
System.out.println("TimeZone:" + cal.getTimeZone());
System.out.println("GreatestMinimumOfDate:"
    + gcal.getGreatestMinimum(Calendar.DATE));
System.out.println("LeastMaximumOfDate:"
    + gcal.getLeastMaximum(Calendar.DATE));
System.out.println("MinimumOfMonth:"
    + gcal.getMinimum(Calendar.MONTH));
System.out.println("MaximumOfMonth:"
    + gcal.getMaximum(Calendar.MONTH));
Locale[] locale = Calendar.getAvailableLocales();
// ロケールを表示用の表記で列挙する
for (int i = 0; i < locale.length; i++) {
    System.out.println("Locale" + i + ":" +
        locale[i].getDisplayCountry());
}
```

⬇

```
ActualMaxmum:31
ActualMinimum:1
FirstDayOfWeek:1
MinimalDaysInFirstWeek:1
Date:Sun Mar 08 15:04:57 JST 2020
TimeInMillis:1583647497833
TimeZone:sun.util.calendar.ZoneInfo[id="Asia/Tokyo",offset=32400000
,dstSavings=0,useDaylight=false,transitions=10,lastRule=null]
GreatestMinimumOfDate:1
LeastMaximumOfDate:28
MinimumOfMonth:0
MaximumOfMonth:11
Locale0:
Locale1:
Locale2:エチオピア
（中略）
Locale770:インド
Locale771:フランス
```

Calendarオブジェクトの最大／最小値設定を取得する

» java.util.GregorianCalendar

▼メソッド

getGreatestMinimum	最大の最小値を取得する
getLeastMaximum	最小の最大値を取得する
getMaximum	最大値を取得する
getMinimum	最小値を取得する

書式

```
public int getGreatestMinimum(int field)
public int getLeastMaximum(int field)
public int getMaximum(int field)
public int getMinimum(int field)
```

引数 field：フィールド値

解説

getGreatestMinimum、getLeastMaximum、getMaximum、getMinimumの各メソッドは、Calendarクラスの具象サブクラスで実装されています。なお、getGreatestMinimum、getLeastMaximumメソッドは、フィールドの値が変動する場合に、境界値を求めるために利用します。

「Calendarオブジェクトの設定を取得する」 → P.232

日付データを比較する

» java.util.Calendar、java.util.GregorianCalendar

▼ メソッド

after	前の日付か調べる
before	後の日付か調べる
equals	同じ日付か調べる

書式

```
public boolean after(Object when)
public boolean before(Object when)
public boolean equals(Object when)
```

引数 when：比較の対象となるオブジェクト

解説

afterメソッドは、オブジェクトの時間を表すフィールド(時間フィールド)のレコードを比較して、引数のCalendarオブジェクトよりも後の場合はtrue、そうでない場合はfalseを返します。

beforeメソッドは、オブジェクトのフィールドのレコードを比較して、引数のCalendarオブジェクトよりも前の場合はtrue、そうでない場合はfalseを返します。

equalsメソッドは、オブジェクトと同じカレンダーを表すCalendarオブジェクトである場合はtrueを返します。「同じカレンダーを表す」とは、時間フィールドレコードの他に、カレンダーの各種設定(タイムゾーンやロケールなど)が同じであることを意味します。それらが同じでなければ、falseを返します。

サンプル ▶ CompareCalendarObjects.java

```
// Calendarオブジェクト同士を比較
Calendar cal1 = Calendar.getInstance();
Calendar cal2 = Calendar.getInstance();
cal2.add(Calendar.YEAR, 1); // cal2に1年加える
// Calendarオブジェクト同士を各種比較
System.out.println("cal1 is equal cal2 ?:" + cal1.equals(cal2));
System.out.println("cal1 is after cal2 ?:" + cal1.after(cal2));
System.out.println("cal1 is before cal2 ?:" + cal1.before(cal2));
```

⬇

```
cal1 is equal cal2 ?:false
cal1 is after cal2 ?:false
cal1 is before cal2 ?:true
```

日時データをフォーマットするオブジェクトを取得する

» java.text.DateFormat

▼メソッド

getDateInstance	日付を取得する
getDateTimeInstance	日付／時刻を取得する
getTimeInstance	時刻を取得する
getInstance	SHORTスタイルを持つ日付／時刻を取得する

書式

```
public static final DateFormat getDateInstance(
    [int style, [Locale aLocale]])
public static final DateFormat getDateTimeInstance(
    [int dateStyle, int timeStyle
    [, Locale aLocale]])
public static final DateFormat getTimeInstance(
    [int style[, Locale aLocale]])
public static final DateFormat getInstance()
```

引数 style：フォーマットスタイル、aLocale：ロケール、dateStyle：日付のフォーマットスタイル、timeStyle：時刻のフォーマットスタイル

解説

これらのメソッドは、日付、時刻データのフォーマットをする際に必要となるDataFormatクラスのオブジェクトを生成します。DataFormatクラスは抽象クラスとして定義されており、インスタンスを直接生成することができないため、別途メソッドを利用して、オブジェクトを生成します。

getTimeInstanceメソッドは時刻、getDateInstanceは日付、getDateTimeInstanceメソッドは日付／時刻をフォーマットするオブジェクトを生成します。それぞれ、引数で**ロケール**を指定できますが、何も指定しなかった場合には、デフォルトのロケールに対応したオブジェクトが生成されます。また、日付と時刻に対してフォーマットスタイルを指定することも可能です。

getInstanceメソッドは、日付と時刻両方に対して、SHORTスタイルを持つ日付／時刻をフォーマットするオブジェクトを生成します。

サンプル ▶ **DFGetInstanceSample.java**

```
// 日付／時刻をフォーマットするオブジェクトを生成し、各フォーマットで出力
DateFormat df1 = DateFormat.getDateInstance(DateFormat.DEFAULT);
DateFormat df2 = DateFormat.getTimeInstance(DateFormat.FULL);
DateFormat df3 = DateFormat.getDateTimeInstance(DateFormat.LONG,
    DateFormat.MEDIUM);
DateFormat df4 = DateFormat.getInstance();

System.out.println(df1.format(new Date()));
System.out.println(df2.format(new Date()));
System.out.println(df3.format(new Date()));
System.out.println(df4.format(new Date()));
```

```
2020/03/08
15時57分44秒 日本標準時
2020年3月8日 15:57:44
2020/03/08 15:57
```

フォーマットスタイルを表す定数には、次のようなものがあります。

▼フォーマットスタイル一覧

定数	内容	例
DEFAULT	デフォルトのフォーマット（MEDIUMと同じ）	2020/03/08, 15:57:44
SHORT	最も短いフォーマット	2020/03/08,15:57
MEDIUM	中くらいの長さのフォーマット	2020/03/08,15:57:44
LONG	長めのフォーマット	2020年3月8日,16:04:39 JST
FULL	すべての要素が含まれたフォーマット	2020年3月8日日曜日,16時05分07秒 日本標準時

「日時データをフォーマットする」 → P.238

日時データをフォーマットする

» java.text.DateFormat

▼ メソッド

format	日付／時刻文字列をフォーマットする

書式 `public final String format(Date date)`

引数 date：フォーマットするDateオブジェクト

解説

Dateオブジェクトを日付／時刻文字列にフォーマットします。

サンプル ▸ **DFFormatSample.java**

```
// フォーマットする前と後のDateオブジェクトを出力
DateFormat df = DateFormat.getInstance();
System.out.println("そのまま出力：" + new Date());
System.out.println("フォーマット後：" + df.format(new Date()));
```

⬇

```
そのまま出力：Sun Mar 08 16:08:26 JST 2020
フォーマット後：2020/03/08 16:08
```

文字列をDateオブジェクトに変換するには、parseメソッドを使用します。

参照

「日時データをフォーマットするオブジェクトを取得する」 → P.236
「文字列から日付／時刻を生成する」 → P.239

文字列から日付／時刻を生成する

» java.text.DateFormat

▼メソッド

parse 文字列を解析する

書式 `public Date parse(String source)`

引数 source：日付／時刻を表す文字列

throws ParseException
解析エラーが発生したとき

解説

文字列を解析して、Dateオブジェクトを生成します。メソッドは、引数に指定された文字列の先頭から解析して日付を取得します。そのため、途中で必要な情報がすべてそろった場合などで、文字列を最後まで解析しないことがあります。

サンプル ▶ **DFParseSample.java**

```
// 文字列をDateオブジェクトに変換し、出力
try {
    DateFormat df = DateFormat.getInstance();
    System.out.println(df.parse("2020/3/8 6:42です。"));
}
catch (ParseException e) {
    e.printStackTrace();
}
```

```
Sun Mar 08 06:42:00 JST 2020
```

Dateオブジェクトから文字列にフォーマットするには、formatメソッドを使用します。

参照

「日時データをフォーマットする」 → P.238

日付／時刻のフォーマットに関する情報を取得／設定する

» java.text.DateFormat

▼メソッド

getCalendar	カレンダーを取得する
getNumberFormat	数値のフォーマッタを取得する
getTimeZone	タイムゾーンを取得する
isLenient	寛容度を取得する
setCalendar	カレンダーを設定する
setLenient	寛容度を設定する
setNumberFormat	数値のフォーマッタを設定する
setTimeZone	タイムゾーンを設定する

書式

```
public Calendar getCalendar()
public NumberFormat getNumberFormat()
public TimeZone getTimeZone()
public boolean isLenient()
public void setCalendar(Calendar newCalendar)
public void setLenient(boolean lenient)
public void setNumberFormat(NumberFormat newNumberFormat)
public void setTimeZone(TimeZone zone)
```

引数 newCalendar：新しいCalendarオブジェクト、lenient：解析を厳密に行うかどうか、newNumberFormat：新しいNumberFormatオブジェクト、zone：新しいTimeZoneオブジェクト

解説

それぞれ、日付／時刻フォーマットに関する情報を取得／設定します。

setCalendar、getCalendarメソッドは、日付フォーマットで使用するカレンダーを扱います。setCalendarメソッドで指定する前には、使用している**ロケール**に対してデフォルトのカレンダーが使用されます。

なお、setLenient、isLenientメソッドは、日付を解釈する寛容の度合いを決めるもので、たとえばisLenientメソッドがtrueであれば、2020年11月31日を設定した場合、2020年12月1日と見なされます。

サンプル ▶ **DFGetSetSample.java**

```
DateFormat df = DateFormat.getInstance();

// 寛容な解析
df.setLenient(true); // falseであればParseException例外がスローされる
System.out.println("2020/11/31 12:34 is " +
    df.parse("2020/11/31 12:34"));

df.setCalendar(Calendar.getInstance());
df.setNumberFormat(NumberFormat.getInstance());
df.setTimeZone(TimeZone.getDefault());
// 現在日時
System.out.println(df.getCalendar().getTime());
// 数値のフォーマッタにおける通貨記号
System.out.println(df.getNumberFormat().getCurrency());
// タイムゾーン名
System.out.println(df.getTimeZone().getDisplayName());
```

⬇

```
2020/11/31 12:34 is Tue Dec 01 12:34:00 JST 2020
Sun Mar 08 16:12:01 JST 2020
JPY
日本標準時
```

参照

「日付／時刻のフォーマットに必要なパターンを取得／設定する」 → P.242

日付／時刻のフォーマットに必要なパターンを取得／設定する

» java.text.SimpleDateFormat

▼ メソッド

applyPattern	パターンを指定する
applyLocalizedPattern	ローカライズされたパターンを指定する
toPattern	パターンを取得する

書式

```
public void applyPattern(String pattern)
public void applyLocalizedPattern(String pattern)
public String toPattern()
```

引数 pattern：フォーマットに使用するパターン

解説

SimpleDateFormatクラスはDateFormatクラスのサブクラスで、指定した**パターン**に従って日付／時刻をフォーマットします。

パターンとは、フォーマットの書式を表す文字列です。コンストラクタ、またはapplyPattern、applyLocalizedPatternメソッドで指定します。applyLocalizedPatternメソッドは、指定のパターンが**ローカライズ**されていると見なします。

日付／時刻のパターンは、次のような文字を使用して表します。たとえば「2020/09/13」は「"yyyy/MM/dd"」となります。

▼日付、時刻パターンの文字

文字	概要	例
G	紀元	AD（和暦では元号）
y	年	2015; 15（和暦ではyyyyで初年は元、それ以外は0）
M	月	September; Sep; 09
w	年を基準とした週	37
W	月を基準とした週	2
D	年を基準とした日	256
d	月を基準とした日	13
F	月を基準とした曜日	6
E	曜日	Saturday; Sat;
a	午前／午後	PM
H	時（0～23）	0
k	時（1～24）	24
K	時（0～11）	0
h	時（1～12）	12
m	分	51
s	秒	3
S	ミリ秒	3000
z	タイムゾーン	Pacific Standard Time; PST; GMT-08:00
Z	タイムゾーン	-0800

サンプル ▶ DFSimpleDateFormatSample.java

```
// 日付／時刻をパターンでフォーマット
Date today = new Date();

SimpleDateFormat sdf = new SimpleDateFormat("yyyy'年'MM'月'dd'日'");
System.out.println(sdf.format(today));

sdf.applyPattern("hh 'o''clock' a, zzzz");
System.out.println(sdf.format(today));

SimpleDateFormat jsdf = new SimpleDateFormat("G",
    new Locale("ja", "JP", "JP"));
System.out.println(jsdf.format(today));
```

⬇

```
2020年03月15日
12 o'clock 午後, 日本標準時
令和
```

ロケールの情報を取得する

» java.util.Locale

▼メソッド

getDefault	デフォルトのロケールを取得する
getAvailableLocales	すべてのロケールのリストを取得する

書式
```
public static Locale getDefault()
public static Locale[] getAvailableLocales()
```

解説

getDefaultメソッドは、デフォルトの**ロケール**を取得します。また、getAvailableLocalesメソッドは、使用可能なすべてのロケール情報を取得します。

なお、両方ともstaticメソッドなので、インスタンス化しないで利用できます。

サンプル ▶ Set_getLocale.java

```
// デフォルトロケール名の表示
System.out.println("デフォルトのロケール:" +
    Locale.getDefault().getDisplayName());

// 使用可能なロケールの名前を日本語とフランス語で表示
for (Locale l : Locale.getAvailableLocales()) {
    System.out.println(l.getDisplayName() +
        " " + l.getDisplayName(Locale.FRENCH));
}
```

⬇

```
デフォルトのロケール:日本語 (日本)
日本語 (日本) japonais (Japon)
スペイン語 (ペルー) espagnol (Perou)
英語 anglais
日本語 (日本,JP) japonais (Japon,JP)
スペイン語 (パナマ) espagnol (Panama)
(以下略)
```

ファイルからリソースバンドルを取得する

» java.util.ResourceBundle

▼メソッド

getBundle　リソースバンドルを取得する

書式
```
public static final ResourceBundle getBundle(
    String baseName[, ResourceBundle.Control control |
    Locale targetLocale])
public static final ResourceBundle getBundle(
    String baseName, Locale targetLocale,
    ResourceBundle.Control control)
public static ResourceBundle getBundle(String baseName,
    Locale targetLocale, ClassLoader loader)
public static ResourceBundle getBundle(String baseName,
    Locale targetLocale, ClassLoader loader,
    ResourceBundle.Control control)
```

引数　baseName：リソースバンドルの基底クラスの名前、control：コールバックメソッド、targetLocale：リソースバンドルが必要なロケール、loader：リソースバンドルをロードするクラスローダー

解説

getBundleメソッドは、引数に指定した名前baseName(基底名)とロケールをもとに、指定したクラスローダーloaderを使って、リソースバンドルの検出やインスタンスの取得を行います。リソースバンドルとはロケール固有のオブジェクトを管理するクラスのことで、言語圏に対応したアプリケーションを作成する場合などに利用します。

なお、getBundleメソッドでは、**ロケール**とクラスローダー、あるいは**クラスローダー**の指定を省略できます。その場合は、呼び出し側にデフォルトで設定されたものが使われます。

リソースバンドルの検出に使うバンドル名は、指定された基底名とロケールを組み合わせて、次のような形式で記述します。なお、**バリアントコード**とは、たとえば「EURO」など、言語／国コードでは指定できない地域を識別するためのコードです。

```
基底名_言語名のコード_国名／地域名のコード_バリアントコード
```

ただし、「"_"+要素のコード」は、右から順に省略可能です。

getBundleのメソッドで指定するクラスローダーは、java.lang.ClassLoaderクラス、またはそのサブクラスで定義されるオブジェクトですが、インスタンスが取得できない場合は、プロパティファイルを見つけようとします。この場合、探すファイルは、指定した文字列の「.」を「/」に置き換え、ファイル名の末尾に「.properties」を加えたファイルとなります。たとえば指定した文字列が「some.foo.resource」であれば、「some/foo/resource_jp.properties」(日本語の場合)というファイルを探します。これによって得られるインスタンスは、ResourceBundleのサブクラスであるPropertyResourceBundleクラスのインスタンスとなります。

サンプル ▶ PHelloResource_ja.properties

```
evening=こんばんは
```

サンプル ▶ PHelloResource_fr.properties

```
evening=Bonsoir !!
```

サンプル ▶ HelloInternational.java

```
// ロケールに合わせて、PhelloResource_（言語コード）.propertiesを取得

//日本語で「こんばんは」を出力
ResourceBundle helloResource = ResourceBundle.getBundle(
    "jp.wings.pocket.chap4.PHelloResource", Locale.getDefault());
System.out.println(helloResource.getString("evening"));

// Locale.FRANCEの場合
ResourceBundle helloResource_fr = ResourceBundle.getBundle(
    "jp.wings.pocket.chap4.PHelloResource", Locale.FRANCE);
System.out.println(helloResource_fr.getString("evening"));
```

⬇

```
こんばんは
Bonsoir !!
```

プロパティファイルは、クラスのパッケージがあるディレクトリに置く必要があります。

クラスからリソースを取得する

» java.util.ListResourceBundle

▼メソッド

getString	文字列を取得する
getContents	キーと値の2次元配列を取得する
getObject	オブジェクトを取得する

書式

```
public String getString(String key)
public Object getObject(String key)
protected abstract Object[][] getContents()
```

引数 key：取得する要素のキー

解説

getBundleメソッドで、**リソースバンドル**としてクラスを利用する場合は、ResourceBundleのサブクラスであるListResourceBundleクラスを定義します。

getStringメソッドは、取得したリソースバンドルから、指定したキーkeyに関連付けられたデータを、文字列として取得します。

getObjectメソッドは、getStringメソッドと同様の方法で、データをオブジェクトとして取得します。

getContentsメソッドは、ListResourceBundleクラスの抽象メソッドです。このメソッドを実装することにより、リソースバンドルからリソースを抽出できます。

サンプル ▶ HelloResource_ja.java

```
// 日本語のあいさつを返すリソースバンドル
public class HelloResource_ja extends ListResourceBundle {
    // キーと値のペアを2次元配列で指定
    static final Object[][] hello = {{ "hello", "こんにちは" }};
    // getContentsメソッドをオーバーライド
    protected Object[][] getContents() {
        return hello;
    }
}
```

サンプル ▶ **HelloResource_fr.java**

```
// フランス語のあいさつを返すリソースバンドル
public class HelloResource_fr extends ListResourceBundle {
    // キーと値のペアを2次元配列で指定
    static final Object[][] hello = {{ "hello", "Bonjour !" },

    // getContentsメソッドをオーバーライド
    @Override
    protected Object[][] getContents() {
        return hello;
    }
}
```

サンプル ▶ **HelloInternationalClass.java**

```
// ロケールに合わせて、helloResource（言語コード）クラスを取得

// 日本語で「こんにちは」を出力
ResourceBundle helloResource = ResourceBundle.getBundle(
    "jp.wings.pocket.chap4.HelloResource", Locale.getDefault());
System.out.println(helloResource.getString("hello"));

// Locale.FRANCEの場合
ResourceBundle helloResource_fr = ResourceBundle.getBundle(
    "jp.wings.pocket.chap4.HelloResource", Locale.FRANCE);
System.out.println(helloResource_fr.getString("hello"));
```

⬇

```
こんにちは
Bonjour !
```

和暦ロケールを利用する

» java.util.Locale

▼メソッド

Locale	ロケールオブジェクトを生成する

書式

```
public Locale(String language[, String country
    [, String variant]])
```

引数 language：2桁の小文字ISO-639コード、country：2桁の大文字ISO-3166コード、variant：ベンダとブラウザに固有のコード

解説

Javaでは、100種類あまりの**ロケール**がサポートされています。

▼サポートされる主なロケール

言語	国	ロケールID
中国語(簡体字)	中国	zh_CN
英語	英国	en_GB
英語	米国	en_US
ドイツ語	ドイツ	de_DE
日本語(グレゴリオ暦)	日本	ja_JP
日本語(和暦)	日本	ja_JP_JP
韓国語	韓国	ko_KR

和暦のロケールは、**CLDR**(Common Locale Data Repository：共通ロケールデータリポジトリ)というデータに基づいています。CLDRとは、ロケールデータの標準化を目指して、Unicodeコンソーシアムが提供しているロケールデータです。

和暦のロケールは、Localeクラスのコンストラクタに、"ja"、"JP"、"JP"を指定します。

サンプル ▶ **JapaneseCalendar.java**

```
// 和暦のロケール
Locale jaJPJP = new Locale("ja", "JP", "JP");

// ロケールIDの表示
System.out.println(jaJPJP);

// 和暦のDateFormat
DateFormat df =
    DateFormat.getDateInstance(DateFormat.FULL, jaJPJP);

// 現在の日付を和暦表示
Date today = new Date();
System.out.println(df.format(today));

// 和暦表示を解析
try {
    System.out.println(df.parse("令和元年5月22日"));
}
catch (ParseException e) {
    e.printStackTrace();
}
```

⬇

```
ja_JP_JP_#u-ca-japanese
令和2年3月8日
Wed May 22 00:00:00 JST 2019
```

Java SE 8のDate and Time APIでも、和暦はサポートされています。LocalDateクラスの代わりにJapaneseDateクラスを利用すれば、元号などが扱えます。

参照

「現在日時を取得する」 → P.251

現在日時を取得する

» java.time.LocalDateTime、java.time.OffsetDateTime、
java.time.ZonedDateTime

▼メソッド

now　　現在の日時を取得する

書式
```
public static LocalDateTime now([ZoneId zone])
```

引数　zone：タイムゾーン

解説

Java SE 8の日付時刻APIで日時を表すクラスは、次のように複数ありますが、デフォルトまたは指定のタイムゾーンの現在の日時を取得するには、nowメソッドを利用します。

ZoneIdクラスは、タイムゾーンを識別するクラスです。

日時を扱うクラス	内容
LocalDateTime	デフォルトの日時
OffsetDateTime	UTC(グリニッジ)からの時差つきの日時
ZonedDateTime	タイムゾーンを持つ日時

サンプル ▶ DateTimeNow.java

```
// デフォルトの日時
LocalDateTime date1 = LocalDateTime.now();
System.out.println(date1); // 結果：2020-03-08T15:09:17.656704100

// UTCからの時差つき
OffsetDateTime date2 = OffsetDateTime.now();
System.out.println(date2); // 結果：2020-03-08T15:10:39.342039900+
                                  09:00

// タイムゾーンつき
ZonedDateTime date3 = ZonedDateTime.now();
System.out.println(date3); // 結果：2020-03-08T15:10:39.342039900+
                                  09:00[Asia/Tokyo]
```

LocalDateTime、OffsetDateTime、ZonedDateTimeの出力形式は、ISO8601の時刻表記で、日付と時刻が「T」でつなげられています。

特定の日時を設定する

» java.time.LocalDateTime、java.time.OffsetDateTime、java.time.ZonedDateTime

▼メソッド

of 日時オブジェクトを生成する

書式

```
static LocalDateTime of(int year, int month,
    int dayOfMonth, int hour[, int minute, int second])
static OffsetDateTime of(int year, int month,
    int dayOfMonth, int hour, int minute, int second,
    int nanoOfSecond, ZoneId zone)
static ZonedDateTime of(int year, int month,
    int dayOfMonth, int hour, int minute, int second,
    int nanoOfSecond, ZoneId zone)
```

引数 year：年、month：月(1～12)、dayOfMonth：日（1～31）、hour：時（0～23）、minute：分（0～59）、second：秒（0～59）、nanoOfSecond：ナノ秒（0～999,999,999）、zone：タイムゾーン

throws DateTimeException
パラメータが範囲外のとき

解説

ofメソッドは、指定した年、月、日、時、分、秒、ナノ秒、およびタイムゾーンから、LocalDateTime、OffsetDateTime、ZonedDateTimeのインスタンスを取得します。

サンプル ▶ DateTimeGet.java

```
// 2020年7月24日12時30分10秒99に設定する
LocalDateTime date = LocalDateTime.of(2020,7,24,12,30,10,99);
System.out.println(date); // 結果：2020-07-24T12:30:10.000000099
```

参照

「日時の各要素を取得する」 → P.253

日時の各要素を取得する

» java.time.LocalDateTime、java.time.OffsetDateTime、
java.time.ZonedDateTime

▼メソッド

getYear	年のフィールドを取得する
getMonth	月のフィールドを列挙型Monthで取得する
getMonthValue	月のフィールドを取得する
getDayOfMonth	日のフィールドを取得する
getDayOfWeek	曜日を列挙型DayOfWeekで取得する
getDayOfYear	その年の何日めかを取得する
getHour	時刻のフィールドを取得する
getMinute	分のフィールドを取得する
getSecond	秒のフィールドを取得する
getNano	ナノ秒のフィールドを取得する

書式

```
public int getYear()
public Month getMonth()
public int getDayOfMonth()
public int getDayOfYear()
public DayOfWeek getDayOfWeek()
public int getDayOfYear()
public int getHour()
public int getMinute()
public int getSecond()
public int getNano()
```

解説

年、月、日、時、分、秒、ナノ秒、およびタイムゾーンから、ZonedDateTimeのインスタンスを取得します。

サンプル ▶ **DateTimeGet.java**

```
LocalDateTime date = LocalDateTime.of(2020,7,24,12,30,10,99);

// 各要素の表示
System.out.println("getYear : " + date.getYear());
System.out.println("getMonth : " + date.getMonth());
System.out.println("getMonthValue : " + date.getMonthValue());
System.out.println("getDayOfMonth : " + date.getDayOfMonth());
System.out.println("getDayOfWeek : " + date.getDayOfWeek());
System.out.println("getDayOfYear : " + date.getDayOfYear());
System.out.println("getHour : " + date.getHour());
System.out.println("getMinute : " + date.getMinute());
System.out.println("getSecond : " + date.getSecond());
System.out.println("getNano : " + date.getNano());
```

⬇

```
getYear : 2020
getMonth : JULY
getMonthValue : 7
getDayOfMonth : 24
getDayOfWeek : FRIDAY
getDayOfYear : 206
getHour : 12
getMinute : 30
getSecond : 10
getNano : 99
```

日時データをフォーマットするオブジェクトを取得する

» java.time.format.DateTimeFormatter

▼メソッド

ofPattern	フォーマッタを作成する

書式 public static DateTimeFormatter ofPattern(
    String pattern [,Locale locale])

引数 pattern：パターン文字列、locale：ロケール

throws IllegalArgumentException
パターン文字列が無効のとき

解説

ofPatternメソッドは、日時データをフォーマットする際に必要となるDateTimeFormatterクラスのオブジェクト(**フォーマッタ**)を生成します。第1引数で、フォーマットの**パターン文字列**を指定します。ロケールを指定する場合は、第2引数で設定します。

パターン文字列は、java.text.SimpleDateFormatクラスで利用できるものと同じです。

サンプル ▶ DateTimeFormat.java

```
DateTimeFormatter df1 =
    DateTimeFormatter.ofPattern("yyyy'年'MM'月'dd'日'");
// 定義済みフォーマッタ
DateTimeFormatter df2 = DateTimeFormatter.ISO_LOCAL_DATE;
```

参考 なお、DateTimeFormatterオブジェクトの生成は、ofPatternメソッドを使う以外に、定義済みのフォーマッタを利用することもできます。

▼定義済みフォーマット

フォーマッタ	説明	例
BASIC_ISO_DATE	基本的なISO日付	20200308+0900
ISO_LOCAL_DATE	ISOローカル日付	2020-03-08
ISO_OFFSET_DATE	オフセット付きのISO日付	2020-03-08+09:00
ISO_DATE	オフセット付きまたはオフセットなしのISO日付	2020-03-08+09:00　2020-03-08
ISO_LOCAL_TIME	オフセットなしの時間	15:41:27.3468909
ISO_OFFSET_TIME	オフセット付きの時間	15:41:42.8077712+09:00
ISO_TIME	オフセット付きまたはオフセットなしの時間	15:41:59.4347721+09:00 15:41:27 3468909.
ISO_LOCAL_DATE_TIME	ISOローカル日付および時間	2020-03-08T15:42:27.3878144
ISO_OFFSET_DATE_TIME	オフセット付きの日付時間	2020-03-08T15:42:45.8687842+09:00
ISO_ZONED_DATE_TIME	ゾーン指定の日付時間	2020-03-08T15:43:05.3256177+09:00[Asia/Tokyo]
ISO_DATE_TIME	ゾーンID付きの日付および時間	2020-03-08T15:43:24.7646831+09:00[Asia/Tokyo]
ISO_ORDINAL_DATE	年および年の日付	2020-068+09:00
ISO_WEEK_DATE	年および週	2020-W10-7+09:00
ISO_INSTANT	インスタントの日付および時間	2020-03-08T06:44:01.486854600Z
RFC_1123_DATE_TIME	RFC 1123 / RFC 822	Sun, 8 Mar 2020 15:44:18 +0900

参照

「日付／時刻のフォーマットに必要なパターンを取得／設定する」 → P.242

「日時データをフォーマットする」 → P.257

日時データをフォーマットする

» java.time.LocalDateTime、java.time.OffsetDateTime、java.time.ZonedDateTime

▼メソッド

format	フォーマッタで書式を設定する

書式 public String format(DateTimeFormatter formatter)

引数 formatter：フォーマッタ

throws DateTimeException
正常にフォーマットできないとき

解説

LocalDateTimeなどの日時クラスのformatメソッドは、指定したDateTimeFormatterオブジェクトに基づいて、日時データをフォーマットします。

サンプル ▶ DateTimeFormat.java

```
ZonedDateTime  date = ZonedDateTime .now(); // 現在日時
DateTimeFormatter df1 =
    DateTimeFormatter.ofPattern("yyyy'年'MM'月'dd'日'");

// formatメソッドで文字列に変換する
System.out.println(date.format(df1));

// 定義済みフォーマッタ
DateTimeFormatter df2 = DateTimeFormatter.ISO_LOCAL_DATE;
System.out.println(date.format(df2));
```

⬇

```
2020年03月08日
2020-03-08
```

参照

「日時データをフォーマットするオブジェクトを取得する」 → P.255

文字列から新しい日時オブジェクトを生成する

» java.time.LocalDateTime、java.time.OffsetDateTime、
java.time.ZonedDateTime

▼メソッド

parse　文字列から日時オブジェクトを生成する

書式　`public static LocalDateTime parse(CharSequence text [,DateTimeFormatter formatter])`

引数　text：解析したい文字列、formatter：フォーマッタ

throws　DateTimeParseException
テキストが解析できないとき

解説

LocalDateTimeなどの日時クラスのparseメソッドは、文字列から日時クラスのインスタンスを生成します。第2引数に、文字列で変換するフォーマッタを指定することもできます。省略した場合は、DateTimeFormatter.ISO_LOCAL_DATE_TIMEを指定したものとみなされます。

文字列を日時オブジェクトに変換できない場合は、java.time.DateTimeParseExceptionが発生します。ただし、この例外は、catchしなくてもコンパイルエラーとならない**非チェック例外**です。

サンプル ▶ **DateTimeParse.java**

```
LocalDateTime date1 = LocalDateTime.parse("2020-10-12T11:03");
System.out.println(date1); // 結果：2020-10-12T11:03

try {
    LocalDateTime date2 = LocalDateTime.parse("2020-10-12");
    System.out.println(date2);
}
catch (DateTimeParseException e) {
    // 変換できない場合は、DateTimeParseExceptionがスローされる
    System.out.println("変換できない"); // 結果：変換できない
}
```

ZonedDateTimeの変換には、文字列にタイムゾーンを示す文字列、OffsetDateTimeの変換には、UTCからの時差を示す文字列が必要です。

日時データを演算する

» java.time.LocalDateTime、java.time.OffsetDateTime、java.time.ZonedDateTime

▼メソッド

plus	時間を加算する
plusYears	年を加算する
plusMonths	月を加算する
plusWeeks	週を加算する
plusDays	日を加算する
plusHours	時刻を加算する
plusMinutes	分を加算する
plusSeconds	秒を加算する
plusNanos	ナノ秒を加算する
minus	時間を減算する
minusYears	年を減算する
minusMonths	月を減算する
minusWeeks	週を減算する
minusDays	日を減算する
minusHours	時刻を減算する
minusMinutes	分を減算する
minusSeconds	秒を減算する
minusNanos	ナノ秒を減算する

書式

```
public LocalDateTime plus(long amount,TemporalUnit unit)
public LocalDateTime plusYears(long amount)
public LocalDateTime plusMonths(long amount)
public LocalDateTime plusWeeks(long amount)
public LocalDateTime plusDays(long amount)
public LocalDateTime plusHours(long amount)
public LocalDateTime plusMinutes(long amount)
public LocalDateTime plusSeconds(long amount)
public LocalDateTime plusNanos(long amount)
public LocalDateTime minus(long amount,TemporalUnit unit)
public LocalDateTime minusYears(long amount)
```

```
public LocalDateTime minusMonths(long amount)
public LocalDateTime minusWeeks(long amount)
public LocalDateTime minusDays(long amount)
public LocalDateTime minusHours(long amount)
public LocalDateTime minusMinutes(long amount)
public LocalDateTime minusSeconds(long amount)
public LocalDateTime minusNanos(long amount)
public LocalDateTime plus(TemporalAmount tamount)
public LocalDateTime minus(TemporalAmount tamount)
```


引数 amount,tamount：演算する値、unit：値の単位

throws UnsupportedTemporalTypeException
単位がサポートされていないとき（plus,minus）
DateTimeException
サポートされている日付範囲を超えるとき

解説

LocalDateTimeなどの日時クラスのplus、minusメソッドは、日時データを加算、減算するメソッドです。各要素単位での演算メソッド(plusYears、minusYearsなど)も提供されています。

plus、minusメソッドで、時間の単位を指定する場合は、第2引数で、java.time.temporal.TemporalUnitインターフェイスを実装したChronoUnitクラスの定数を指定します。

▼主な時間単位

定数	意味
ChronoUnit.YEARS	年
ChronoUnit.MONTHS	月
ChronoUnit.WEEKS	週
ChronoUnit.DAYS	日
ChronoUnit.HOURS	時
ChronoUnit.MINUTES	分
ChronoUnit.SECONDS	秒
ChronoUnit.NANOS	ナノ秒

またplus、minusメソッドでは、ある日時の期間を演算することもできます。期間を表すには、java.time.temporal.TemporalAmountインターフェイスを実装したDuration(秒単位の時間数)やPeriod(日数)オブジェクトを指定します。

サンプル ▶ **DateTimePlus.java**

```
LocalDateTime date1 = LocalDateTime.parse("2020-10-12T11:03");
// 月を3加算する
System.out.println(date1.plusMonths(3));
// 日を20減算する
System.out.println(date1.minusDays(20));
// 時刻に15加算する
System.out.println(date1.plus(15, ChronoUnit.HOURS));

// 1年2ヶ月と3日
Period period = Period.of(1, 2, 3);
// 日数の加算
System.out.println(date1.plus(period));

// 60分の秒数
Duration duration = Duration.of(60, ChronoUnit.MINUTES);
// 秒数の加算
System.out.println(date1.plus(duration));
```

⬇

```
2021-01-12T11:03
2020-09-22T11:03
2020-10-13T02:03
2021-12-15T11:03
2020-10-12T12:03
```


COLUMN

イミュータブル

イミュータブル(immutable)とは、作成後にその状態を変えることができないものを指します。イミュータブルなオブジェクトであれば、変更されないことが保証されるため、スレッドセーフとなり、コードの可読性もよくなります。Javaでは、Stringクラスのインスタンスが代表的なイミュータブルなオブジェクトです。また「Date and Time API」のクラスもイミュータブルとなるクラスで、従来の日時クラス(java.util.Dateなど)がスレッドセーフではなく、スレッド内の処理に適さなかった点が改善されています。

日時データを比較する

» java.time.LocalDateTime、java.time.OffsetDateTime、
java.time.ZonedDateTime

▼メソッド

isAfter	後か否かを返す
isBefore	前か否かを返す
isEqual	同じ時刻か否かを返す
compareTo	日時データと比較する

書式

```
public boolean isAfter(ChronoLocalDateTime<?> other)
public boolean isBefore(ChronoLocalDateTime<?> other)
public boolean isEqual(ChronoLocalDateTime<?> other)
public int compareTo(ChronoLocalDateTime<?> other)
```

引数 other：日時オブジェクト

解説

LocalDateTimeなどの日時クラスのisAfter、isBefore、isEqualメソッドは、指定した日時データが、未来か、過去か、同じかをboolean値で返します。暦の種類(西暦や和暦)やタイムゾーンに関係なく、時間軸上の時刻での比較です。

compareToメソッドは、日時データの全要素を比較します。戻り値は、指定した日時オブジェクトと同じ時刻なら0、指定した日時オブジェクトが大きい(未来)なら負、小さい(過去)なら正の値になります。

サンプル ▸ DateTimeCompare.java

```
ZonedDateTime date1 = ZonedDateTime.now();
ZonedDateTime date2 = date1.plusMonths(3);  // 月を3加算する

System.out.println(date1.compareTo(date2)); // 比較（結果：-1）
System.out.println(date1.isBefore(date2));  // 過去か？（結果：true）
System.out.println(date1.isAfter(date2));   // 未来か？（結果：false）
System.out.println(date1.isEqual(date2));   // 同じか？（結果：false）
```

Date オブジェクトを新しい日時オブジェクトに変換する

» java.time.LocalDateTime、java.time.OffsetDateTime、java.time.ZonedDateTime

▼メソッド

ofInstant	日時オブジェクトを生成する

throws DateTimeException
サポートされている日付範囲を超えるとき

書式

```
public static LocalDateTime ofInstant(
    Instant instant, ZoneId zone)
public static ZonedDateTime ofInstant(
    Instant instant, ZoneId zone)
public static OffsetDateTime ofInstant(
    Instant instant, ZoneId zone)
```

引数 instant：インスタント、zone：タイムゾーン

解説

LocalDateTimeなどの日時クラスのofInstantメソッドは、Instantオブジェクトおよびタイムゾーンから、日時クラスのインスタンスを取得します。

Instantクラスは、エポック(1970年1月1日の0時0分0秒)からの経過時間(タイムライン)上にある時点を表すクラスで、Java SE 8から提供されるものです。このInstantオブジェクトを介して、従来のDateオブジェクトから、LocalDateTimeなどの日時クラスのインスタンスを取得します。

サンプル ▶ **DateTimeInstant.java**

```
Date date = new Date();
System.out.println(date);

// Dateオブジェクトを変換する
LocalDateTime date1 = LocalDateTime.ofInstant(date.toInstant(),
ZoneId.systemDefault());
ZonedDateTime date2 = ZonedDateTime.ofInstant(date.toInstant(),
ZoneId.systemDefault());
OffsetDateTime date3 = OffsetDateTime.ofInstant(date.toInstant(),
ZoneId.systemDefault());

System.out.println(date1);
System.out.println(date2);
System.out.println(date3);
```

⬇

```
Sun Mar 08 15:24:19 JST 2020
2020-03-08T15:24:19.745
2020-03-08T15:24:19.745+09:00[Asia/Tokyo]
2020-03-08T15:24:19.745+09:00
```

Dateクラスのtoinstantメソッドは、Java SE 8で追加されたメソッドです。

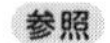

「日時データをフォーマットするオブジェクトを取得する」 → P.255

新しい日時オブジェクトをDateオブジェクトに変換する

» java.time.LocalDateTime、java.time.OffsetDateTime、java.time.ZonedDateTime

▼メソッド

toInstant	日時データをInstantオブジェクトに変換

書式

```
default Instant toInstant(ZoneOffset offset)
default Instant toInstant()
```

引数 ZoneOffset：変換に使用するオフセット

解説

toInstantメソッドは、日時データをInstantオブジェクトに変換します。OffsetDateTime、ZonedDateTimeクラスでは、引数不要ですが、LocalDateTimeクラスでは、引数にZoneOffsetのオブジェクトが必要です。

このInstantオブジェクトを、Dateオブジェクトのfromメソッドに指定すると、Dateオブジェクトが生成されます。

サンプル ▶ DateTimeToInstant.java

```
LocalDateTime local = LocalDateTime.now();
// ZoneOffsetを指定
Date date = Date.from(local.toInstant(ZoneOffset.of("+09:00")));
System.out.println(date);

OffsetDateTime offset  = OffsetDateTime.now();
Date odate = Date.from(offset.toInstant());
System.out.println(odate);

ZonedDateTime zone  = ZonedDateTime.now();
Date zdate = Date.from(zone.toInstant());
System.out.println(zdate);
```

⬇

```
Sun Mar 08 15:25:54 JST 2020
Sun Mar 08 15:25:54 JST 2020
Sun Mar 08 15:25:54 JST 2020
```

参照

「Dateオブジェクトを新しい日時オブジェクトに変換する」 → P.263

COLUMN

期間を表すクラス

Date and Time APIには、P.259の「日時データを演算する」で扱ったように、期間を表すPeriod、Durationクラスが提供されています。Periodクラスは、期間を日付(年月日)の単位で表し、Durationクラスは、時刻の間隔を秒、ナノ秒をもとに表します。

これらのクラスには、インスタンス生成をはじめ、時間の間隔の取得や演算のメソッドが定義されており、多くは共通の名前のメソッドになっています。

サンプルは、Periodクラスのbetweenメソッドを使って、日付の間隔を求めています。なお、Periodクラスでは、総月数を求めるtoTotalMonthsメソッドは定義されているものの、総日数を取得するメソッドはないため、その場合には、ChronoUnitクラスを利用します。

サンプル ▶ PeriodSample.java

```
LocalDate d1 = LocalDate.of(2020, 2, 14);
LocalDate d2 = LocalDate.of(2020, 12, 25);

// バレンタインデーからクリスマスまでの期間を表示する
System.out.println(Period.between(d1, d2));
// 結果：P10M11D（10ヶ月と11日の意味）
// 月数
System.out.println(Period.between(d1, d2).getMonths()); // 結果：10
// 日数
System.out.println(Period.between(d1, d2).getDays());   // 結果：11

// 総日数を求めるには、ChronoUnitを利用する
System.out.println(ChronoUnit.DAYS.between(d1, d2));    // 結果：315
```

5
コレクション

この章では、**コレクション**の操作法や活用法を取り上げます。コレクションとは、複数のオブジェクトを管理する**クラス**や**インターフェイス**の総称です。コレクションを活用することにより、プログラマは要素の格納、取得といった操作を手軽に行い、なおかつ汎用性の高いプログラムを記述できるようになります。

Collections Framework

Collections Framework(**コレクションフレームワーク**)とは、Java APIとして用意されている、コレクションを操作および管理するためのクラスやインターフェイスの集まりです。主に**Collectionインターフェイス**をもとにして、さまざまな特徴を持ったコレクションがあります。なかでも基本となるのが、**List**(**リスト**)、**Set**(**セット**)、**Map**(**マップ**)、**Queue**(**キュー**)のコレクションインターフェイスです。

Collection

Collectionは、もっとも基本となるインターフェイスです。List、Set、Queueは、このCollectionの**サブインターフェイス**となっています。ただしMapは、Collectionとは構造が異なるため、サブインターフェイスにはなっていません。

次の表は、Collectionの要素に対する処理とメソッドを、基本のコレクションインターフェイス別にまとめたものです。表中の継承とは、**スーパークラス**の該当メソッドをオーバーライドしていないことを示しています。

▼インターフェイスの各メソッド

要素の主な処理	メソッド	Collection	List	Set	Map	Queue
追加	add	○	○	○		○
	offer					○
	put				○	
インデックスを指定して設定	set		○			
検索	contains	○	○	○		継承
	containsKey				○	
	containsValue				○	
取得	get		○		○	
	values				○	
	peek					○
キーの取得	KeySet				○	
検索	indexOf		○			
要素が空か判定	isEmpty	○	○	○	○	継承

要素の主な処理	メソッド	Collection	List	Set	Map	Queue
イテレータ取得	iterator	○	○	○		継承
削除	remove	○	○	○	○	○
	poll					○
要素数	size	○	○	○	○	継承
配列にコピー	toArray	○	○	○		継承

List、Set、Map、Queue

コレクションには、次の図のように、オブジェクトの管理方法別に大きく分けて4種類あります。

▼基本のコレクション

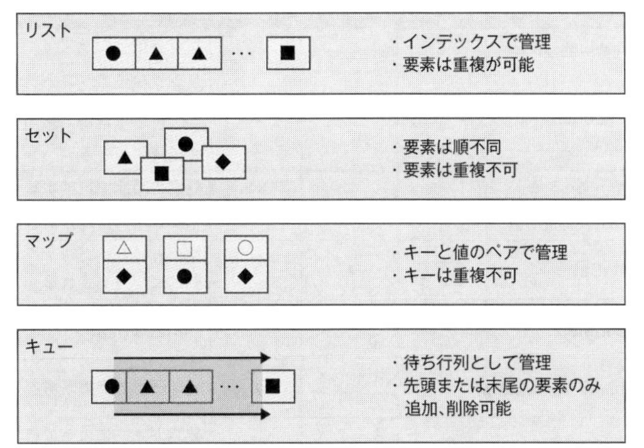

1 List(リストインターフェイス)
　リストの特徴は、配列のように格納される要素が順番を持つことです。順番に並んでいるため、リストの要素は**インデックス**で参照したり、追加したりすることができます。

2 Set(セットインターフェイス)
　セットの特徴は、格納される要素に重複がないことです。また要素には、リストのような順番はなく、バラバラに要素を放り込んだような順不同になります。

3 Map(マップインターフェイス)
　マップの特徴は、格納される要素が、一意の**キー**と値(オブジェクト)のペアで管理されることです。マップ内の要素を追加するには、オブジェクトとそれに対応するキーを登録します。要素を操作するには、このキーをもとに行います。

4 Queue(キューインターフェイス)

キューとは、窓口に人が並ぶような、**FIFO**(先入れ先出し、First In, First Out)の待ち行列を表したコレクションです。格納していった要素を、順に先頭から取り出す処理に用います。基本となるのはQueueインターフェイスで、それを拡張した**Deque**(**両端キューインターフェイス**)があります。Dequeとは、先頭または末尾の両方で要素を追加／削除できるキュー構造のことです。

次の表は、それぞれのインターフェイスごとに主な実装クラスをまとめたものです。列の「null要素」とは要素に**null**が許可されるかどうか、「重複」は要素に重複が許可されるかどうか、「**同期化**」は**マルチスレッド**に対応(**排他制御**)しているかどうかをそれぞれ示しています。

▼コレクションインターフェイスと主な実装クラス

インターフェイス	主な実装クラス	null要素	重複	同期化	概要・特徴
List	ArrayList	○	○	×	可変長配列クラス
	LinkedList	○	○	×	リンク構造のリストクラス。ArrayListに比べて、任意の位置の追加が高速にできる
Set	HashSet	○	×	×	任意の順序で格納する
	LinkedHashSet	○	×	×	格納順序の保障がある
	TreeSet	○	×	×	要素がキーによって自動的にソートされる
Map	HashMap	○	キー：× 値　：○	×	基本的なMapクラス
	LinkedHashMap	○	キー：× 値　：○	×	格納順序の保障がある
	TreeMap	○	キー：× 値　：○	×	要素がキーによって自動的にソートされる
	Hashtable	×	キー：× 値　：○	○	キー、値共にnull禁止
Queue	LinkedList	○	○	×	上記LinkedListと同じ
	PriorityQueue	×	○	×	優先順位付きキュークラス
	ArrayDeque	×	○	×	両端キュークラス

Collections Frameworkには、他にもさまざまなクラスが提供されているので、プログラムの目的に応じて、クラスを使い分けましょう。

イテレータ

イテレータ(反復子)とは、コレクションの要素を1つずつ順番に処理するためのクラスです。イテレータを使用すると、さまざまなコレクションに対して同じメソッドで操作することができます。ただし、イテレータが使用できるクラスは、**Iterableインターフェイス**を実装したものになります。

ジェネリックス

ジェネリックスとは、<>で囲んだ型名をクラスやメソッドに付加して定義することで、汎用的なクラスを特定の型に対応付けるようにする機能です。

たとえばList<String>のように書くと、String専用のListクラスとなります。従来のコレクションクラスでは、要素の型にObject型を用いており、型(クラス)を指定することはできませんでした。そのため、コレクションに格納した要素を取り出すときには、目的の型に**キャスト**する必要がありました。また、誤って意図しないクラスにキャストしても、コンパイル時にエラーを検出することができないという問題がありました。ジェネリックスを用いることで、これらを解決することができます。

ジェネリックスはコレクションだけのための機能ではありませんが、コレクションに用いた場合がもっとも効果的です。J2SE 5.0以降のコレクションクラスは、ジェネリックスを使ったものに改められています。

ジェネリックスに対応したメソッドの書式

この章のメソッドの書式には、第2章で説明したEやKといったジェネリックスの型パラメータが使われています。また型パラメータ以外に、?記号を使った**ワイルドカード**や、**境界**の指定も登場します。

たとえばCollection<?>とは、任意のクラスのCollectionオブジェクトという意味です。また、<? extends T>とすると、そのクラス自身またはサブクラスのみ可能、<? super T>とすれば、そのクラス自身またはスーパークラスのみ指定可能になります。

Stream

Java SE 8から、**Stream API**が追加されました。**Stream**(ストリーム)は、主に配列や基本のコレクションをもとにして、そのオブジェクトを集合体として扱えるようにしたAPIです。

従来は、for文やイテレータなどを使って、配列やコレクションのオブジェクトの要素を1つずつ取り出して処理していました。Stream APIでは、内部的なオブジェクトの要素を取り出すことなく、**ラムダ式**(関数型インターフェイス)を使って、集計や、要素のフィルタリングなどの処理をシンプルに記述できるようになりました。また、各要素に対する処理を並列に実行するコードも、かんたんに記述することができます。並列に実行するStreamは、要素数の大きなStreamや、特定の処理に時間のかかる場合に用いると、全体の処理時間の短縮が見込めます。

Stream APIを使った処理は、Streamの**生成処理**、フィルタリングなどの**中間処理**、集計などの**終端処理**を行うといった流れになります。また、それぞれの処理に対するメソッドが定義されています。

▼ Streamの基本処理

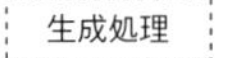

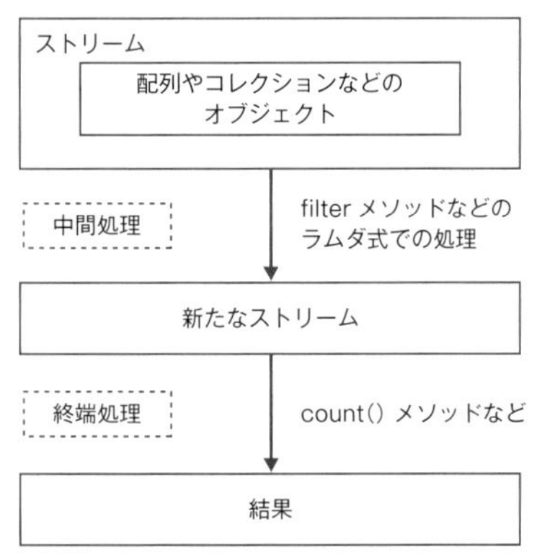

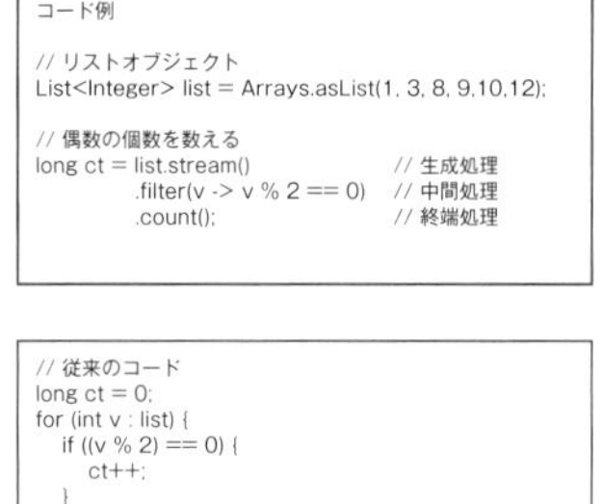


```
// 従来のコード
long ct = 0;
for (int v : list) {
    if ((v % 2) == 0) {
        ct++;
    }
}
```

▼ Streamの基本処理

種別	メソッド	概要	備考
生成処理	of	要素を指定して生成する	Stream、IntStream、LongStream、DoubleStreamのみ
	empty	空のStreamを生成する	
	builder	ビルダーを使って生成する	
	concat	2つのStreamを結合する	
	generate、iterate	無限の長さのStreamを生成する	
	range、rangeClosed	指定範囲のStreamを生成する	IntStream、LongStreamのみ
	stream	逐次処理のStreamを生成する	コレクション、配列のみ
	parallelStream	並列処理のStreamを生成する	コレクションのみ

種別	メソッド	概要	備考
中間処理	filter	条件に一致するものを抽出する	
	map	要素を1対1で変換する	数値専用のメソッド(mapToInt、mapToLong、mapToDouble)がある
	flatMap	各要素をStremに(1対多に)変換する	数値用Streamに変換するメソッド(flatMapToInt、flatMapToLong、flatMapToDouble)がある
	distinct	重複した要素を除く	
	sorted	ソートする	
	limit	要素数を限定する	
	skip	先頭から指定の要素数を除く	
	parallel	並列処理を行う	
終端処理	collect	各要素に繰り返し処理して、結果を返す	forEach、reduceなどのメソッドも、内部ではcollectと同様の処理を行う
	forEach、forEachOrdered	各要素を繰り返し処理する	forEachOrderedは、順番に実行する
	reduce	要素を集約する	
	count	要素数を返す	
	min、max	最小,最大の要素を返す	
	sum、average	合計、算術平均値を返す	IntStream、LongStream、DoubleStreamのみ
	toArray	配列に変換する	
	iterator	イテレータを返す	
	anyMatch	条件に合致する要素があればtrueを返す	
	allMatch	全要素が条件に合致すればtrueを返す	
	noneMatch	条件に合致する要素がなければtrueを返す	
	findFirst	先頭の要素を返す	
	findAny	いずれかの要素を返す	

中間処理を行うメソッドは、内部のオブジェクトを変更するのではなく、結果のオブジェクトを保持する新たなStreamを返します。そのため、Streamに対して、メソッドを続けて記述(**メソッドチェーン**)することができます。中間処理は、必要なければ実行しなくてかまいません。

終端処理のメソッドは、Streamからの最終結果を取得します。要素の数を返すメソッドや、従来のfor文に相当するメソッドなどがあります。なお、終端処理は一度しか実行できません。終端処理を実行したあと、Streamはクローズされます。クローズ後の中間処理、終端操作は無効となり、例外が発生します。

コレクションの要素の状態を調べる

» java.util.Collectionインターフェイス

▼ メソッド

contains	要素を含んでいるか調べる
containsAll	要素をすべて含んでいるか調べる
isEmpty	要素が空か調べる

書式

```
public boolean contains(Object o)
public boolean containsAll(Collection<?> c)
public boolean isEmpty()
```

引数 o：コレクションにあるかどうかを調べる要素、c：コレクションに含まれるかどうかを調べるコレクション、?：任意のクラス

解説

containsメソッドは、指定した要素がコレクション内に少なくとも1つあればtrueを返します。一方、containsAllメソッドは、指定したコレクションの要素が、そのコレクションにすべて含まれる場合にtrueを返します。

isEmptyメソッドは、コレクションが空である場合にtrueを返します。

サンプル ▸ **ExamineCollection.java**

```
Collection<String> col1 = new ArrayList<>();
for (int i = 0; i < 3; i++) col1.add(Integer.toString(i));

Collection<String> col2 = new ArrayList<>();
col2.add("one"); col2.add("two");
col1.addAll(col2);

System.out.println("col1:" + col1); // 結果：c1：[0, 1, 2]
System.out.println("col2:" + col2); // 結果：c1：[0, 1, 2]

// col2にthreeを含むか？
System.out.println(col2.contains("three")); // 結果：false
// col1はcol2を含むか？
System.out.println(col1.containsAll(col2)); // 結果：true
// col2は空か？
System.out.println(col2.isEmpty());         // 結果：false
// col2とcol1は等しいか？
System.out.println(col2.equals(col1));      // 結果：false
```

コレクションと等しいか判定する

» java.util.Collectionインターフェイス

▼ メソッド

equals	コレクションと等しいか調べる

書式 `boolean equals(Object o)`

引数 o：コレクションと等しいかどうかを調べるオブジェクト

解説

equalsメソッドは、指定したオブジェクトがコレクションと等しければ、trueを返します。

サンプル ▶ ExamineCollectionSample.java

```
Collection<String> col1 = new ArrayList<>();
col1.add("1");

Collection<String> col2 = new ArrayList<>();
col2.add("1");
col2.add("2");

System.out.println("col1とcol2は等しいか？:" + col2.equals(col1));
col2.remove("2");
System.out.println("col1とcol2は等しいか？:" + col2.equals(col1));
```

⬇

```
col1とcol2は等しいか？:false
col1とcol2は等しいか？:true
```

参照

「コレクションの要素の状態を調べる」 → P.274

要素の数を取得する

» java.util.Collectionインターフェイス

▼メソッド

size 要素数を取得する

書式 `public int size()`

解説

sizeメソッドは、コレクションに含まれている要素の数を返します。もし、そのコレクションがInteger.MAX_VALUE(int型で表現できる最大値)の値を超える場合は、Integer.MAX_VALUEを返します。

サンプル ▶ GetCollectionSize.java

```
Collection<Integer> col = new ArrayList<>();
for (int i = 0; i < 3; i++) {
    col.add(i);
}
System.out.println("colのサイズ:" + col.size());
// 結果:colのサイズ:3

for (int i = 0; i < 5; i++) {
    col.add(i);
}
System.out.println("colのサイズ:" + col.size());
// 結果:colのサイズ:8
```

イテレータを取得する

» java.util.Collectionインターフェイス

▼ メソッド

iterator イテレータを取得する

書式 `public Iterator<E> iterator()`

引数 E：型パラメータ

解説

Iteratorメソッドは、コレクションのイテレータを返します。要素が返される順序は、そのコレクションが順序を保証していない限り、保証されません。

サンプル ▶ **CollectionIterator.java**

```
// イテレータにより、コレクションの中身を取得
Collection<Character> collection = new ArrayList<>();

char[] c = "Hello !".toCharArray();
for (char tmp : c) {
    collection.add( tmp );
}

Iterator<?> iterator = collection.iterator();

// イテレータで要素を順にすべて取り出すループ処理
while (iterator.hasNext()) {
    System.out.print(iterator.next() + ",");
}
```

⬇

```
H,e,l,l,o, ,!,
```

コレクションの要素を配列として取得する

» java.util.Collectionインターフェイス

▼メソッド

toArray 配列として取得する

書式
```
public Object[] toArray()
public <T> T[] toArray(T[] a)
```

引数 a：コレクションの要素を格納する配列、T：型パラメータ

解説

toArrayメソッドは、配列ベースのAPIとコレクションベースのAPIとの間で橋渡し役となるメソッドで、コレクションの要素がすべて格納されている配列を返します。

引数に、コレクションの要素を格納する配列を指定できます。もし指定の配列がコレクションのサイズ以上の容量であれば、余った配列の要素には、nullが設定されます。反対に、配列の持つサイズがコレクション内の要素数以下であれば、指定した配列の実行時の型で、コレクションと同じサイズの配列が新しく割り当てられます。

なお、コレクションがイテレータによって返される要素の順序を保証している場合、このメソッドによって返される配列も同じ順序となります。

サンプル ▸ **ToArrayCollection.java**

```
//コレクションを配列として取得し、その内容を表示
Collection<String> col = new ArrayList<>();
String[] number = { "one", "two", "three" };
// コレクションに格納する配列
for (String tmp : number) { col.add(tmp); }
System.out.println("colを配列に変換");
Object[] objects = col.toArray();
for (int i = 0; i < objects.length; i++) {
    System.out.print(i + "=" + objects[i] + " ");
} // 結果：0=one 1=two 2=three
System.out.println("¥ncolをString配列に変換");
String[] stary = col.toArray(new String[0]);
for (int i = 0; i < stary.length; i++) {
    System.out.print(i + "=" + stary[i] + " ");
} // 結果：0=one 1=two 2=three
```

リストに追加する

» java.util.Listインターフェイス

▼メソッド

add	要素を追加する
addAll	要素をすべて追加する

書式
```
public void add([int index,] E element)
public boolean addAll([int index,]
    Collection<? extends E> c)
```

引数 index：追加する位置のインデックス、element：追加する要素、c：追加するコレクション、E：型パラメータ、? extends E：要素の型または要素のサブクラス

throws UnsupportedOperationException
メソッドがサポートされないとき

解説

addメソッドとaddAllメソッドは、指定した位置に、指定した要素あるいは指定したコレクション内のすべての要素を挿入します。

引数にコレクションを指定した場合は、そのオブジェクトのイテレータから取得できる順番で挿入されていきます。挿入された要素の後ろにある要素のインデックスは、挿入した要素の数だけ後ろにずらされます。

サンプル ▶ AddList.java

```
LinkedList<String> list = new LinkedList<>();
list.add("あ");
list.add("う");
list.add(1,"い");
// Listオブジェクトを追加
list.addAll(Arrays.asList("え", "お"));
list.addAll(0,Arrays.asList("ひ", "ら", "が", "な"));
System.out.println(list);
```

```
[ひ, ら, が, な, あ, い, う, え, お]
```

リストの要素を削除する

» java.util.Listインターフェイス

▼メソッド

remove	要素を削除する

書式 public E remove(int index)

引数 index：削除する位置のインデックス

throws UnsupportedOperationException
メソッドがサポートされないとき

解説

removeメソッドは、要素を削除するメソッドです。引数に要素のインデックスを指定します。

サンプル ▶ RemoveList.java

```
LinkedList<String> list =
    new LinkedList<>(Arrays.asList("one", "two", "three"));
System.out.println("list:" + list);
System.out.println("インデックス2の要素を削除");
list.remove(2);
System.out.println("list:" + list);
```

⬇

```
list:[one, two, three]
インデックス2の要素を削除
list:[one, two]
```

リストの要素を設定する

» java.util.Listインターフェイス

▼ メソッド

set 要素を置き換える

書式 `public E set(int index, E element)`

引数 index：設定する位置のインデックス、E：型パラメータ、element：設定する要素

throws UnsupportedOperationException
メソッドがサポートされないとき
IndexOutOfBoundsException
インデックスが範囲外のとき

解説

setメソッドは、指定のインデックスにある要素を、指定のオブジェクトに置き換えます。

サンプル ▶ **SetList.java**

```
LinkedList<String> list =
    new LinkedList<>(Arrays.asList("one", "two", "three"));
// インデックス0, 2を置き換え
list.set(0, "1");
list.set(2, "3");
System.out.println(list); // 結果：[1, two, 3]
```

リストの要素／部分ビューを取得する

» java.util.Listインターフェイス

▼メソッド

get	指定したインデックスの要素を取得する
subList	部分ビューを取得する

書式

```
public E get(int index)
public List<E> subList(int fromIndex, int toIndex)
```

引数 index：取得する要素のインデックス、fromIndex：取得する部分ビューの始点、toIndex：取得する部分ビューの終点

throws IndexOutOfBoundsException
インデックスが範囲外のとき

解説

リストでは、イテレータを使う他に、インデックスを指定するgetメソッドで要素を取得することができます。

またsubListメソッドでは、指定した始点fromIndex(これを含む)から終点toIndex(これを含まない)までの要素を持つビューを取得できます。fromIndexとtoIndexが同じ値なら、空のリストを返します。

取得されるリストは、取得元のリストに連動しています。そのため取得元のリストまたはビューに変更を加えた場合、その内容はお互いに反映されます。ただし、取得元のリストに対し、要素数が変化するような変更を直接行った場合、ビューへの反映は保証されません。

サンプル ▶ **SubListList.java**

```
// リストの部分ビューを作成して変更する
List<String> list = new ArrayList<>();
list.add("one");
list.add("two");
list.add("three");
list.add("four");
list.add("five");
Chap5Tool.dispCollection(list, "list");

System.out.println("インデックス3の要素を取得:" + list.get(3));

System.out.println("listの部分ビューを取得");
List<String> view = list.subList(1, 4);
Chap5Tool.dispCollection(view, "view");

//ビューの要素を変更し、ビューとビューの取得元リストを比べる
System.out.println("ビューの要素を変更");
view.set(0, "2");
Chap5Tool.dispCollection(view, "view");
Chap5Tool.dispCollection(list, "list");
```

⬇

```
list: one two three four five

インデックス3の要素を取得:four
listの部分ビューを取得
view: two three four

ビューの要素を変更
view: 2 three four

list: one 2 three four five
```

要素を検索する

» java.util.Listインターフェイス

▼メソッド

indexOf	最初のインデックスを取得する
lastIndexOf	最後のインデックスを取得する

書式
```
public int indexOf(Object o)
public int lastIndexOf(Object o)
```

引数 o：検索する要素

解説

指定した要素をリストから検索します。要素が見つかった場合、indexOfメソッドは最初、lastIndexOfメソッドは最後に検出された位置のインデックスを返します。どちらも、指定した要素が見つからなかった場合には－1を返します。

サンプル ▶ IndexOfList.java

```
List<Integer> list = new ArrayList<>();
Random random = new Random(); // 検索するリストをランダムに生成
for (int i = 0; i < 10; i++) { list.add(random.nextInt(4)); }
Iterator<?> iterator = list.iterator();
System.out.print("list:");
while (iterator.hasNext()) { System.out.print(iterator.next() +
    " "); }
System.out.print("¥r¥n");

int key = 3; // 検索キー
int index = list.indexOf(key);
if (index != -1)
    System.out.println(key + "が最初に現れるインデックス:" + index);
index = list.lastIndexOf(key);
if (index != -1)
    System.out.println(key + "が最後に現れるインデックス:" + index);
```

⬇

```
list:3 1 3 2 0 3 2 1 0 2
3が最初に現れるインデックス:0
3が最後に現れるインデックス:5
```

双方向イテレータを取得する

» java.util.Listインターフェイス

▼メソッド

listIterator 双方向イテレータを取得する

書式 `ListIterator<E> listIterator([int index])`

引数 index：開始インデックス

throws IndexOutOfBoundsException
インデックスが範囲外のとき

解説

listIteratorメソッドは、リストの双方向イテレータを返します。引数に、イテレータで処理を開始する位置(インデックス)を指定することもできます。

指定されたインデックスは、最初のイテレータのnextメソッドの処理によって返される要素となります。またイテレータの最初のpreviousメソッドで得られる要素は、指定されたインデックスから1を引いた位置の要素となります。

なお要素が返される順序は、そのコレクションが順序を保証していない限り、保証されません。

サンプル ▶ ListIteratorSample.java

```
List<Integer> list = new ArrayList<>();
Random random = new Random(); // リストの値をランダムに生成
for (int i = 0; i < 5; i++) {
    list.add(random.nextInt(5));
}
Chap5Tool.dispCollection(list, "ListIterator");

ListIterator<Integer> iterator = list.listIterator();
while (iterator.hasNext()) {
    System.out.print("[" + iterator.nextIndex()+ "]→" +
        iterator.next() + " ");
}
```

⬇

```
ListIterator: 1 3 3 2 4

 [0] →1 [1]→3 [2]→3 [3]→2 [4]→4
```

参照

「前の要素を取得する」 → P.312

セットの要素を追加する

» java.util.Setインターフェイス

▼メソッド

add	要素を追加する
addAll	すべての要素を追加する

書式
```
public boolean add(E e)
public boolean addAll(Collection<? extends E> c)
```

引数 e：追加するオブジェクト、c：追加するコレクション、E：型パラメータ、? extends E：要素の型または要素の型のサブクラス

throws UnsupportedOperationException
メソッドがサポートされないとき

解説

セットには、重複する要素は含まれません。したがってaddメソッドは、指定された要素(nullを含む)がセット内にない場合のみ、その要素をセットに追加します。セットに追加された場合は、trueを返します。

addAllメソッドは、指定されたコレクションのすべての要素のうち、セット内にないものを追加します。セットに要素が追加されれば、trueを返します。

サンプル ▸ **AddSet.java**

```
// セットに要素とコレクションを追加
Set<String> set1 = new HashSet<>();
set1.add("ONE"); set1.add("TWO");

Set<String> set2 = new HashSet<>();
for (int i = 0; i < 5; i++) { set2.add(Integer.toString(i)); }

System.out.println(set1.add("ONE")); // 結果：false
System.out.println(set1.add("2"));   // 結果：true

// set1にset2を追加
set1.addAll(set2);
Chap5Tool.dispCollection(set1, "set1");
// 結果：set1: 3 2 1 0 ONE 4 TWO
Chap5Tool.dispCollection(set2, "set2");
// 結果：set2: 3 2 1 0 4
```

ソートセットの一部をビューとして取得する

» java.util.SortedSetインターフェイス

▼メソッド

headSet	前部を取得する
subSet	任意の一部を取得する
tailSet	後部を取得する

書式

```
public SortedSet<E> headSet(E toElement)
public SortedSet subSet(E fromElement, E toElement)
public SortedSet tailSet(E fromElement)
```

引数 E：型パラメータ、toElement：取得するビューの上端点、fromElement：取得するビューの下端点

解説

SortedSetインターフェイスは、要素に対して順序付けを行う、Setインターフェイスのサブインターフェイスです。

headSetメソッドは、toElemenentの要素より小さい要素のソートセットを取り出します。

subSetメソッドは、fromElementの要素からtoElementの要素の間にあるソートセットを取り出します。

tailSetメソッドは、fromElemenentの要素以上の要素のソートセットを取り出します。

以上のメソッドによって返されるソートセットは、取得元のソートセットのビューです。したがって、返されるソートセットへの変更は、取得元のソートセットに反映されます。また、その逆も成り立ちます。

なお、取得するビューの範囲は、指定した上端点の次の要素から下端点までとなります。

サンプル ▶ GetSetView.java

```
// セットのビューに値を追加することでセットに値を追加
SortedSet<Integer> set = new TreeSet<>();
for (int i = 0; i < 5; i++) {
    set.add(i + 1);
}
SortedSet<Integer> view = set.headSet(3);
Iterator<?> iterator = view.iterator();
System.out.println("ビューの要素");
while (iterator.hasNext()) {
    System.out.println("setのビュー:" + iterator.next());
}
System.out.println("ビューに値0を追加");
view.add(new Integer(0));
System.out.println("セットの要素");

// ビューへの変更がセットに反映されているか確認
iterator = set.iterator();
while (iterator.hasNext()) {
    System.out.println("set:" + iterator.next().toString());
}
```

⬇

```
ビューの要素
setのビュー:1
setのビュー:2
ビューに値0を追加
セットの要素
set:0
set:1
set:2
set:3
set:4
set:5
```

ソートセットの最初／最後の要素を取得する

» java.util.SortedSetインターフェイス

▼メソッド

first	最初を取得する
last	最後を取得する

書式
```
public E first()
public E last()
```

引数 E：型パラメータ

throws NoSuchElementException
このセットが空のとき

解説

firstメソッドは、ソートセット内の最初の要素を返します。
lastメソッドは、ソートセット内に現在ある最後の要素を返します。

サンプル ▶ GetSetFirst_Last.java

```
SortedSet<Integer> set = new TreeSet<>();
for (int i = 0; i < 5; i++) {
    set.add(i + 1);
}
System.out.println("最初の要素:" + set.first());
System.out.println("最後の要素:" + set.last());
```

⬇

```
最初の要素:1
最後の要素:5
```

ソートセットに関連したコンパレータを取得する

» java.util.SortedSetインターフェイス

▼ メソッド

comparator コンパレータを取得する

書式 `public Comparator<? super E> comparator()`

引数 E：型パラメータ、? super E：要素の型または要素の型のスーパークラス

解説

ソートセットに設定された**コンパレータ**(比較子とも呼ぶ)を返します。ただし、デフォルトの**自然順序付け**を使う場合は、nullを返します。コンパレータとは、要素をソートするために、要素を比較する処理を定義したインターフェイスです。

サンプル ▶ **GetSetComparator.java**

```
// Collatorはロケールに依存する文字列を比較するコンパレータ
Collator collator = Collator.getInstance();
SortedSet<String> set = new TreeSet<>(collator);
set.add("田中");
set.add("斉藤");
set.add("高橋");
Iterator<?> iterator = set.iterator();
while (iterator.hasNext()) {
    System.out.println(iterator.next());
}
System.out.println("コンパレータ:" + set.comparator());
```

⬇

```
高橋
斉藤
田中
コンパレータ:java.text.RuleBasedCollator@5e1a2d86
```

Comparatorインターフェイスを実装したクラスとして、**ロケール**に基づいて文字列の比較を行うCollatorクラスと、そのサブクラスであるRuleBasedCollatorクラスがあります。

マップの要素を追加／設定／削除／置換する

» java.util.Mapインターフェイス

▼メソッド

put	要素を追加／設定する
putAll	すべての要素を追加／設定する
remove	指定した要素を削除する
replace	指定した要素の値を置換する

書式

```
public V put(K key, V value)
public void putAll(Map<? extends K, ? extends V> m)
public V remove(Object key)
default boolean remove(Object key, Object value)
default V replace(K key, V newValue)
default boolean replace(K key, V value, V newValue)
```

引数 K, V：型パラメータ、key：指定した値が関連付けられるキー、value：指定されるキーに関連付けられる値、m：追加／設定するマップ、? extends K：キーの型またはキーの型のサブクラス、? extends V：値の型または値の型のサブクラス、newValue：置換する値

throws UnsupportedOperationException
メソッドがサポートされないとき

解説

putメソッドは、指定したキーがすでにマッピングされている場合は、指定した値をvalueで上書きし、元の値を返します。指定したキーがこのマップにない場合は、指定したキーと値のマッピングを追加し、nullを返します。

putAllメソッドは、指定したマップのすべてのマッピングをコピーします。マッピング各々にputメソッドを適用するのと同等の動作です。

removeメソッドは、指定したキーにマッピングがある場合、そのマッピングを削除し、キーに関連付けられていた値を返します。指定したキーにマッピングがなかった場合は、nullを返します。また、キーと値を指定した場合は、キーが指定した値にマッピングされている場合のみ削除されます。

replaceメソッドは、指定したキーがマッピングされている場合のみ、値を置換します。

マップは、実装によっては、nullを要素にすることができます。putメソッドやremoveメソッドなどでnullが返される場合、そのキーにnullが関連付けられていたときと、そのキーがマップになかったときの2通りがあることに注意してください。これは戻り値では判断できません。

サンプル ▶ PutMap.java

```
// map1の初期化
Map<String,String> map1 = new HashMap<>();
map1.put("key1", "りんご");
System.out.println(map1); // 結果：{key1=りんご}

// map2の初期化
Map<String,String> map2 = new HashMap<>();
map2.put("key1", "なし");
map2.put("key2", "みかん");
System.out.println(map2);  // 結果：{key1=なし, key2=みかん}

// map1にmap2を加える
map1.putAll(map2);
System.out.println(map1);  // 結果：{key1=なし, key2=みかん}

// map1からkey1の値を削除
map1.remove("key1");
System.out.println(map1);  // 結果：{key2=みかん}

// map1のkey2の値を置換
map1.replace("key2","バナナ");
System.out.println(map1);  // 結果：{key2=バナナ}
```

参照

「ダイヤモンド演算子を使ってインスタンスを生成する」 → P.115

マップの要素を取得する

» java.util.Mapインターフェイス

▼メソッド

get	要素を取得する
getOrDefault	要素か指定した値を取得する

書式

```
public V get(Object key)
default V getOrDefault(Object key,V defaultValue)
```

引数 key：取得する値に関連付けられたキー、V：型パラメータ、defaultValue：デフォルト値

解説

getメソッドは、マップ上で指定したキーに関連付けられた値を返します。マップがこのキーのマッピングを保持していない場合は、nullを返します。

getOrDefaultメソッドは、指定したキーがマッピングされていない場合は、指定のデフォルト値を返します。

マップは実装によっては、要素にnullを許可します。getメソッドでnullが返された場合、指定したキーにnull自体が関連付けられていたときと、そのキーがマップになかったときの、2通りの意味があることに注意してください。これは戻り値では判断できません。

サンプル ▶ GetMap.java

```
// getメソッドにより、マッピングの値を取得
Map<String, String> map = new HashMap<>();
map.put("key1", "林檎");
map.put("key2", "梨");
map.put("key3", "葡萄");
System.out.println("key2の値:" + map.get("key2"));
// 結果：key2の値:梨
System.out.println(map.getOrDefault("key4", "桃")); // 結果：桃
```

マップからすべてのキー／値／マップエントリを取得する

» java.util.Mapインターフェイス

▼メソッド

entrySet	マップ全要素のビューを取得する
keySet	キーのビューを取得する
values	値のビューを取得する

書式

```
public Set<Map.Entry<K, V>> entrySet()
public Set<K> keySet()
public Collection<V> values()
```

引数 K, V：型パラメータ

解説

entrySetメソッドは、マップに含まれているマップエントリのセットビューを返します。返されるセット内の各要素は、Map.Entryオブジェクトになります。

keySetメソッドは、マップに含まれているキーのセットビューを返します。

valuesメソッドは、マップに含まれる値のコレクションビューを返します。

これらのメソッドによって返されるのは、元のマップのビューです。したがって、一方への変更は、他方にも反映されます。ビューは、ビューのイテレータを用いた削除、およびビューのメソッドを用いた削除／選択といった操作をサポートします。ただし、ビューのメソッドによる要素の追加操作はサポートしません。

サンプル ▶ KeySetMap.java

```
Map<String,String> map = new HashMap<>();
map.put("key1", "りんご");
map.put("key2", "なし");
map.put("key3", "みかん");

System.out.println("All:" + map.entrySet());     // 全要素
System.out.println("Keys:" + map.keySet());      // キーのみ
System.out.println("Values:" + map.values());    // 値のみ
```

⬇

```
All:[key1=りんご, key2=なし, key3=みかん]
Keys:[key1, key2, key3]
Values:[りんご, なし, みかん]
```

マップの要素の状態を調べる

» java.util.Mapインターフェイス

▼メソッド

containsKey	キーを含んでいるか調べる
containsValue	値を含んでいるか調べる

書式
```
public boolean containKey(Object key)
public boolean containValue(Object value)
```

引数 key：マップにあるかどうか判定されるキー、value：マップにあるかどうか判定される値

解説

containsKeyメソッドは、指定したキーのマッピングがマップに含まれている場合にtrueを返します。

containsValueメソッドは、マップが指定した値を1つ以上のキーがマッピングしている場合にtrueを返します。

サンプル ▶ ContainsValueMap.java

```
// マップのキーと値それぞれに対し、ある値が含まれているかどうか判定
Map<String, String> map = new HashMap<>();
map.put("key1", "りんご");
map.put("key2", "なし");
map.put("key3", "みかん");
System.out.println("mapが値として「みかん」を含んでいるか:"
    + map.containsValue("みかん"));
System.out.println("mapがキーとして「key4」を含んでいるか:"
    + map.containsKey("key4"));
```

```
mapが値として「みかん」を含んでいるか:true
mapがキーとして「key4」を含んでいるか:false
```

マップの最初／最後のキーを取得する

» java.util.SortedMapインターフェイス

▼ メソッド

firstKey	最初のキーを取得する
lastKey	最後のキーを取得する

書式
```
public K firstKey()
public K lastKey()
```

throws NoSuchElementException
このマップが空のとき

解説

firstKeyメソッドは、ソートマップ内にある最初のマッピングのキーを返します。

一方、lastKeyメソッドは、ソートマップ内にある最後のマッピングのキーを返します。

サンプル ▶ FirstKeySortedMap.java

```
// ソートマップから、最初と最後のキーを取得
SortedMap<String, String> map = new TreeMap<>();
map.put("key1", "りんご");
map.put("key2", "なし");
map.put("key3", "みかん");
System.out.println("mapの最初のキー:" + map.firstKey());
System.out.println("mapの最後のキー:" + map.lastKey());
```

⬇

```
mapの最初のキー:key1
mapの最後のキー:key3
```

マップの部分ビューを取得する

» java.util.SortedMapインターフェイス

▼メソッド

headMap	前部を取得する
subMap	任意の一部を取得する
tailMap	後部を取得する

書式

```
public SortedMap headMap(Object toKey)
public SortedMap subMap(Object fromKey, Object toKey)
public SortedMap tailMap(Object fromKey)
```

引数 toKey：取得する部分ビューの上端点、fromKey：取得する部分ビューの下端点

解説

headMapメソッドは、ソートマップの最初から指定した上端点までの部分ビューを返します。

subMapメソッドは、ソートマップの指定した下端点から上端点までの部分ビューを返します。

tailMapメソッドは、ソートマップの指定した下端点から最後までの部分ビューを返します。

なお、取得する部分ビューの範囲は、指定した上端点の次の要素から下端点までとなります。上端点の要素は範囲に含まれないので、注意してください。

これらのメソッドによって返されるのは、元のマップのビューです。したがって、ビューまたは元のマップに対して変更を加えた場合、その内容はお互いに反映されます。また、これらのビューは、取得元のソートマップが持つ、マップを操作するすべてのメソッドを利用できます。

サンプル ▶ **SubMapMap.java**

```
SortedMap<String,String> map = new TreeMap<>();
map.put("key1", "りんご");
map.put("key2", "なし");
map.put("key3", "みかん");
map.put("key4", "バナナ");
map.put("key5", "トマト");

// 全要素
System.out.println("All:" + map);

// key2からkey5まで（key5は含まれない）
System.out.println("sub:" + map.subMap("key2", "key5"));

// 先頭からkey3まで（key3は含まれない）
System.out.println("head:" + map.headMap("key3"));

// key3から最後まで
System.out.println("tail:" + map.tailMap("key3"));

// headMapのビューから削除
(map.headMap("key3")).remove(map.firstKey());

// 本体も反映される
System.out.println("All:" + map);
```

⬇

```
All:{key1=りんご, key2=なし, key3=みかん, key4=バナナ, key5=トマト}
sub:{key2=なし, key3=みかん, key4=バナナ}
head:{key1=りんご, key2=なし}
tail:{key3=みかん, key4=バナナ, key5=トマト}
All:{key2=なし, key3=みかん, key4=バナナ, key5=トマト}
```

マップエントリのキーまたは値を取得／設定する

» java.util.Map.Entryインターフェイス

▼メソッド

getKey	エントリのキーを取得する
getValue	エントリの値を取得する
setValue	エントリの値を設定する

書式

```
public Object getKey()
public Object getValue()
public Object setValue(Object value)
```

引数 value：エントリに設定する値

解説

getKeyメソッドは、エントリに対応するキーを返します。

getValueメソッドは、エントリに対応する値を返します。

setValueメソッドは、エントリに対応する値を指定した値に置き換え、以前の値を返します。

これらのメソッドを使って、反復子のremoveメソッドによってすでに削除されているエントリを操作した場合、その結果は保証されません。

サンプル ▶ GetKeyMapEntry.java

```
Map<String, String> map = new HashMap<>();
map.put("key1", "りんご");
map.put("key2", "なし");
map.put("key3", "みかん");
Iterator<Map.Entry<String, String>> iterator
    = map.entrySet().iterator();
while (iterator.hasNext()) {
    Map.Entry<String, String> mapEntry = iterator.next();
    // 全エントリを置き換え
    mapEntry.setValue(mapEntry.getValue() + mapEntry.getKey());
}
System.out.println("setValue:" + map);
```

⬇

```
setValue:{key1=りんごkey1, key2=なしkey2, key3=みかんkey3}
```

キューに要素を追加する

» java.util.Queueインターフェイス

▼メソッド

add	要素を挿入する
offer	要素を挿入する

書式
```
public boolean add(E e)
public boolean offer(E e)
```

引数 E：型パラメータ、e：追加する要素

throws IllegalArgumentException
容量制限により挿入できないとき（add）

解説

add、offerメソッドは、指定された要素を挿入します。offerメソッドでは、キューの容量制限により、挿入できないときにはfalseを返します。一方addメソッドでは、falseを返すのではなく、IllegalStateException例外をスローします。通常は、正否の判定ができるofferメソッドのほうを使用します。

サンプル ▸ **QueueSampleAdd.java**

```
// 容量が2のLinkedBlockingDeque
LinkedBlockingDeque<String> queue =
    new LinkedBlockingDeque<>(2);

System.out.println("add A: " + queue.add("A"));
System.out.println("add B: " + queue.add("B"));
try {
    System.out.println("add C: " + queue.add("C"));
}
catch (Exception e) {
    System.out.println("例外発生:" + e.getMessage());
}
System.out.println("add C: " + queue.offer("C"));
```

⬇

```
add A: true
add B: true
例外発生:Deque full
add C: false
peek: null
```

キューの要素を取得して削除する

» java.util.Queueインターフェイス

▼メソッド

remove	先頭要素を取得、削除する
poll	先頭要素を取得、削除する

書式
```
public E remove()
public E poll()
```

引数 E：型パラメータ

解説

remove、pollメソッドは、どちらもキューの先頭を取得し、削除します。ただしキューが空の場合は動作が異なり、removeメソッドでは、NoSuchElementException例外をスローするのに対して、pollメソッドは、nullを返します。

サンプル ▶ QueueSamplePoll.java

```
Queue<String> queue = new LinkedList<>();
queue.addAll(Arrays.asList("one","two","three"));

// 取得して削除
System.out.println("poll: " + queue.poll());
System.out.println("remove: " + queue.remove());
System.out.println("queue: " + queue);
```

```
poll: one
remove: two
queue: [three]
```

参照

「キューの要素を参照する」 → P.302

キューの要素を参照する

» java.util.Queueインターフェイス

▼ メソッド

element	先頭要素を参照する
peek	先頭要素を参照する

書式
```
public E element()
public E peek()
```

引数 E：型パラメータ

throws NoSuchElementException
キューが空のとき（element）

解説

element、peekメソッドはキューの先頭要素を返します。ただし要素の削除は行いません。キューが空の場合、peekメソッドはnullを返し、elementメソッドでは、NoSuchElementException例外をスローします。

サンプル ▶ **QueueSamplePeek.java**

```
Queue<String> queue = new LinkedList<>();
System.out.println("peek: " + queue.peek());
queue.addAll(Arrays.asList("A", "B", "C"));
System.out.println("peek: " + queue.peek());
System.out.println("element: " + queue.element());
```

⬇

```
peek: null
peek: A
element: A
```

両端キューに要素を追加する

» java.util.Dequeインターフェイス

▼メソッド

addFirst	要素を先頭に追加する
addLast	要素を末尾に追加する
offerFirst	要素を先頭に追加する
offerLast	要素を末尾に追加する

書式

```
public void addFirst(E e)
public void addLast(E e)
public boolean offerFirst(E e)
public boolean offerLast(E e)
```

引数 E：型パラメータ、e：追加する要素

throws IllegalStateException
容量制限により挿入できないとき（addFirst、addLast）

解説

両端キュー(Deque：Double Ended Queue)とは、キューを拡張したコレクションです。単純なキュー(Queue)では、先頭の要素にしかアクセスできませんでしたが、両端キューでは、先頭と末尾にアクセスできます。

addFirstメソッドは要素を両端キューの先頭に追加、addLastメソッドは要素を両端キューの末尾に追加します。

offerFirst、offerLastメソッドも同様に、それぞれ要素を両端キューの先頭、両端キューの末尾に追加します。

なお、offer～メソッドは、キューの容量制限により、挿入できない場合はfalseを返しますが、add～メソッドでは、その場合、IllegalStateException例外をスローします。

サンプル ▶ **DequeueSample.java**

```
Deque<String> deq = new ArrayDeque<>();
deq.addFirst("A");
deq.addFirst("B");
deq.addLast("C");
deq.offerFirst("A");
deq.offerLast("B");
System.out.println(deq); // 結果：[A, B, A, C, B]
```

Dequeの親インターフェイスQueueで定義された、add、offer、element、peek、remove、pollメソッドは、それぞれ、addLast、offerLast、getFirst、peekFirst、removeFirst、pollFirstメソッドと同等の処理を行います。

追加、削除、参照を行うメソッドには、次の表のように、先頭の要素と末尾の要素にアクセスする2種類が用意されています。

▼追加、削除、参照を行うメソッド

	先頭要素		末尾要素	
	例外をスロー	true/true以外	例外をスロー	true/true以外
追加	addFirst	offerFirst	addLast	offerLast
参照	getFirst	peekFirst	getLast	peekLast
削除	removeFirst	pollFirst	removeLast	pollLast

offer～メソッドは、キューの容量制限により、挿入できない場合はfalseを返し、add～メソッドでは、その場合、IllegalStateException例外をスローします。

両端キューをスタックとして使用する

» java.util.Dequeインターフェイス

▼メソッド

push	先頭に要素を追加する
pop	先頭の要素を取得して削除する
peek	先頭の要素を参照する

書式
```
void push(E e)
E pop()
E peek()
```

引数 E：型パラメータ、e：追加する要素

throws IllegalStateException
容量制限のために要素を追加できないとき（push）
NoSuchElementException
両端キューが空のとき（pop）

解説

両端キューは、**スタック**として使用することもできます。スタックとは、**LIFO**（後入れ先出し、Last In, First Out）を実現するデータ構造です。

スタックとして使用する場合、両端キューの先頭から要素の追加（**push**）と取り出し（**pop**）が行われます。

なおこれらのpush、pop、peekメソッドは、Dequeインターフェイスのaddfirst、removeFirst、peekFirstメソッドと等価です。

サンプル ▶ **StackSample.java**

```
Deque<String> deq = new ArrayDeque<>();
deq.push("A"); deq.push("B");
System.out.println(deq);          // 結果：[B, A]

// 先頭の参照
System.out.println(deq.peek()); // 結果：B

deq.push("C");
// 先頭を取得して削除
System.out.println(deq.pop());  // 結果：C
System.out.println(deq);          // 結果：[B, A]
```

指定した要素のうち最初／最後に出現したものを削除する

» java.util.Dequeインターフェイス

▼メソッド

removeFirstOccurrence	最初の出現を削除する
removeLastOccurrence	最後の出現を削除する

書式

```
boolean removeFirstOccurrence(Object o)
boolean removeLastOccurrence(Object o)
```

引数　o：削除する要素

解説

removeFirstOccurrenceメソッドは、指定した要素のうち最初に出現したものを削除します。removeLastOccurrenceメソッドは、指定した要素のうち最後に出現したものを削除します。

両メソッドとも、指定した要素が両端キューに存在した場合、trueを返します。

サンプル ▶ OccurrenceSample.java

```
Deque<String> deq = new ArrayDeque<>();
deq.push("A");
deq.push("B");
deq.push("A");
deq.push("B");
System.out.println(deq);        // 結果：[B, A, B, A]

// 最初の"B"を削除
deq.removeFirstOccurrence("B");
System.out.println(deq);        // 結果：[A, B, A]

// 最後の"A"を削除
deq.removeLastOccurrence("A");
System.out.println(deq);        // 結果：[A, B]
```

コレクションの要素を判定する

» java.util.Iteratorインターフェイス

▼メソッド

hasNext 次の要素を持つか調べる

書式 `public boolean hasNext()`

解説

hasNextメソッドは、イテレータがさらに要素を持っているときにtrueを返します。hasNextメソッドをループ処理の条件に指定し、ループの中でnextメソッドを呼び出すことで、コレクションの要素を1つ1つ順に取得することができます。

サンプル ▶ NextIterator.java

```
// リストの内容を、前から順に表示
List<String> list = new ArrayList<>();
list.add("morning");
list.add("noon");

for (Iterator<String> iterator = list.iterator();
    iterator.hasNext();) {
    System.out.println(iterator.next());
}
```

```
morning
noon
```

Java SE 8以降では、Iteratorを返すIterableインターフェイスに、すべての要素を順番に処理できるforEachメソッドが利用できます。サンプルのfor文は、次のように書くこともできます。

```
list.forEach(System.out::println);
```

コレクションの要素をイテレータから取得する

» java.util.Iteratorインターフェイス

▼メソッド

next イテレータが持つ次の要素を取得する

書式 `public E next()`

throws NoSuchElementException
それ以上要素がないとき

解説

nextメソッドは、イテレータが持つ次の要素を返します。

サンプル ▶ **NextIteratorNext.java**

```
// リストの内容を、前から順に表示
List<String> list = new ArrayList<>();
list.add("morning");
list.add("noon");
list.add("evening");

Iterator<String> iterator = list.iterator();
while (iterator.hasNext()) {
    System.out.println(iterator.next());
}
```

⬇

```
morning
noon
evening
```

イテレータから要素を削除する

» java.util.Iteratorインターフェイス

▼ メソッド

remove 要素を削除する

書式 `public void remove()`

throws UnsupportedOperationException
メソッドがサポートされないとき

解説

removeメソッドは、nextメソッドによって最後に返された要素を削除します。

サンプル ▶ NextIteratorRemove.java

```
List<String> list = new ArrayList<>();
list.add("morning");
list.add("noon");
list.add("evening");

for (Iterator<String> iterator = list.iterator();
    iterator.hasNext();) {
    System.out.println(iterator.next());
    iterator.remove(); // 削除
}
// 空か？
System.out.println("Empty？:" + list.isEmpty());
```

⬇

```
morning
noon
evening
Empty？:true
```

removeメソッドは、nextメソッドを呼び出した後に、1回だけ呼び出すことができます。

コレクションの要素のインデックスを取得する

» java.util.ListIteratorインターフェイス

▼メソッド

nextIndex	次の要素のインデックスを取得する
previousIndex	前の要素のインデックスを取得する

書式

```
public int nextIndex()
public int previousIndex()
```

解説

nextIndexメソッドは、イテレータが持つ次の要素のインデックスを取得します。一方、previousIndexメソッドは、直前のイテレータが持つ要素のインデックスを返します。

サンプル ▶ ListIteratorSampleNext.java

```
List<Integer> list = new ArrayList<>();
Random random = new Random(); // リストの値をランダムに生成
for (int i = 0; i < 5; i++) {
    list.add(random.nextInt(5));
}
System.out.println(list);

ListIterator<Integer> iterator = list.listIterator();
while (iterator.hasNext()) {
    System.out.print("[" + iterator.nextIndex() + "]→" +
        iterator.next() + " ");
}
System.out.println();
while (iterator.hasPrevious()) {
    System.out.print("[" + iterator.previousIndex() + "]→" +
        iterator.previous() + " ");
}
```

⬇

```
[2, 4, 0, 3, 1]
[0]→2 [1]→4 [2]→0 [3]→3 [4]→1
[4]→1 [3]→3 [2]→0 [1]→4 [0]→2
```

前の要素を判定する

» java.util.ListIteratorインターフェイス

▼ メソッド

hasPrevious 前の要素があるか判定する

書式 `public boolean hasPrevious()`

解説

hasPreviousメソッドは、リストを逆方向にたどったときに、リストのイテレータが次の要素を持っている場合にtrueを返します。

サンプル ▶ **ListIteratorSampleHas.java**

```
List<Integer> list = new ArrayList<>();
Random random = new Random(); // リストの値をランダムに生成

for (int i = 0; i < 3; i++) {
    list.add(random.nextInt(5));
}
System.out.println(list);

// イテレータを最後の位置に設定する
ListIterator<Integer> iterator = list.listIterator(list.size());
while (iterator.hasPrevious()) {
    System.out.println(iterator.previous());
}
```

⬇

```
[3, 2, 4]
4
2
3
```

前の要素を取得する

» java.util.ListIteratorインターフェイス

▼メソッド

previous 前の要素を取得する

書式 public E previous()

throws NoSuchElementException
前の要素がないとき

解説

previousメソッドは、リストにおいて、直前のイテレータが持つ要素を返します。

サンプル ▸ **ListIteratorSamplePre.java**

```
List<Integer> list = new ArrayList<>();
Random random = new Random();    // リストの値をランダムに生成
for (int i = 0; i < 2; i++) {
    list.add(random.nextInt(5));
}
System.out.println(list);

// イテレータを最後の位置に設定する
ListIterator<Integer> iterator = list.listIterator(list.size());

// 要素数+1回ループする（最後で例外が発生する）
for (int i = 0; i < list.size() + 1; i++) {
    try {
        System.out.println(iterator.previous());
    }
    catch (Exception e) {
        e.printStackTrace();    // 要素が空のとき
    }
}
```

⬇

```
[2, 1]
1
2
java.util.NoSuchElementException
    at java.util.ArrayList$ListItr.previous(ArrayList.java:931)
    at jp.wings.pocket.chap5.ListIteratorSample.main(ListIterator
Sample.java:24)
```

イテレータから要素を追加／設定する

» java.util.ListIterator インターフェイス

▼メソッド

add	要素を追加する
set	要素を設定する

書式
```
public void add(E e)
public void set(E e)
```

throws UnsupportedOperationException
メソッドがサポートされないとき

引数 E：型パラメータ、e：追加／設定するオブジェクト

解説

addメソッドは、指定された要素をリストに挿入します。挿入される位置は、nextメソッドで返される要素の直前、あるいはpreviousメソッドで返される要素の直後です。

setメソッドは、nextメソッドあるいはpreviousメソッドによって最後に返された要素を、指定した要素に置換します。

サンプル ▶ AddIterator.java

```
List<String> list = new ArrayList<>();
list.add("noon"); list.add("evening");
System.out.println(list); // 結果；[noon, evening]

ListIterator<String> iterator = list.listIterator();
iterator.add("morning");  // リストに morning を加える
System.out.println(list); // 結果；[morning, noon, evening]

iterator.next();
iterator.set("afternoon");// noonをafternoon に変える
System.out.println(list); // 結果；[morning, afternoon, evening]
```

注意 setメソッドは、最後のnextまたはpreviousメソッドの後で、removeまたはaddメソッドを実行する前に、呼び出す必要があります。

コレクションを同期化する

» java.util.Collections

▼メソッド

synchronizedCollection	Collectionを同期化する
synchronizedList	Listを同期化する
synchronizedMap	Mapを同期化する
synchronizedSortedMap	SortedMapを同期化する

書式

```
public static <T> Collection<T> synchronizedCollection(
    Collection<T> c)
public static <T> List<T> synchronizedList(List<T> list)
public static <K, V> Map<K, V> synchronizedMap(
    Map<K, V> m)
public static <K, V> SortedMap<K, V>
synchronizedSortedMap(
    SortedMap<K, V> sm)
```

引数 c：任意のコレクション、list：任意のリスト、m：任意のマップ、sm：任意の順序付きマップ、T, K, V：型パラメータ

解説

Collectionsクラスは、コレクションを操作するのに便利なstaticメソッドが定義されたクラスです。

synchronized〜メソッドでは、同期化しないコレクションであっても、引数に指定されたコレクションオブジェクトに**同期化**(**排他**)処理を追加し、マルチスレッドを考慮(**スレッドセーフ**)したコレクションを返します。

サンプル ▶ **SynchronizedCollectionSample.java**

```
// Listデータをスレッドそれぞれが削除する
public class SynchronizedCollectionSample extends Thread {
    static int total = 0;
    final List<Integer> deq;

    public SynchronizedCollectionSample(List<Integer> deq) {
        this.deq = deq;
    }

    public void run() {
        int count = 0;
```

```
        // 要素がなくなるまで先頭データ削除
        while (true) {
            try {
                deq.remove(0);
                count++; // 削除数
            }
            catch (Exception e) {
                break;
            }
        }
        synchronized (this.getClass()) {
            total += count; // 総削除数に加算
        }
    }

    static void test(List<Integer> l) throws InterruptedException {
        total = 0;
        for (int i = 0; i < 5000; i++) l.add(i); // 初期データ設定

        ArrayList<Thread> at = new ArrayList<>();

        // 10スレッド生成
        for (int i = 0; i < 10; i++)
            at.add(new SynchronizedCollectionSample(l));

        for (Thread t : at) t.start();
        for (Thread t : at) t.join(); // 終了まで待機

        System.out.println("total " + total + " elements");
    }

    public static void main(String args[]) throws Exception {
        System.out.print("normal: ");
        test(new LinkedList<Integer>()); // 実行するたびに数が異なる

        System.out.print("synchronized: ");
        test(Collections.synchronizedList(
            new LinkedList<Integer>()));
    }
}
```

⬇

```
normal: total 1999 elements
synchronized: total 5000 elements
```

ほとんどのコレクションはスレッドセーフではないので、複数のスレッドから同じコレクションに対して変更処理を加えると、内部の処理が競合してしまい、想定どおりの処理にはなりません。

変更不可能なコレクションを作成する

» java.util.Collections

▼メソッド

unmodifiableCollection	変更不可能なCollectionを作成する
unmodifiableSet	変更不可能なSetを作成する
unmodifiableSortedSet	変更不可能なSortedSetを作成する
unmodifiableMap	変更不可能なMapを作成する
unmodifiableSortedMap	変更不可能なSortedMapを作成する

書式

```
public static <T> Collection<T> unmodifiableCollection(
    Collection<? extends T> c)
public static <T> Set<T> unmodifiableSet(
    Set<? extends T> s)
public static <T> SortedSet<T> unmodifiableSortedSet(
    SortedSet<T> ss)
public static <T> List<T> unmodifiableList(
    List<? extends T> list)
public static <K, V> Map<K, V> unmodifiableMap(
    Map<? extends K, ? extends V> m)
public static <K, V> SortedMap<K, V>
unmodifiableSortedMap(
    SortedMap<K, ? extends V> sm)
```

引数 c：任意のコレクション、list：任意のリスト、m：任意のマップ、s：任意のセット、ss：任意の順序付きセット、sm：任意の順序付きマップ、T, K, V：型パラメータ、? extends T：そのクラスまたはサブクラス

解説

unmodifiable～メソッドは、指定したコレクションから変更不可能のビューを作成します。メソッドの引数に指定することができ、内容を変更させたくない場合などに使えます。

このメソッドで生成したビューに対して変更を行うと、UnsupportedOperationException例外がスローされます。

コレクションの種類別(Collection, Set, SortedSet, List, Map, SortedMap)に、メソッドが定義されています。

サンプル ▸ **UnmodifiableSample.java**

```
List<Integer> list = new ArrayList<>();
list.add(1);
list.add(2);
list.add(3);
System.out.println(list);

// 変更不可なビューを作成
List<Integer> unmodifiable = Collections.unmodifiableList(list);
try {
    // 追加すると例外が発生する
    unmodifiable.add(1);
}
catch (Exception e) {
    e.printStackTrace();
}
```

⬇

```
[1, 2, 3]
java.lang.UnsupportedOperationException
 at java.util.Collections$UnmodifiableCollection.add(Collections.
java:1055)
 at jp.wings.pocket.chap4.UnmodifiableSample.main(Unmodifiable
Sample.java:19)
```

指定した要素で変更不可能なコレクションを作成する 9

» java.util.List、java.util.Map、java.util.Set

▼メソッド

of 変更不可能なコレクションを作成する

書式
```
static <E> List<E> of()
static <E> List<E> of(E ... e)
static <E> Set<E> of()
static <E> Set<E> of(E ... e)
static <K,V> Map<K,V> of(K k1, V v1[...K k10, V v10])
static <K,V> Map<K,V> ofEntries(
    Map.Entry<? extends K,? extends V>... entries)
```

引数 E, K, V：型パラメータ、e, entries：要素にしたいオブジェクト、k, v：要素にしたいキーと値

解説

List、Set、Mapコレクションのofメソッドは、引数に指定した任意の数の要素を含む、変更不可能なコレクションを作成します。変更が不可能なので、要素の追加、削除などを行うと、UnsupportedOperationExceptionが発生します。

Mapコレクションの ofEntriesメソッドは、キーと値のペアからなるMap.Entryオブジェクトを指定して、変更不可能なMapオブジェクトを生成することができます。

サンプル ▶ **CollectionsOf.java**

```
var list = List.of(1,2,3);
System.out.println(list); // 結果： [1, 2, 3]

// java.lang.NullPointerExceptionが発生する
// var set = Set.of("1",null,"3");

var map = Map.of(1, "a", 2, "b");
System.out.println(map); // 結果： {2=b, 1=a}

// java.lang.UnsupportedOperationExceptionが発生する
// map.clear();

// java.lang.IllegalArgumentExceptionが発生する
// var mape = Map.ofEntries(Map.entry(1, "a"), Map.entry(1, "b"));
```

要素（Mapはキーや要素）にnullを指定すると、NullPointerExceptionが発生します。また、Map、Setでは、要素が重複しているとIllegalArgumentExceptionが発生します。

指定したコレクションから変更不可能なコレクションを作成する 10

» java.util.List、java.util.Map、java.util.Set

▼メソッド

copyOf	変更不可能なコレクションを作成する

書式

```
static <E> List<E> copyOf(Collection<? extends E> coll)
static <E> Set<E> copyOf(Collection<? extends E> coll)
static <K,V> Map<K,V> copyOf(
    Map<? extends K,? extends V> map)
```

引数 E, K, V：型パラメータ、coll, map：要素にしたいコレクション

解説

List、Set、MapコレクションのcopyOfメソッドは、引数で指定したコレクションの要素を含む、変更不可能なコレクションを返します。

サンプル ▶ CollectionsCopyOf.java

```
var list = List.of(1,2,3);
var list2 = List.copyOf(list);
System.out.println(list2); // 結果： [1, 2, 3]

var map = Map.of(1, "a", 2, "b");
var map2 = Map.copyOf(map);
System.out.println(map2); // 結果： {1=a, 2=b}

var list3 = Arrays.asList("one", "two", null);
System.out.println(list3); // 結果： [one, two, null]

// java.lang.IllegalArgumentExceptionが発生する
// var list4 = List.copyOf(list3);
```

要素にしたいコレクションにnullが含まれていると、NullPointerExceptionが発生します。

配列からリストのビューを作成する

» java.util.Arrays

▼ メソッド

asList リストを生成する

書式 `public static <T> List<T> asList(T ... a)`

引数 T：型パラメータ、a：配列

解説

Arraysクラスとは、配列を操作するためのスタティックメソッドが定義されたクラスです。

asListメソッドは、指定の配列から固定サイズのリストを生成します。このリストは新たなオブジェクトではなく、元の配列に連動したものとなり、リストの変更は、配列に反映されます。

サンプル ▶ **AsListSample.java**

```
String[] str = { "one", "two", "three" };
ist<String> list = Arrays.asList(str);

// リストを変更する
ist.set(1, "2");

// 配列にも反映される
System.out.println(list);
System.out.println(str[0] + str[1] + str[2]);

List<Integer> list2 = Arrays.asList(1, 2, 3);
System.out.println(list2);
```

⬇

```
[one, 2, three]
one2three
[1, 2, 3]
```

注意 asListメソッドで返されるリストは固定サイズです。そのため、リストに追加、削除を行うと、UnsupportedOperationException例外がスローされます。

参考 asListメソッドの引数は可変引数で、Arrays.asList(1, 2, 3)のような記述が可能です。

配列をバイナリサーチで検索する

» java.util.Arrays

▼メソッド

binarySearch	配列をバイナリサーチで検索する

書式

```
static int binarySearch(type[] a[, int fromIndex,
    int toIndex], type key)
static <T> int binarySearch(T[] a[, int fromIndex,
    int toIndex ], T key, Comparator<? super T> c)
```

引数 type：検索する配列のデータ型（byte, char, double, float, int, long, short, object）、T：型パラメータ、a：検索する配列、key：検索する値、fromIndex：検索を開始するインデックス、toIndex：検索を終えるインデックス（検索には含まれない）、c：順序付けのためのコンパレータ、? super T：配列の型またはそのスーパークラス

throws IllegalArgumentException
fromIndex > toIndexのとき
ArrayIndexOutOfBoundsException
fromIndex < 0またはtoIndexが長さを超えるとき

解説

binarySearchメソッドは、**バイナリサーチ**(二分探索法)アルゴリズムを用いて、配列から指定のオブジェクトを検索します。配列は、このメソッドで処理する前に、sortメソッドを使用して昇順に**ソート**しておく必要があります。ソートされていない場合、結果は保証されません。

また、指定されたオブジェクトが複数見つかった場合、どの要素が検索されるかについての保証はありません。

戻り値は、配列に検索キーが見つかれば、そのインデックスとなります。検索キーが見つからない場合、−(挿入ポイント)−1となります。挿入ポイントとは、配列でキーが挿入されるポイントです。キーより大きな最初の要素のインデックスか、配列のすべての要素が指定されたキーより小さい場合には、配列の長さ(検索範囲を指定したときは引数toIndex)になります。

サンプル ▶ **BsearchSample.java**

```
int[] ary = new int[10];
Random random = new Random();

// 1~9の値を持つ配列を作成
for (int i = 0; i < ary.length; i++) {
    ary[i] = random.nextInt(9) + 1;
}
// 昇順でソートする
Arrays.sort(ary);

// 配列の要素を表示する（ストリームを利用）
Arrays.stream(ary).forEach(System.out::print);
System.out.println();

// 5を検索する
System.out.println(Arrays.binarySearch(ary, 5));

// -1を検索する
System.out.println(Arrays.binarySearch(ary, -1));
// 配列のすべての要素が検索キーより大きいため、
// 挿入ポイントは、0になる。 -1 = - (0) -1

// 10を検索する
System.out.println(Arrays.binarySearch(ary, 10));
// 配列のすべての要素が検索キーより小さいため、
// 挿入ポイントは、配列の長さの10になる。 -11 = - (10) -1
```

⬇

```
1233344567
7
-1
-11
```

参照

「配列をソートする」 → P.324

「配列からStreamを生成する」 → P.328

配列をソートする

» java.util.Arrays

▼メソッド

sort 配列をソートする

書式 static void sort(type[] a[, int fromIndex, int toIndex])
static <T> void sort(T[] a[, int fromIndex, int toIndex],
Comparator<? super T> c)

引数 type：ソートする配列のデータ型（byte, char, double, float, int, long, short, object）、a：ソートする配列、fromIndex：ソートを開始するインデックス、toIndex：ソートを終えるインデックス（ソートには含まれない）、c：順序付けのためのコンパレータ、? super T：配列の型またはそのスーパークラス

throws IllegalArgumentException
fromIndex > toIndexのとき
ArrayIndexOutOfBoundsException
- fromIndex < 0またはtoIndexが長さを超えるとき

解説

指定されたデータ型の配列を数値の昇順で**ソート**します。ソートアルゴリズムは、**クイックソート**の改良型です。

ソート範囲を指定する場合、fromIndex(ソートに含まれる)からtoIndex(ソートされない)までとなります。また、fromIndexとtoIndexに同じインデックスを指定すると、ソートの範囲は空になります。

サンプル ▸ SortSample.java

```
int[] ary = { 3, -2, 5, 1, 4 };
Arrays.sort(ary);
System.out.println(Arrays.toString(ary));
```

⬇

```
[-2, 1, 3, 4, 5]
```

配列をコピーする

» java.util.Arrays

▼メソッド

copyOf　配列をコピーする

書式

```
static type[] copyOf(type[] original, int newLength)
static <T> T[] copyOf(T[] original, int newLength)
static <T, U> T[] copyOf(U[] original, int newLength,
    Class<? extends T[]> newType)
```

引数 type：コピーする配列のデータ型（boolean, byte, char, double, float, int, long, short, object）、original：コピー元の配列、newLength：コピー後の配列のサイズ、newType：コピー後のクラス、? extends T[]：任意クラスの配列またはそのサブクラス

throws NegativeArraySizeException
newLengthが負の値のとき

解説

copyOfメソッドは、配列のコピーと同時に、配列のサイズ変更を行うことができます。長さnewLengthの配列に、originalの要素をコピーします。このとき、newLengthが元の配列よりも小さい場合、newLength分だけコピーされて、残りは切り捨てられます。newLengthが大きい場合には、余った要素にnullが埋められます。なお、引数newTypeは、コピー後の配列の型を指定するものです。

サンプル ▶ CopyArySample.java

```
String[] org = { "a", "b", "c", "d" };

// 配列orgをコピーし、長さを2にする
String[] ary1 = Arrays.copyOf(org, 2);
System.out.println(Arrays.toString(ary1));
// 結果：[a, b]

// 配列orgをコピーし、長さを5にする
String[] ary2 = Arrays.copyOf(org, 5, String[].class);
System.out.println(Arrays.toString(ary2));
// 結果：[a, b, c, d, null]
```

範囲を指定して配列をコピーする

» java.util.Arrays

▼メソッド

copyOfRange	指定の範囲をコピーする

書式
```
static type[] copyOfRange(type[] original, int from,
    int to)
static <T> T[] copyOfRange(T[] original, int from,
    int to)
static <T, U> T[] copyOfRange(U[] original, int from,
    int to, Class<? extends T[]> newType)
```

引数 type：コピーする配列のデータ型（boolean, byte, char, double, float, int, long, short, object）、original：コピー元の配列、from：コピーを開始するインデックス、to：コピーを終えるインデックス（コピーには含まれない）、newType：コピー後のクラス、? extends T[]：任意クラスの配列またはそのサブクラス

throws IllegalArgumentException
from > toのとき
ArrayIndexOutOfBoundsException
from < 0またはfromが長さを超えるとき

解説

copyOfRangeメソッドは、配列の範囲を指定してコピーします。copyOfメソッドとは異なり、元の配列より大きなサイズの配列を返すことはできません。第2引数のfromインデックスは、0～コピー元配列のサイズ以下である必要があります。また第3引数のtoインデックスは、fromインデックスの値以上とします。

なお、引数newTypeは、コピー後の配列の型を指定するものです。

サンプル ▶ CopyArySampleRange.java

```
String[] org = { "a", "b", "c", "d" };

String[] ary1 = Arrays.copyOf(org, 2);
System.out.println(Arrays.toString(ary1)); // 結果：[a, b]

String[] ary2 = Arrays.copyOfRange(org, 1, 3);
System.out.println(Arrays.toString(ary2)); // 結果：[b, c]
```

第3引数のtoインデックスに該当する要素は、コピーに含まれません。

コレクションからStreamを生成する

» Collectionインターフェイス

▼メソッド

stream	逐次処理用のStreamを生成する
parallelStream	並列処理用のStreamを生成する

書式
```
default Stream<E> stream()
default Stream<E> parallelStream()
```

引数 E：型パラメータ

解説

java.util.Collectionインターフェイスのstreamメソッドは、逐次処理用のStreamを生成します。Streamは、newキーワードでは生成できず、専用のメソッドを利用します。

parallelStreamメソッドは、並列処理用のStreamを生成します。streamメソッドから生成されたStreamでは、記述された処理を逐次行いますが、parallelStreamメソッドで生成されたStreamでは、複数の中間処理や終端処理を並列に実行します。

サンプル ▶ StreamSampleInstance.java

```
List<String> lists = Arrays.asList("May ", "Jun.", "Jul.");
Stream<String> stream1 = lists.stream();          // 逐次処理ストリーム
Stream<String> pstream = lists.parallelStream(); // 並列処理ストリーム
```

stream、parallelStreamメソッドは、Collectionインターフェイスのデフォルトメソッドです。Collectionインターフェイスの実装クラスで利用可能です。

参照

「要素や範囲を指定してStreamを生成する」 → P.329

配列からStreamを生成する

» java.util.Arrays

▼メソッド

stream 逐次処理用のStreamを生成する

書式 public static <T> Stream<T> stream(T[] array
[,int startInclusive,int endExclusive])

引数 T：型パラメータ、array：要素、startInclusive,endExclusive：開始、終了の次のインデックス

throws ArrayIndexOutOfBoundsException
startInclusive<0、またはendExclusive<startInclusive、またはendExclusiveが長さを超えるとき

解説

java.util.Arraysクラスのstreamメソッドは、配列から逐次処理用のStreamを生成するメソッドです。引数に、配列の要素の最初と最後の次のインデックスを指定することで、任意の範囲のStreamを生成することができます。インデックスは0から始まります。

なお、第2引数のインデックスは、Streamに含めたい要素を指定し、第3引数には、含めたい要素の次のインデックスを指定します。

サンプル ▸ StreamSampleInstance.java

```
String[] strs = {"May ", "Jun.", "Jul."};
Stream<String> stream2 = Arrays.stream(strs);    // 配列から生成

double[] d = {1.0, 2.5, 3.2 ,4.6 ,5.3};
// 範囲{2.5, 3.2, 4.6}を指定してStreamを生成
DoubleStream stream5 = Arrays.stream(d,1,4);
stream5.forEach(System.out::println);            // 要素の表示
```

配列にはオブジェクト型だけではなく、int、long、doubleの数値型を指定することもできます。その場合の戻り値は、Stream<T>ではなく、数値型専用のIntStream、LongStream、DoubleStreamクラスとなります。

要素や範囲を指定してStreamを生成する

» java.util.stream.Stream

▼メソッド

of	要素を指定してStreamを生成する
range	範囲を指定してStramを生成する
rangeClosed	範囲を指定してStramを生成する

書式
```
static <T> Stream<T> of(T... values)
static IntStream range(int startInclusive,
    int endExclusive)
static IntStream rangeClosed(int startInclusive,
    int endInclusive)
```

引数 T：型パラメータ、values：要素、startInclusive：初期値、endExclusive：上限（含まない）、endInclusive：上限（含む）

解説

ofメソッドは、指定した要素から逐次処理用Streamのインスタンスを生成します。要素は、1つ以上指定することができますが、複数の場合は、すべて同じ型(サブクラスを含む)にする必要があります。

range、rangeClosedメソッドは、指定の範囲で1ずつ増加する整数型のStream(IntStream、LongStream)を生成します。違いは上限値の扱いで、rangeメソッドでは上限を含みませんが、rangeClosedメソッドでは含まれます。

サンプル ▶ StreamSampleInstance.java
```
String[] strs = {"May ", "Jun.", "Jul."};
Stream<String> stream3 = Stream.of(strs);      // 配列から生成
LongStream stream4 = LongStream.of(1,2,3);     // 数値型のStreamを生成

// 1,2のStreamを生成
IntStream is = IntStream.range(1, 3);

// 1,2,3のStreamを生成
LongStream  ls = LongStream.rangeClosed(1, 3);
```

ofメソッドの要素に数値型を指定する場合は、数値型専用のIntStream、LongStream、DoubleStreamクラスを使用します。

Streamを結合する

» java.util.stream.Stream

▼メソッド

concat	結合する

書式 `static <T> Stream<T> concat(Stream<? extends T> a, Stream<? extends T> b)`

引数 T：型パラメータ、a,b：結合したいStream

解説

concatメソッドは、第1引数のStreamに第2引数のStreamを連結した、新しいStreamを返します。なお、引数のどちらかのStreamが並列処理のStreamであれば、結果のStreamも並列処理のStreamになります。

サンプル ▶ **StreamSampleConcat.java**

```
Stream<String> a = Stream.of("May", "Jun.", "Jul.");
Stream<String> b = Stream.of("5", "6", "7");
// 結合した結果を表示
Stream.concat(a, b).forEach(System.out::println);
```

⬇

```
May
Jun.
Jul.
5
6
7
```

結果の新しいStreamに終端処理を行えば、元の2つのStreamもクローズされます。

無限の長さの Stream を生成する

» java.util.stream.Stream

▼メソッド

generate	無限の長さのStreamを生成する
iterate	初期値を使って無限の長さのStreamを生成する

書式
```
static <T> Stream<T> generate(Supplier<T> s)
static <T> Stream<T> iterate(T seed, UnaryOperator<T> f)
```

引数 T：型パラメータ、s：値を生成する処理、f：要素の演算、seed：初期値

解説

generate、iterateメソッドは、無限の長さのStreamを生成します。generateメソッドでは、各要素の生成処理のSupplierオブジェクトを引数に指定します。Supplierオブジェクトは、引数なしに値を返すための関数型インターフェイスです。主に、固定値や乱数値のStreamを生成する場合に利用します。

iterateメソッドは、初回の要素は、第1引数の値、その次の要素は、第2引数に指定するUnaryOperatorオブジェクトで、前回の値を使って繰り返し演算する処理を指定します。UnaryOperatorオブジェクトは、引数と戻り値が同じ型の関数型インターフェイスです。

サンプル ▶ StreamSampleGen.java

```
// 乱数のStreamの先頭から3つ表示する
Stream.generate(Math::random).limit(3).
forEach(System.out::println);

// 1,2...10を合計する
System.out.println(
        IntStream.iterate(1, n -> n + 1).limit(10).sum()
);
```

⬇

```
0.4572320386909957
0.519285121505209
0.2912764950714080 7
55
```

generate、iterateメソッドのStramは、無限に値を取得できるので、limitメソッドなどで、終了させる必要があります。

任意の条件のStreamを生成する 9

» java.util.stream

▼メソッド

iterate 任意の条件のStreamを生成する

書式
```
static <T> Stream<T> iterate(T seed, Predicate<? super T> hasNext, UnaryOperator<T> next)
```

引数 T：型パラメータ、seed：初期値、hasNext：Streamの終了条件、next：初期の演算

解説

iterateメソッドでは、任意の条件を指定してStreamを生成することができます。初回の要素は、第1引数の値、その次の要素は、第3引数に指定するUnaryOperatorオブジェクトで、前回の値を使って繰り返し演算する処理を指定します。ただし、第2引数で指定する条件を満たしていない場合、Streamは終了します。

Predicateオブジェクトは、判定を行うためのtestメソッドが定義された関数型インターフェイスです。UnaryOperatorオブジェクトは、引数と戻り値が同じ型の関数型インターフェイスです。

サンプル ▶ CollectionsCopyOf.java
```
// 1,2...10を合計する
System.out.println(IntStream.iterate(1, n -> n <= 10, n -> n + 1).
sum()); // 結果:55
```

Streamで並列処理を行う

» java.util.stream

▼メソッド

parallel()	並列処理を行う

書式 S parallel()

引数 S：Stream

解説

parallelメソッドは、並列処理Streamを返すメソッド(中間処理)です。parallelStreamメソッドは、コレクションから並列処理のStreamを生成しますが、parallelメソッドは、Streamの中間処理として作用し、以後の処理を並列で処理します。

サンプル ▶ StreamUnmodifiable.java

```
// 1~19までの数値
var range = IntStream.range(1, 20);
range.forEach(System.out::print);
// 結果：12345678910111213141516171819

var range2 = IntStream.range(1, 20);
range2.parallel().forEach(System.out::print);
// 結果：12141381117210371556919141618
// 順番には処理されない
```

参照

「コレクションからStreamを生成する」 → P.327

Streamの要素をフィルタリングする

» java.util.stream.Stream

▼メソッド

filter 条件で要素をフィルタリングする

書式 Stream<T> filter(Predicate<? super T> predicate)

引数 T：型パラメータ、predicate：要素

解説

filterメソッドは、内部の要素から、指定された条件を満たす要素を抽出(フィルタリング)し、そのStreamを返します。

引数には、フィルタリングの条件を、Predicateオブジェクトで指定します。Predicateとは、引数が1つの関数型インターフェイスです。

サンプル ▶ StreamSampleConcat.java

```
List<String> lists = Arrays.asList("May", "Jun.", "Jul.");
Stream<String> stream1 = lists.stream();    // ストリーム生成

// 「.」が含まれるものだけを抽出
stream1.filter(v -> v.indexOf(".") > 0)
    .forEach(System.out::println);   // 要素の表示
```

⬇

```
Jun.
Jul.
```

Streamの要素をグルーピングする

» java.util.stream.Collectors

▼ メソッド

groupingBy	グルーピングする

書式
```
public static <T,K> Collector<T,?,Map<K,List<T>>>
    groupingBy(Function<? super T,? extends K>
    classifier)
public static <T,K,A,D> Collector<T,?,Map<K,D>>
    groupingBy(Function<? super T,? extends K>
    classifier,Collector<? super T,A,D> downstream)
```

引数 T, K：型パラメータ、classifier：グルーピングのキーを返す処理、downstream：Collectorインターフェイス

解説

groupingByメソッドは、Streamの要素から、指定した条件でグルーピングしたMapオブジェクトを取得することができます。第1引数は、1つの引数を受け取って結果を生成する関数型インターフェイスで、グルーピングのキーとなる値を取得する処理を指定します。また第2引数に、Collectorsクラスのメソッドを使って、グルーピングした結果に対して処理を追加することができます。

サンプル ▶ **StreamGrouping.java**

```
var s = Stream.of("tokyo", "osaka", "nagoya");
// 文字の長さでグルーピング
var map = s.collect( Collectors.groupingBy(String::length) );
System.out.println(map); // 結果：{5=[tokyo, osaka], 6=[nagoya]}

var s2 = Stream.of("tokyo", "osaka", "nagoya");
var map2 = s2.collect(Collectors.groupingBy(String::length,
Collectors.counting()));
System.out.println(map2); // 結果：{5=2, 6=1}
```

Streamをグループピングしてからフィルタリングする 9

» java.util.stream.Collectors

▼メソッド

filtering　　フィルタリングする

書式
```
public static <T,A,R> Collector<T,?,R> filtering(
    Predicate<? super T> predicate,
    Collector<? super T,A,R> downstream)
```

引数　T, A, R：型パラメータ、predicate：フィルタリング条件、downstream：streamに適用する演算

解説

filteringメソッドは、groupingByメソッドなどでグルーピングしたStreamに対して、フィルタリング処理を行います。predicateオブジェクトは、関数型インターフェイスで、フィルタリングの条件を指定します。downstreamは、Collectorオブジェクトを返す処理を指定します。

サンプル ▶ StreamGrouping.java

```
var s3 = Stream.of("tokyo", "osaka", "nagoya", "oita", "fukuoka");

// 文字数でグルーピングした後、先頭がoだけのものを抽出する
var map3 = s3.collect(Collectors.groupingBy(String::length,
        Collectors.filtering(n -> n.charAt(0)=='o',
            Collectors.toSet())));
System.out.println(map3); // 結果：{4=[oita], 5=[osaka], 6=[], 7=[]}
```

filterメソッドは、Streamのメソッドチェーンで使用されるメソッドです。

Streamの要素をソートする

» java.util.stream.Stream

▼メソッド

sorted	自然順序または指定のComparatorでソートする

書式 `Stream<T> sorted([Comparator<? super T> comparator])`

引数 T：型パラメータ、comparator：比較処理

解説

sortedは、内部の要素を、**自然順序**（文字列なら辞書順、数値なら大小順）、または指定された比較処理（Comparatorオブジェクト）に従ってソートし、その結果のStreamを返します。

Comparatorオブジェクトは、2つの引数を比較して、次のような結果の値を返すための関数型インターフェイスです。

▼comparatorの実装

比較	結果
引数1 > 引数2	正
引数1 = 引数2	0
引数1 < 引数2	負

サンプル ▶ StreamSampleConcat.java

```
Stream<String> s1 = Stream.of("12", "abc", "AA");
// 自然順序でソート
s1.sorted().forEach(System.out::print); // 結果：12AAabc

Stream<String> s2 = Stream.of("12", "abc", "AA");
// 自然順序の逆でソート
s2.sorted(Comparator.reverseOrder())
    .forEach(System.out::print);          // 結果：abcAA12
```

参考 単純なソートには、Comparatorインターフェイスのstaticメソッドが利用できます。

▼単純なcomparator

メソッド	意味
Comparator.naturalOrder()	自然順序
Comparator.reverseOrder()	自然順序の逆順

Streamの要素を変換する

» java.util.stream.Stream

▼メソッド

map	要素を1対1で変換する
mapToInt	要素を1対1で変換し、int型の値に変換する
mapToLong	要素を1対1で変換し、long型の値に変換する
mapToDouble	要素を1対1で変換し、double型の値に変換する
flatMap	要素を1対多で変換する
flatMapToInt	要素を1対多で変換し、int型の値に変換する
flatMapToLong	要素を1対多で変換し、long型の値に変換する
flatMapToDouble	要素を1対多で変換し、double型の値に変換する

書式

```
<R> Stream<R> map(Function<? super T,? extends R> mapper)
IntStream mapToInt(ToIntFunction<? super T> mapper)
LongStream mapToLong(ToLongFunction<? super T> mapper)
DoubleStream mapToDouble(
    ToDoubleFunction<? super T> mapper)
<R> Stream<R> flatMap(
    Function<? super T,? extends Stream<? extends R>> mapper)
IntStream flatMapToInt(
    Function<? super T,? extends IntStream> mapper)
LongStream flatMapToLong(
    Function<? super T,? extends LongStream> mapper)
DoubleStream flatMapToDouble(
    Function<? super T,? extends DoubleStream> mapper)
```

引数 T,R：型パラメータ、mapper：変換処理

解説

mapメソッドは、内部の各要素に指定の変換処理を実行し、得られた結果の値から構成されるストリームを返します。Functionオブジェクトは、引数を処理して結果の値を返すための関数型インターフェイスです。

mapToInt、mapToLong、mapToDoubleは、それぞれ変換後の値が、int、long、double型になる場合に使用します。

flatMapメソッドは、mapメソッド同様、内部の各要素に指定の変換処理を実行しますが、変換処理にはStreamを返す処理を指定します。そして最終的には、それぞれのStreamを結合した結果を返します。flatMapToInt、flatMapToLong、 flatMapToDoubleメソッドは、それぞれ変換後のStreamが、IntStream、LongStream、DoubleStreamになる場合に使用します。

サンプル ▶ **StreamSampleConcat.java**

```
int[] ary = {1, 2, 3 };
// 値を2倍に変換する
Arrays.stream(ary).map(n -> n*2).forEach(System.out::println);

int[][] ary2 = {{1, 2, 3},  {4, 5},  {5, 6, 7, 8}};
Arrays.stream(ary2).flatMapToInt(
        // 要素の配列をIntStreamに変換し各要素を2倍にする
        s -> { return Arrays.stream(s).map(n -> n*2);}
).forEach(System.out::print);

System.out.println();

List<Integer> num = Arrays.asList(1, 2, 3, 4, 5);
System.out.println(num);

// ListをStreamに変換し各要素2乗した後Listに変換する
List<Integer> sqr = num.stream().map(n -> n * n)
                        .collect(Collectors.toList());
System.out.println(sqr);
```

⬇

```
2
4
6
24681010121416
[1, 2, 3, 4, 5]
[1, 4, 9, 16, 25]
```

参照
「Streamをコレクションオブジェクトに変換する」 → P.345

Streamの要素を繰り返して処理する

» java.util.stream.Stream

▼メソッド

forEach	繰り返して処理する

書式 `void forEach(Consumer<? super T> action)`

引数 T：型パラメータ、action：各要素に対する処理

解説

forEachメソッドは、内部の各要素数に対して、指定の処理を繰り返し実行します。

Consumerオブジェクトは、引数を使って処理を行うための関数型インターフェイスです。なお、Consumerインターフェイスのメソッドは値を返しません。

サンプル ▶ StreamSampleConcat.java

```
int[] ary_num = {1, -2, 3 };
// メソッド参照による表示
Arrays.stream(ary_num).sorted().forEach(System.out::println);

List<String> list_str = new ArrayList<>();
list_str.add("い");
list_str.add("ろ");
list_str.add("は");

// ラムダ式による表示
list_str.forEach(str -> System.out.println(str));
```

⬇

```
1
2
3
い
ろ
は
```

参照

「Streamの要素をソートする」 → P.337

Streamの要素数を取得する

» java.util.stream.Stream

▼ メソッド

count	要素数を返す

書式 long count()

解説

countメソッドは、内部の要素数をlong型で返します。

サンプル ▶ **StreamSampleConcat.java**

```
double[] d = { 1.0, 2.5, 3.2, 4.6, 5.3 };
System.out.println(Arrays.stream(d).count()); // 結果：5

List<String> list = Arrays.asList("Apple", "Orange", "Apricot");

// ラムダ式による関数型インターフェイスの実装
Predicate<String> predicate = s -> s.startsWith("A");

// Aで始まる文字列をカウントする
long n = list.stream().filter(predicate).count();
System.out.println(n); // 結果：2
```

「関数型インターフェイスを定義する」 → P.118

Streamの要素の最大・最小、合計・平均を取得する

» java.util.stream.Stream

▼メソッド

min	最小値を返す
max	最大値を返す
sum	合計を返す
average	平均値を返す

書式
```
Optional<T> min(Comparator<? super T> comparator)
Optional<T> max(Comparator<? super T> comparator)
int sum()      IntStreamの場合
long sum()     LongStreamの場合
double sum()   DoubleStreamの場合
OptionalDouble average() 数値型Streamのみ
```

引数 T：型パラメータ、comparator：各要素に対する処理

解説

min、maxメソッドは、指定された比較処理に従って、最小、最大の要素をOptional型で返します。Comparatorオブジェクトは、2つの引数を比較して値を返すための関数型インターフェイスです。

sumメソッドは、要素の合計、averageメソッドは、要素の算術平均の値をOptionalDouble型で返します。ただし、この2つのメソッドは、IntStream、LongStream、DoubleStreamの数値型Streamのみで利用できます。

サンプル ▸ **StreamSampleConcat.java**

```
double[] d = { 1.0, 2.5, 3.2, 4.6, 5.3 };
List<Double> r = new ArrayList<>();
r.add(Arrays.stream(d).sum());                          // 合計
r.add(Arrays.stream(d).average().getAsDouble());        // 平均
r.add(Arrays.stream(d).min().getAsDouble());            // 最小
r.add(Arrays.stream(d).max().getAsDouble());            // 最大
System.out.println(r);
// 結果：[16.6, 3.3200000000000003, 1.0, 5.3]
```

数値型のStreamの場合は、min、maxメソッドの引数が不要です。

Streamの要素が条件に合致するかを判定する

» java.util.stream.Stream

▼メソッド

anyMatch	いずれかの要素が条件一致するか
allMatch	すべての要素が条件一致するか
noneMatch	すべての要素が条件一致しないか

書式
```
boolean anyMatch(Predicate<? super T> predicate)
boolean allMatch(Predicate<? super T> predicate)
boolean noneMatch(Predicate<? super T> predicate)
```

引数 T：型パラメータ、predicate：条件を判定する処理

解説

anyMatch、allMatch、noneMatchメソッドは、要素の条件一致を判定するメソッドです。anyMatchでは、いずれかの要素が条件に一致していればTrueを返します。同様に、allMatchメソッドでは、すべての要素が条件に一致、noneMatchメソッドでは、すべての要素が条件に一致していない場合に、Trueを返します。

Predicateオブジェクトは、1つの引数をもちboolean型を返す処理のための関数型インターフェイスです。

サンプル ▶ **StreamSampleMatch.java**

```
List<String> lists = Arrays.asList("gFh", "aLsdb", "adgd");

System.out.println(
    // すべて小文字の要素があるか
    lists.stream().anyMatch(
    // すべて小文字かを判定（すべて小文字に変換して元の文字列と比較）
        s -> {  return s.equals(s.toLowerCase());   }
    )
); // 結果：true
System.out.println(
    // すべて小文字の要素だけか
    lists.stream().allMatch(
        s -> {  return s.equals(s.toLowerCase());   }
    )
); // 結果：false
System.out.println(
    // 7以上の長さの要素がないか
    lists.stream().noneMatch(
        s -> {  return 7 <= s.length(); }
    )
); // 結果：true
```

Streamをコレクションオブジェクトに変換する

» java.util.stream.Stream

▼メソッド

collect 各要素に繰り返し処理して結果を返す

書式 `<R,A> R collect(Collector<? super T,A,R> collector)`

引数 T,A,R：型パラメータ、collector：繰り返す処理

解説

collectメソッドは、各要素に繰り返し処理して結果を返す汎用的なメソッドです。このcollectメソッドを使えば、StreamをListなどのコレクションオブジェクトに変換することができます。

Collectorオブジェクトは、関数型インターフェイスで、3つのT、A、Rの型パラメータは、それぞれ、対象となるStreamの要素の型、繰り返す処理、結果の型を表します。

Streamをコレクションオブジェクトに変換する場合は、java.util.stream.Collectorsクラスに定義されているメソッドを利用します。

▼Collectorsクラスの主な変換メソッド

メソッド	変換先のオブジェクト
toList	Listオブジェクト
toMap	Mapオブジェクト
toSet	Setオブジェクト
toCollection	任意のコレクションオブジェクト

サンプル ▶ **StreamSampleCollect.java**

```
List<String> lists = Arrays.asList("Swallows", "Giants", "Tigers");
List<Character> rlists =
        lists.stream().map(s->s.charAt(0))  // 要素から先頭の文字を抜
                                                き出す
            .collect(Collectors.toList());  // Listオブジェクトに変換

for (Character c : rlists) {
    System.out.println(c);
}

// Mapオブジェクトに変換
Map<Character, String> map =
    lists.stream()
        .collect(Collectors.toMap(
            s->s.charAt(0),                    // 先頭の文字をキーにする
            s -> { return s.toLowerCase(); } // 小文字に変換してmapの
                                                要素にする
        )
    );

// mapオブジェクトの表示
for (Character key : map.keySet()) {
    System.out.println(key + ": " + map.get(key));
}
```

⬇

```
S
G
T
S: swallows
T: tigers
G: giants
```

Stream を変更不可能なコレクションオブジェクトに変換する 10

» java.util.Collections

▼ メソッド

toUnmodifiableList	変更不可能なListに変換する
toUnmodifiableMap	変更不可能なMapに変換する
toUnmodifiableSet	変更不可能なSetに変換する

書式

```
static <T> Collector<T,?,List<T>> toUnmodifiableList()
static <T,K,U> Collector<T,?,Map<K,U>>
    toUnmodifiableMap(Function<? super T,? extends K>
    keyMapper, Function<? super T,? extends U> valueMapper)
static <T> Collector<T,?,Set<T>> toUnmodifiableSet()
```

引数 T, K, U：型パラメータ、keyMapper：キーを返す

解説

toUnmodifiableList、toUnmodifiableMap、toUnmodifiableSetメソッドは、Streamを変更不可能なコレクションオブジェクトに変換することができます。それぞれメソッド名が示すとおり、Listオブジェクト、Mapオブジェクト、Setオブジェクトに変換できます。

サンプル ▸ StreamUnmodifiable.java

```
var list = new ArrayList<>();
Collections.addAll(list, "Tigers", "Giants");
var list2 = Collections.unmodifiableList(list);
System.out.println(list2); // 結果：[Tigers, Giants]

// java.lang.UnsupportedOperationExceptionが発生する
// list2.add("Carp");
```

COLUMN

Streamでループカウンタを取得する

Streamクラスのfor Eachメソッドを使った処理で、for文のようなループカウンタを参照したい場合は、IntStreamクラスと中間処理のメソッドを利用します。中間処理では、IntStreamの各要素をループカウンタのように参照できます。次のサンプルの中間処理のmapToObjメソッドは、各要素の変換後に任意の型のStreamオブジェクトを返すメソッドです。サンプルでは、IntStreamの要素を使って、文字列配列を参照しています。

サンプル ▶ **ColumnCounter.java**

```
String city[] = {"大阪", "東京", "名古屋"};

IntStream.range(0, city.length)
    .mapToObj(ix -> String.format("%d位 %s", ix+1, city[ix]))
        .forEach(System.out::println);
```

⬇

```
1位 大阪
2位 東京
3位 名古屋
```

6
入出力(I/O)

この章では、**ファイルシステム**や標準入力／出力を操作するAPIを扱います。

入出力処理では、テキストだけでなく、バイナリデータも含め、ファイルや標準入出力などからのデータを扱うことができます。また、サーバ／クライアント間のやりとりにおいても、データの入出力は不可欠なものです。

入出力の仕組み

Javaでは、**ストリーム**という仕組みを介して入出力処理を行うのが基本です。ストリームとは、直訳すると「小さな川」という意味ですが、ここでは、データの流れとその通り道を意味し、データの受け渡しを抽象化したものです。

Javaのストリームには、ファイルや**標準入力**などからデータを受け取る入力ストリームと、ファイルや**標準出力**にデータを書き込む出力ストリームの2種類があります。

▼入出力とストリーム

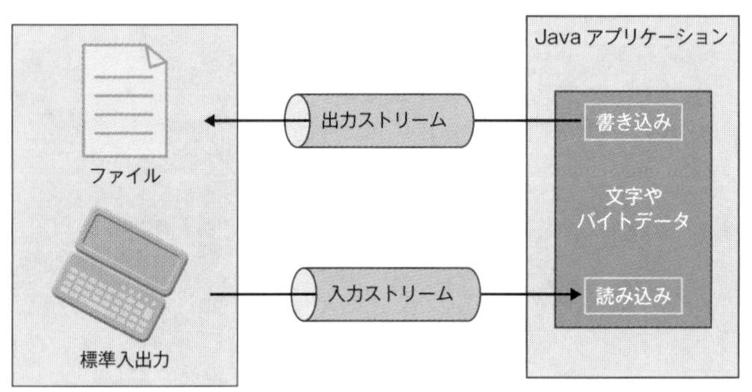

また、ストリームは、流れるデータの種類別に、バイト単位(バイナリ)でデータを扱う**バイトストリーム**と、文字単位でデータを扱う**文字ストリーム**の2つに区分できます。

したがって入出力の違いを合わせると、ストリーム関連のクラスは、4つに大別できることになります。それぞれには基本となる抽象クラスが存在し、ストリーム関連のクラスは主にその抽象クラスを継承して作られています。

文字ストリームの入出力はReader／Writerクラスが、バイトストリームの入出力はInputStream／OutputStreamクラスが行います。この4つのスーパークラスを継承して、ファイルに特化した入出力クラスや、バッファ付きの読み書きをサポートするクラスなど、多くのサブクラスが提供されています。

ストリーム関連クラス

文字ストリーム		バイトストリーム		クラスの概要
入力	出力	入力	出力	
java.io.Reader	java.io.Writer	java.io.InputStream	java.io.OutputStream	抽象スーパークラス
BufferedReader	BufferedWriter	BufferedInputStream	BufferedOutputStream	バッファリングし効率的な処理を行う
LineNumberReader	—	LineNumberInputStream	—	読み取りの間に行番号を管理する
CharArrayReader	CharArrayWriter	ByteArrayInputStream	ByteArrayOutputStream	既存の配列をストリームとして扱う
FileReader	FileWriter	FileInputStream	FileOutputStream	ファイルをストリームとして扱う
FilterReader	FilterWriter	FilterInputStream	FilterOutputStream	ストリームにフィルタ処理を行う
PushbackReader	—	PushbackInputStream	—	データの先読み処理を行う
PipedReader	PipedWriter	PipedInputStream	PipedOutputStream	パイプによる操作を行う
StringReader	StringWriter	StringBufferInputStream	—	メモリ内のStringをストリームとして扱う
—	PrintWriter	—	PrintStream	データを出力する
—	—	InputStreamReader	OutputStreamWriter	文字ストリームとバイトストリームを連携する
—	—	ObjectInputStream	ObjectOutputStream	オブジェクトをストリームから読み書きする
—	—	DataInputStream	DataOutputStream	環境に依存しないデータの読み書きを行う
—	—	SequenceInputStream	—	複数の読み取りストリームを集約する

New I/Oライブラリ

New I/Oは、Java 1.4から導入された、今までのストリームによる入出力機能を拡張した新しいライブラリです。バッファ管理、ノンブロッキングI/O、文字セットや正規表現のサポートなどの機能が提供されています。

New I/Oを構成するのは次のような機能です。

▼New I/Oの機能

機能	概要
バッファ	基本データ型に特化したデータコンテナ
チャネル	バッファを使用した入出力を行うクラス群
ノンブロッキングI/O	処理をブロックさせない入出力機能
文字セット	文字コードを表すクラスと、文字セットに対応するエンコーダとデコーダクラス
ファイルインターフェイス	ファイルのロックや、ファイルのメモリへのマッピング機能
正規表現	正規表現によるマッチング機能など

New I/O 2（NIO.2）ライブラリ

Java SE 7までのNew I/Oライブラリでは、ファイルシステムインターフェイスに制約があったり、非同期処理が行えないという問題がありました。Java SE 7からは、New I/O 2ライブラリとなり、これまでの問題点が改善されています。

従来は、Fileクラスでファイルとディレクトリを表していましたが、New I/O 2では、java.nio.file.Pathクラスとなります。また、同じパッケージのPathsやFilesクラスに、コピーや移動などの、Pathクラスを用いた新しいファイル操作が定義されています。

ファイルやディレクトリを取得する

» java.io.File

▼メソッド

getName	ファイルまたはディレクトリ名を取得する
getPath	パス名を取得する
getParent	親ディレクトリ名を取得する
getParentFile	親ディレクトリのFileオブジェクトを取得する
getAbsoluteFile	絶対パス名のFileオブジェクトを取得する
getAbsolutePath	絶対パス名を取得する
getCanonicalFile	正規のパス名のFileオブジェクトを取得する
getCanonicalPath	正規のパス名を取得する

書式

```
public String getName()
public String getPath()
public String getParent()
public File getParentFile()
public File getAbsoluteFile()
public String getAbsolutePath()
public File getCanonicalFile()
public String getCanonicalPath()
```

throws IOException
正規表現のパス名生成に失敗したとき（getCanonicalPath, getCanonicalFile）

解説

これらのメソッドは、Fileオブジェクトが表すファイルやディレクトリ名、オブジェクトを取得します。

getNameメソッドは、Fileオブジェクトが示すファイルまたはディレクトリ名を返します。パス名は含まれません。

getPathメソッドは、Fileオブジェクトが表すパス名を返します。また、getAbsolutePathメソッドは**絶対パス**名、getCanonicalPathメソッドは正規のパス名を返します。getAbsoluteFile、getCanonicalFileメソッドは、名前の文字列ではなく、Fileオブジェクトを返します。

getCanonicalPath、getCanonicalFileメソッドの正規のパス名とは、実行しているシステムにおける絶対パスのことで、正確な定義はシステムによって異なります。たとえばLinux(UNIX)環境では、絶対パスから「.(カレントディレクトリ)」や「..(親ディレクトリ)」などを削除し、シンボリックリンクを解決したようなものとなります。また、Windows環境では、ドライブ名の大文字/小文字を適切に変換したものとなります。

getParentメソッドは、Fileオブジェクトが指すファイルまたはディレクトリの、親ディレクトリのパス名を返します。一方、getParentFileメソッドは、親ディレクトリを表すFileオブジェクトを返します。親ディレクトリがない場合は、どちらもnullを返します。

サンプル ▸ **FSGetInfoName.java**

```
File file = new File("chap6/data/fsFile.txt");
System.out.println("ファイル名:" + file.getName());
System.out.println("親ディレクトリ名:" + file.getParent());
System.out.println("親ディレクトリ名:" + file.getParentFile());
System.out.println("パス名:" + file.getPath());
System.out.println("絶対パス:" + file.getAbsolutePath());
System.out.println("正規パス:" + file.getCanonicalPath());
System.out.println("絶対パス:" + file.getAbsoluteFile());
System.out.println("正規パス:" + file.getCanonicalFile());
```

⬇

```
ファイル名:fsFile.txt
親ディレクトリ名:chap6¥data
親ディレクトリ名:chap6¥data
パス名:chap6¥data¥fsFile.txt
絶対パス:D:¥PocketSample¥chap6¥data¥fsFile.txt
正規パス:D:¥PocketSample¥chap6¥data¥fsFile.txt
絶対パス:D:¥PocketSample¥chap6¥data¥fsFile.txt
正規パス:D:¥PocketSample¥chap6¥data¥fsFile.txt
```

ファイルやディレクトリの属性を取得する

» java.io.File

▼メソッド

canRead	読み取れるかどうか調べる
canWrite	書き込めるかどうか調べる
canExecute	実行できるかどうか調べる
isAbsolute	絶対パスかどうか調べる
isDirectory	ディレクトリかどうか調べる
isFile	普通のファイルかどうか調べる
isHidden	隠しファイルかどうか調べる
lastModified	最終更新時刻を取得する
length	長さを取得する
exists	ファイルまたはディレクトリが存在するかどうか調べる

書式

```
public boolean canRead()
public boolean canWrite()
public boolean canExecute()
public boolean isAbsolute()
public boolean isDirectory()
public boolean isFile()
public boolean isHidden()
public long lastModified()
public long length()
public boolean exists()
```

解説

canReadメソッドからlengthメソッドは、それぞれファイルオブジェクトが指すファイルやディレクトリの属性を取得します。

existsメソッドは、ファイルまたはディレクトリが存在するかどうかを判定します。

サンプル ▶ **FSGetInfoRead.java**

```
File file = new File("chap6/data/fsfile1.txt");
System.out.println("読み取り可能か:" + file.canRead());
System.out.println("書き込み可能か:" + file.canWrite());
System.out.println("実行可能か:" + file.canExecute());
System.out.println("絶対パス名か:" + file.isAbsolute());
System.out.println("ディレクトリか:" + file.isDirectory());
System.out.println("ファイルか:" + file.isFile());
System.out.println("隠しファイルか:" + file.isHidden());
System.out.println("最終更新日:" +
    new Date(file.lastModified()).toString());
System.out.println("長さ:" + file.length());
System.out.println("存在:" + file.exists());
```

⬇

```
読み込み可能か:true
書き込み可能か:true
実行可能か:false
絶対パス名か:false
ディレクトリか:false
ファイルか:true
隠しファイルか:false
最終更新日:Sun Jun 14 22:34:23 JST 2020
長さ:10
存在:true
```

isHiddenメソッドにおける隠しファイルとは、Linux環境では「.」で始まるファイル、Windows環境では属性がそのように設定されているファイルを指します。

lastModifiedメソッドで使用する時刻は、エポックからの経過ミリ秒を表すlong値となります。

ファイルやディレクトリのURIを取得する

» java.io.File

▼メソッド

toURI	URIを取得する

書式 public URI toURI()

解説

toURIメソッドは、FileオブジェクトをURIオブジェクトに変換します。

サンプル ▶ FSGetInfoURI.java

```
File file1 = new File("chap6/data/fsFile.txt");
File file2 = new File("chap6/data");
System.out.println("URI: " + file1.toURI());
System.out.println("URI: " + file2.toURI());
```

⬇

```
URI: file:/D:/PocketSample/chap6/data/fsFile.txt
URI: file:/D:/PocketSample/chap6/data/
```

注意 このFileオブジェクトがディレクトリであれば、URIの末尾は「/」となります。

ファイルやディレクトリを変更する

» java.io.File

▼ メソッド

renameTo	ファイル、ディレクトリ名を設定する
setLastModified	最終更新時刻を設定する
setReadOnly	ファイルやディレクトリを読み取り専用にする

書式
```
public boolean renameTo(File dest)
public boolean setLastModified(long time)
public boolean setReadOnly()
```

引数 dest：新しいパス名、time：設定する時刻

解説

renameToメソッドは、このFileオブジェクトが表すファイル／ディレクトリ名を、引数のFileオブジェクトが示すファイル／ディレクトリに変更します。

setLastModifiedメソッドは、ファイルの最終更新時刻を設定します。

setReadOnlyメソッドは、ファイルまたはディレクトリに、読み取りだけが許可されるようなマークを設定します。

サンプル ▶ FSGetInfoRename.java

```
File org = new File("chap6/data/fsfile2.txt");
System.out.println("名前変更:"
    + org.renameTo(new File("chap6/data/new_fsFile.txt")));

File file = new File("chap6/data/fsfile1.txt");
long tenMinBef = new Date().getTime() - 10 * 60 * 1000;
System.out.println("更新時刻変更:" + file.
setLastModified(tenMinBef));
System.out.println("最終更新日:"
    + new Date(file.lastModified()).toString());
System.out.println("読み取り専用に変更:" + file.setReadOnly());
```

⬇

```
名前変更:true
更新時刻変更:true
最終更新日:Fri Apr 03 11:05:06 JST 2020
読み取り専用に変更:true
```

setLastModifiedメソッドで使用する時刻は、エポックからの経過ミリ秒を表すlong値となります。

ファイルを生成する

» java.io.File

▼メソッド

createNewFile	ファイルを生成する
createTempFile	一時ファイルを生成する

書式

```
public boolean createNewFile()
public static File createTempFile(String prefix,
    String suffix[, File directory])
```

引数 prefix：接頭辞文字列、suffix：接尾辞文字列、directory：ファイルが生成されるディレクトリ

throws IOException
入出力エラーが発生したとき

解説

createNewFileメソッドは、指定するファイルが存在しない場合に、新しく空のファイルを生成します。

createTempFileメソッドは、一時的なファイルを作成します。引数にディレクトリを指定しない、もしくはnullを指定した場合には、テンポラリファイルが置かれるデフォルトのディレクトリが使用されます。なお、引数のprefixには3文字以上を指定する必要があります。一方のsuffixはnullも指定可能で、その場合「.tmp」が適用されます。生成されるファイル名は、prefixとsuffixの長さがプラットフォームの制限により調節され、「prefix(最初の3文字は保証される)」+「内部で生成された5文字以上の文字」+「suffix(「.」で始まる場合、それ以降の3文字は保証される)」となります。

サンプル ▶ **FSCreareSample.java**

```
File file = new File("chap6/data/subDir2/newFile.txt");
System.out.println(file.createNewFile()); // 結果：true

File tmp = File.createTempFile("TMP_", null);
System.out.println( tmp.getCanonicalPath());
// 結果：C:¥Users¥wings¥AppData¥Local¥Temp¥TMP_6823706731161643231.
tmp
```

テンポラリファイルが置かれるデフォルトのディレクトリは、通常、Linux環境では「/tmp」または「/var/tmp」、Windows環境では「C:¥Users¥ユーザー名¥AppData¥Local¥Temp」など)が使用されます。

COLUMN

ラムダ式で外部の変数を使う

ラムダ式の外側にある変数のうち、ラムダ式の中で参照できるのは、final修飾子がついている変数か、実質的にfinalとみなすことができる変数です。
実質的なfinalというのは、宣言時に値が代入され、それ以降、変更されていない変数のことです。Java SE 8からは、そのような変数を実質的なfinalとみなし、ラムダ式の内部で参照可能となっています。

サンプル ▶ **EffectivelyFinalSample.java**

```
// listは実質的なfinal
List<String> list = new ArrayList<>();

Stream.of("A", "B", "C", "D", "E").
    forEach(
        s -> { list.add(s.toLowerCase()); }
    );

// list = new ArrayList<>()のように
// listに代入するとコンパイルエラーになる

System.out.println(list); // 結果：[a, b, c, d, e]
```

ファイルやディレクトリを削除する

» java.io.File

▼ メソッド

delete	ファイルやディレクトリを削除する
deleteOnExit	JavaVM終了時に削除する

書式

```
public boolean delete()
public void deleteOnExit()
```

解説

deleteメソッドでは、ファイル／ディレクトリを削除します。なおFileオブジェクトがディレクトリを指す場合、指定のディレクトリが空でないと処理を行いません。

deleteOnExitメソッドは、そのFileオブジェクトが指すファイルを、JavaVMの正常終了と共に削除します。

サンプル ▶ FSDeleteSample.java

```
File dir1 = new File("chap6/data/subDir1");
System.out.println(dir1 + "生成: " + dir1.mkdir());
dir1.deleteOnExit();
System.out.println("存在?: " + dir1.exists());
dir1.delete();
System.out.println(dir1 + "削除: " + dir1.delete());
System.out.println("存在?: " + dir1.exists());
```

⬇

```
chap6¥data¥subDir1生成: true
存在?: true
chap6¥data¥subDir1削除: false
存在?: false
```

ディレクトリを生成する

» java.io.File

▼ メソッド

mkdir	ディレクトリを生成する
mkdirs	親ディレクトリから生成する

書式
```
public boolean mkdir()
public boolean mkdirs()
```

解説

mkdirメソッドはディレクトリを作成します。ただし、指定のディレクトリに親ディレクトリが存在しない場合、処理は失敗します。一方のmkdirsメソッドは、親ディレクトリも含めてディレクトリを作成します。上位のディレクトリが存在しない場合、順に作成します。そのため、作成途中に何らかのエラーがあってメソッドの結果がfalseとなった場合では、途中のディレクトリが生成されている場合があります。

サンプル ▶ FSMkdirSample.java

```
File dir1 = new File("chap6/data/subDir1");
File dir2 = new File("chap6/data/subDir2/tmp/tmp");

System.out.println(dir1 + "生成: " + dir1.mkdir());
System.out.println(dir2 + "生成: " + dir2.mkdirs());
System.out.println("存在?: " + dir2.exists());
```

⬇

```
chap6¥data¥subDir1生成: true
chap6¥data¥subDir2¥tmp¥tmp生成: true
存在?: true
```

ファイル名のフィルタを設定する

» java.io.FilenameFilter

▼メソッド

accept　　指定されたファイルを受け付けるかどうか設定する

書式 `boolean accept(File dir, String name)`

引数 dir：ファイルが見つかったディレクトリ、name：ファイル名

解説

FilenameFilterは、ファイル名の**フィルタ**を設定するインターフェイスです。Fileクラスのlistメソッドで、ディレクトリリストをフィルタ処理するために使われます。

名前をファイルリストに含める場合はtrueを返すように実装します。

サンプル ▶ **FSListSampleAccept.java**

```
File dir = new File("chap6/data/");

// 拡張子が.gifのものだけをリストアップする
File[] filtList = dir.listFiles(new FilenameFilter() {
    public boolean accept(File dir, String name) {
        return name.endsWith(".gif");
    }
});
for (File tmp : filtList) {
    System.out.println("GIFファイルリスト：" + tmp.getName());
}
```

⬇

```
GIFファイルリスト：newImage.gif
GIFファイルリスト：smile.gif
```

ファイルのフィルタを設定する

» java.io.FileFilter

▼ メソッド

accept 指定されたファイルを受け付けるかどうか設定する

書式 `public abstract boolean accept(File f)`

引数 f：ファイルオブジェクト

解説

FileFilterクラスは、抽象クラスです。不要なファイルを選別する場合などに実装します。

サンプル ▶ **FSListAcceptFile.java**

```
File dir = new File("chap6/data/");

// ディレクトリだけをリストアップする
File[] filtList = dir.listFiles(new FileFilter() {
    public boolean accept(File file) {
        return file.isDirectory();
    }
});
for (File tmp : filtList) {
    System.out.println("Dirリスト：" + tmp.getName());
}
```

⬇

```
Dirリスト：subDir1
Dirリスト：subDir2
```

ファイルのリストを取得する

» java.io.File

▼ メソッド

list	ファイル名を取得する
listFiles	Fileオブジェクトを取得する
listRoots	ルートのリストを取得する

書式
```
public String[] list([FilenameFilter filter])
public File[] listFiles([FilenameFilter filter])
public File[] listFiles(FileFilter filter)
public static File[] listRoots()
```

引数 filter：フィルタ

解説

listメソッドは文字列の配列として、listFilesメソッドはFilesオブジェクトの配列としてリストを取得します。

引数に、取得するリストを限定する**フィルタ**を設定することもできます。フィルタにFilenameFilterオブジェクトを指定した場合、フィルタを通過できるのは、FilenameFilter.acceptメソッドに、引数として現在の抽象パス(Fileオブジェクト)と、フィルタにかけるファイルもしくはディレクトリ名を与え、trueが返ってきた場合になります。また、listFilesメソッドでは、フィルタとしてFileFilterオブジェクトを指定することもできます。その場合は、FileFilter.acceptメソッドの引数として現在の抽象パスが与えられたときに、trueを返したものを取得します。

listRootsメソッドは、有効な**ファイルシステム**のルートのリストを、Fileオブジェクトの配列で取得します。Linux環境の場合には「/」、Windows環境の場合にはアクティブなドライブごとのルートとなります。

サンプル ▶ FSListSample.java

```
File dir = new File("chap6/data/");
String[] list = dir.list(); // ファイルリストの取得
for (String tmp : list)
    System.out.println("ファイルリスト：" + tmp);
for (File tmp : File.listRoots())
     System.out.println("ルートリスト：" + tmp.getAbsolutePath());
```

注意　list、listFilesメソッドで得られる配列の要素は、特定の順序で格納されるわけではありません。

ディスク領域を取得する

» java.io.File

▼ メソッド

getTotalSpace	パーティションサイズを取得する
getFreeSpace	空き領域のバイト数を取得する
getUsableSpace	利用可能なバイト数を取得する

書式

```
public long getTotalSpace()
public long getFreeSpace()
public long getUsableSpace()
```

解説

getTotalSpaceメソッドは、このFileオブジェクトがあるディスクの**パーティションサイズ**をバイト数で返します。getFreeSpace、getUsableSpaceメソッドは、それぞれ空き領域のバイト数、利用可能なバイト数を返します。

サンプル ▶ FSGetInfoSpace.java

```
File file = new File("chap6/data");

// 各サイズをGB数で表示する
System.out.println("パーティションサイズ:" +
    file.getTotalSpace() / 1024 / 1024 / 1024f + "(GB)");
System.out.println("空き領域:" +
    file.getFreeSpace() / 1024 / 1024 / 1024f + "(GB)");
System.out.println("利用可能領域:" +
    file.getUsableSpace() / 1024 / 1024 / 1024f + "(GB)");
```

⬇

```
パーティションサイズ:67.44922(GB)
空き領域:57.06836(GB)
利用可能領域:57.06836(GB)
```

ファイルのアクセス権を設定する

» java.io.File

▼メソッド

setWritable	書き込み権を設定する
setReadable	読み取り権を設定する
setExecutable	実行権を設定する

書式

```
public boolean setWritable(boolean b
    [, boolean ownerOnly])
public boolean setReadable(boolean b
    [, boolean ownerOnly])
public boolean setExecutable(boolean b
    [, boolean ownerOnly])
```

引数 b：操作を許可／不許可の設定、ownerOnly：所有者のアクセス権だけに適用するかどうか

解説

setWritableメソッドは、Fileオブジェクトが示すファイルに対して、書き込み権を設定します。setReadable、setExecutableメソッドはそれぞれ、読み取り権、実行権を設定します。

第1引数は、その**アクセス権**を許可する場合にtrue、不許可ならfalseを設定します。第2引数は、そのFileオブジェクトの所有者のアクセス権だけに適用したい場合にtrueを設定します。falseの指定または第2引数を省略した場合は、すべてのユーザーのアクセス権を設定します。

サンプル ▶ **FSGetInfoWrite.java**

```
File file = new File("chap6/data/isfile.txt");

// アクセス権の設定
System.out.println("書き込み権許可:" + file.setWritable(true, true));
System.out.println("読み取り権許可:" + file.setReadable(true));
System.out.println("実行権不許可:" + file.setExecutable(false));
```

```
書き込み権許可:true
読み取り権許可:true
実行権不許可:false
```

これらのメソッドの実行結果は、実行されるOSに依存します。次の表は、Windowsと Linux環境での実行結果をまとめたものです。

▼アクセス権設定メソッドの実行結果

メソッド	Windowsの実行結果	Linuxの実行結果
setReadable(true)	常にtrue	コマンドchmod +rと同じ
setReadable(false)	常にfalse、読み取り不許可にできない	コマンドchmod -rと同じ
setWritable(true)	true、読み取り専用設定を外す	コマンドchmod +wと同じ
setWritable(false)	true、読み取り専用にする	コマンドchmod -wと同じ
setExecutable(true)	常にtrue	コマンドchmod +xと同じ
setExecutable(false)	常にfalse、実行権を不許可にできない	コマンドchmod -xと同じ

テキストファイルの入力ストリームを生成する

» java.io.FileReader

▼ メソッド

FileReader 入力ストリームを生成する

書式
```
public FileReader(String name | File file
    [, Charset charset])
public FileReader(FileDescriptor fdObj)
```

引数 name：ファイル名、file：Fileオブジェクト、fdObj：ファイルディスクリプタ、charset：文字セット 11

throws FileNotFoundException
ファイルが存在しない（FileDescriptor指定は除く）

解説

FileReaderは、テキストファイルを読み取る**入力ストリーム**を生成するコンストラクタです。引数には、扱うテキストファイルを表すオブジェクトを指定します。また、Java 11から、文字セットを指定することができます。文字セットを指定しない場合は、デフォルトの文字セットが使われます。

引数で指定できるファイルディスクリプタとは、標準入力や標準出力などを抽象的に表現したものです。Javaでは、FileDescriptorオブジェクトで表されます。

サンプル ▶ **CHReadSample.java**

```
try (
    // 標準入力の入力ストリーム
    FileReader in = new FileReader(FileDescriptor.in);) {

    // 1文字読込み、表示する
    int d = in.read();
    System.out.printf("%c", d);
}
```

⬇

```
>a
a
```

テキストファイルの出力ストリームを生成する

» java.io.FileWriter

▼メソッド

FileWriter 出力ストリームを生成する

書式

```
public FileWriter(String name
    [, Charset charset, boolean append])
public FileWriter(File file
    [, Charset charset, boolean append])
public FileWriter(FileDescriptor fdObj)
```

引数 name：ファイル名、file：Fileオブジェクト、fdObj：ファイルディスクリプタ、append：ファイルの最後にバイトを書き込むかどうか、charset：文字セット 11

throws FileNotFoundException
ファイルが存在しない（FileDescriptor指定は除く）

解説

FileWriterは、テキストファイルに書き込む**出力ストリーム**を生成するコンストラクタです。引数には、扱うテキストファイルを表すオブジェクトを指定します。引数appendは、ファイルの最後にバイトを書き込むかどうかを、true／falseで指定します。falseの指定または引数を省略すると、ファイルの先頭から書き込み、それまでの内容は破棄されます。

なお、Java 11から、文字セットを指定することができます。文字セットを指定しない場合は、デフォルトの文字セットが使われます。

サンプル ▶ **CHReadSampleFWrite.java**

```
var f = new File("chap6/data/output.txt");
// 文字セットを指定して書き込む
try (var out = new FileWriter(f, Charset.forName("MS932"))) {
    out.write("あいうえお");
}
try (var in = new FileReader(f)) {
    // 先頭の1文字だけ表示する
    System.out.println((char)in.read()); // 文字が化ける
}
// 文字セットを指定して読み込む
try (var in = new FileReader(f, Charset.forName("MS932"))) {
    System.out.println((char)in.read()); // 結果：あ
}
```

文字データ(単一/配列)を読み取る

» java.io.FileReader

▼メソッド

read　文字データを読み取る

書式
```
public int read([char[] cbuf])
public int read(CharBuffer target)
public abstract int read(char[] cbuf, int off, int len)
```

引数　cbuf：ストリームの内容を転送するバッファ、target：文字列を読み取るバッファ、off：オフセット、len：読み書きする長さ

throws　IOException
入出力エラーが発生したとき

解説

readメソッドは、**入力ストリーム**から文字データを読み取ります。引数として何も指定しなかった場合、1文字だけ読み取り、その文字を整数で表現したものを返します。引数としてバッファ配列を指定した場合、そのサイズ分、もしくはストリームの終わりまでを配列に読み取ります。また、バッファ配列の指定したオフセットから、指定した長さだけ読み取ることもできます。

サンプル ▶ CHReadSampleRead.java

```
File f = new File("chap6/data/output.txt");
try (FileWriter out = new FileWriter(f)) {
    out.write("sam");
}
// 配列に読み込み
try (FileReader in = new FileReader(f)) {
    char[] d = new char[10];
    int r = in.read(d);
    System.out.println(d);          // 結果：sam
    // 追記で出力ストリームを生成
    try (FileWriter out = new FileWriter(f, true)) {
        out.write("ple");
    }
    // オフセット、サイズを指定して読み込む
    in.read(d, r, 3);
    System.out.println(d);          // 結果：sample
}
```

文字データ（単一／配列）を書き込む

» java.io.FileWriter

▼ メソッド

write	文字データを書き込む

書式
```
public void write(char[] cbuf | int x)
public void write(String x[, int off, int len])
public abstract void write(char[] x, int off, int len)
```

引数 cbuf：ストリームの内容を転送するバッファ、x：書き込む文字データ、off：オフセット、len：読み書きする長さ

throws IOException
入出力エラーが発生したとき

解説

writeメソッドは、**出力ストリーム**に文字データを書き込みます。引数には、文字を表す整数値、文字の配列、文字列を指定できます。文字の配列または文字列の場合には、オフセットと長さを指定して、一部分を書き込むことができます。

サンプル ▶ **CHReadWriteSample.java**

```
File f = new File("chap6/data/output.txt");

try (FileWriter out = new FileWriter(f)) {
    out.write("サンプル"); // 文字列の書き込み
}

// バッファ配列を用意
char[] d = new char[50];
try (FileReader in = new FileReader(f)) {
    int r = in.read(d);        // 配列に読み込む
    System.out.println(d);     // 結果：サンプル

    try (FileWriter out = new FileWriter(f, true);) {
        // 読み込んだ文字データを追記する
        out.write(d, 0, r);
    }
}

try (FileReader in = new FileReader(f)) {
    in.read(d);
    System.out.println(d);   // 結果：サンプルサンプル
}
```

1行単位でデータを読み取る

» java.io.BufferedReader

▼メソッド

readLine	1行分のデータを読み取る

書式 public String readLine()

throws IOException
入出力エラーが発生したとき

解説

BufferedReaderクラスでは、文字や配列を**バッファリング**することで、文字型ストリームへの読み取りを効率良く行います。

readLineメソッドは、改行文字(¥n)、復帰文字(¥r)、復帰改行文字(¥r¥n)のいずれかまでを1行とするテキストを読み取ります。また、ストリームの終わりを検出すると、nullを返します。

サンプル ▶ CHLineSample.java

```
File f = new File("chap6/data/output.txt");
try (FileWriter out = new FileWriter(f)) {
    // 現在日付を示す文字列を1000行書き込む
    for (int i = 0; i < 1000; i++) {
        out.write(new Date().toString() + "¥n");
    }
}
try (BufferedReader in =
    new BufferedReader(new FileReader(f))) {

    int line = 0;
    while (in.readLine() != null) {
        line++; // 行数をカウントする
    }
    System.out.println("行数: " + line);
}
```

⬇

```
行数: 1000
```

readLineメソッドが返す文字列には、終端文字は含まれません。

1 行単位でデータを書き込む

» java.io.BufferedWriter

▼ メソッド

newLine 行区切り文字を書き込む

書式 `public void newLine()`

throws IOException
入出力エラーが発生したとき

解説

newLineメソッドは、出力ストリームに、行区切り文字(行の終端文字)を書き込みます。行区切り文字には、システムのline.separatorプロパティで定義された文字が使用されます。

サンプル ▸ **CHLineSampleNLine.java**

```
long s = new Date().getTime();
try (FileWriter out1 =
        new FileWriter("chap6/data/output1.txt")) {
    // 現在日付を示す文字列を1000行書き込む
    for (int i = 0; i < 1000; i++) {
        out1.write(new Date().toString() + "¥n");
    }
}
System.out.println(new Date().getTime() - s + "ミリ秒(FileWriterのみ)");

s = new Date().getTime();
try (BufferedWriter out2 =
        new BufferedWriter(new FileWriter("chap6/data/output2.txt"))) {
    // 現在日付を示す文字列を1000行書き込む
    for (int i = 0; i < 1000; i++) {
        out2.write(new Date().toString());
        out2.newLine();
    }
}
System.out.println(new Date().getTime() - s + "ミリ秒(BufferedWriter)");
```

注意 行区切り文字は、単一の改行文字「¥n」とは限りません。

文字列の入力ストリームを生成する

» java.io.StringReader

▼メソッド

StringReader	文字列入力ストリームを生成する

書式 StringReader(String s)

引数 s：文字列ストリームに設定する値

解説

StringReaderクラスは、文字列から入力ストリームを作成するクラスです。これにより文字列をストリームとして扱うことができます。またStringReaderクラスは、Readerクラスを継承したクラスであり、スーパークラスで定義されたメソッドを使用できます。

サンプル ▶ STReaderWriterSample.java

```
// StringReaderの生成
try (StringReader sr = new StringReader("sample")) {
char[] data = new char[1];
// 1文字ずつ読み込む
while (sr.read(data) != -1) {
System.out.println(data);
}
}
catch (IOException e) {
e.printStackTrace();
}
```

⬇

```
s
a
m
p
l
e
```

文字列の出力ストリームを生成する

» java.io.StringWriter

▼ メソッド

StringWriter　　文字列出力ストリームを生成する

書式　`StringWriter([int initialSize])`

引数　initialSize：文字列バッファの初期サイズ

解説

StringWriterクラスは、文字列に出力するストリームを生成するクラスです。出力先が文字列バッファとなるため、簡単にデータの加工を行えます。

またStringWriterクラスは、Writerクラスを継承したクラスであり、スーパークラスで定義されたメソッドを使用できます。

サンプル ▶ **STRWSample.java**

```
char arr[] = {'2','0','2','0'};
try(StringWriter sr = new StringWriter()){
    // appendでも
    sr.append("last year: ");
    //  writeでも書き込める
    sr.write(arr);

    System.out.println(sr);
}
```

各データ型の値を文字ストリームに出力する

» java.io.PrintWriter

▼メソッド

print	改行なしで出力する
println	改行ありで出力する

書式
```
public void print(type v)
public void println([type v])
```

引数 type：boolean, char, int, long, float, double, char[], String, Objectのいずれか、v：出力する値

解説

それぞれ、指定された値を文字列に変換して出力します。文字列は、StringクラスのvalueOfメソッドで生成されます。printメソッドはデータをそのまま出力しますが、printlnメソッドは最後に改行文字を補って出力されます。

サンプル ▶ **CHPrintSample.java**

```
try (OutputStreamWriter os = new OutputStreamWriter(System.out)) {
    PrintWriter out = new PrintWriter(new BufferedWriter(os));
    out.print("boolean:" + true);
    out.print(" char:" + 'a');
    out.print(" int:" + 1);
    out.print(" double:" + 0.1);
    out.println(" 改行");
    out.print("String:" + "string");
}
```

⬇

```
boolean:true char:a int:1 double:0.1 改行
String:string
```

これらのメソッドは、他の出力ストリームのメソッドと異なり、IOException例外をスローすることはありません。

書式付きで文字ストリームに出力する

» java.io.PrintWriter

▼ メソッド

printf	書式付き文字列を出力する

書式
```
PrintWriter printf([Locale l,] String format,
    Object ... args)
```

引数 l：書式設定に用いるロケール、format：書式文字列、args：書式パラメータ

解説

printfメソッドは、指定された**書式文字列**やパラメータを使用して、書式付き文字列を出力します。C言語でのprintf()関数に相当するものです。

第1引数には書式を指定し、その書式にしたがって、可変長引数の第2引数以降の値を用いた文字列を出力します。

書式は%を含む文字列で、デフォルトでは、複数の%指定がある場合、第2引数以降の値が順番に使われます。

書式文字列のフォーマットは、次のようになります。

```
%[argument_index$][flags][width][.precision]conversion
```

各要素のなかではconversionだけが必須で、それ以外はオプションです。

▼ 書式文字列のフォーマット

要素	説明
argument_index	参照する引数のインデックス
flags	出力書式を変更する文字
width	表示幅の最低値
precision	精度（小数点以下の桁数）
conversion	フォーマット記述子

フォーマット記述子の代表的なものは、次のとおりです。

▼フォーマット記述子

フォーマット記述子		説明	例	
%		書式設定の接頭文字。「%」を出力したい場合は「%%」	printf("%%");	%
d		整数を10進数で出力する	printf("%d", 123);	123
x		整数を16進数で出力する	printf("%x", 123);	7b
c		文字を出力する	printf("%c", 'x');	x
s		文字列を出力する	printf("%s", "xyz");	xyz
-		左詰めで出力する(デフォルトは右詰め)	printf("[%-4d]", 123);	[123]
0		足りない桁数を0で埋める。数値(%d, %o, %x)で使用する	printf("%04d", 123);	123
#		「%o(8進数)」なら「0」を、「%x(16進数)」なら「0x」を頭に付けて出力する	printf("%#o", 123);	173
			printf("%#x", 123);	0x7b
数		桁数(最小フィールド幅)、または文字数を指定する	printf("[%4d]", 123);	[123]
			printf("[%4s]", "あいう");	[あいう]
.数		精度(最大表示幅)、または文字数を指定する	printf("[%.3s]", "1.2345");	[1.2]
			printf("[%-5.4s]", "あいうえお");	[あいうえ]
数$		引数の番号を指定する	printf("%d %3$d %2$d",1,2,3);	1 3 2
n		機種依存の改行コードを出力する	printf("%n");	
b		真偽値の文字列を出力する	printf("%b", true);	true
t		日付書式		
	Y	年(4桁)	printf("%tY", new Date());	2020
	m	月(2桁、0埋め)	printf("%tm", new Date());	09
	d	日(2桁、0埋め)	printf("%td", new Date());	20
	H	時(2桁、0埋め)	printf("%tH", new Date());	10
	M	分(2桁、0埋め)	printf("%tM", new Date());	45
	S	秒(2桁、0埋め)	printf("%tS", new Date());	20
	L	ミリ秒(3桁、0埋め)	printf("%tL", new Date());	456
	D	日付(%tm/%td/%tyと同義)	printf("%tD", new Date());	05/14/20
	F	日付(%tY-%tm-%tdと同義)	printf("%tF", new Date());	20/05/14
	T	時刻(%tH:%tM:%tSと同義)	printf("%tT", new Date());	01:23:40

サンプル ▶ **PrintfSample.java**

```
System.out.printf("%d%n", 123);                      // 結果：123
System.out.printf("%d %3$d %2$d%n", 1, 2, 3); // 結果：1 3 2
System.out.printf("%x%n", 123);                      // 結果：7b
System.out.printf("[%-4d]%n", 123);                  // 結果：[123 ]
System.out.printf("%tT%n", new Date());              // 結果：11:07:09
```

テキスト入力の行番号を取得する

» java.io.LineNumberReader

▼メソッド

getLineNumber　　行番号を取得する

書式 `public int getLineNumber()`

解説

それぞれ、入力される文字データに対して**行番号**を取得します。なお、文字データの1行は、改行(¥n)、復帰(¥r)、改行復帰(¥r¥n)のどれかで終わります。

デフォルトでは、行番号は0から始まるようになっており、データを読み取るごとに行番号が増えていきます。

サンプル ▶ **LINumberSample.java**

```
File f = new File("chap6/data/output.txt");
try(BufferedWriter out =
    new BufferedWriter(new FileWriter(f))) {
    // 現在から3日後までの日付文字列を書き込む
    for (int i = 0; i < 4; i++) {
        Calendar now = Calendar.getInstance();
        now.add(Calendar.DATE, i);
        out.write(now.getTime().toString());
        out.newLine();
    }
}

// output.txtの内容を読み込み、行番号をつけて出力
try(LineNumberReader line =
    new LineNumberReader(new FileReader(f))) {
    while (line.ready()) { // 読み込める限り読み込む
        System.out.println(line.getLineNumber() + " : "
                                              + line.readLine());
    }
}
```

⬇

```
0 : Fri Apr 03 11:22:24 JST 2020
1 : Sat Apr 04 11:22:24 JST 2020
2 : Sun Apr 05 11:22:24 JST 2020
3 : Mon Apr 06 11:22:24 JST 2020
```

テキスト入力の行番号を設定する

» java.io.LineNumberReader

▼メソッド

setLineNumber　行番号を設定する

書式 `public void setLineNumber(int lineNumber)`

引数 lineNumber：設定する行番号

解説

入力される文字データに対して、**行番号**の設定を行います。デフォルトでは、行番号は0から始まるようになっています。また任意の番号を設定することもできます。現在参照している行はポインタで指し示されますが、行番号を設定したときに、ポインタ自体が移動するわけではありません。

サンプル ▶ LINumberSampleSet.java

```
File f = new File("chap6/data/output.txt");
try (BufferedWriter out =
    new BufferedWriter(new FileWriter(f))) {
 // 1000からの数字を5行書き込む
 for (int i = 0; i < 5; i++) {
  out.write(String.valueOf(i + 1000));
  out.newLine();
 }
}

// output.txtの内容を読み込み、行番号をつけて出力
try (LineNumberReader line =
    new LineNumberReader(new FileReader(f))) {
 line.setLineNumber(1000);
 while (line.ready()) { // 読み込める限り読み込む
  System.out.println(line.getLineNumber() + " : " + line.readLine());
 }
}
```

⬇

```
1000 : 1000
1000 : 1001
1000 : 1002
1000 : 1003
1000 : 1004
```

バイトストリームから文字ストリームに変換する

» java.io.InputStreamReader

▼ メソッド

InputStreamReader	読み取り文字ストリームを生成する
close	文字ストリームを閉じる
getEncoding	文字エンコーディング名を取得する
read	文字データを読み取る
ready	読み取り可能か調べる

書式

```
InputStreamReader(InputStream in[, Charset cs |
    CharsetDecoder dec | String charsetName)
void close()
String getEncoding()
int read()
int read(char[] cbuf, int offset, int length)
boolean ready()
```

引数 in：入力ストリーム、cs：文字セット、dec：文字セットデコーダ、charsetName：文字セット名、cbuf：ストリームの内容を転送するバッファ、offset：オフセット、length：読み書きする長さ

解説

InputStreamReaderクラスは、バイトストリームから、指定された文字セット、文字セットデコーダ、文字エンコーダを使用して文字ストリームに変換します。

コンストラクタの引数に、文字セット、文字セットデコーダ、文字エンコーダを指定しない場合は、デフォルトの文字セットを用いたオブジェクトが生成されます。

readメソッドは、**入力ストリーム**から文字データを読み取ります。引数に何も指定しなかった場合は1文字だけ読み取り、バッファ配列を指定した場合はそのサイズ分、もしくはストリームの終わりまでを配列に読み取ります。

closeメソッドはストリームを閉じます。

readyメソッドは、ストリームから読み取るデータがあるかどうか、読み取り可能かどうかを判定した結果を返します。

サンプル ▸ **InputStreamRWSample.java**

```
// 日本語のテキストファイル作成
File f = new File("chap6/data/isfile1.txt");
try {
    try (FileWriter out = new FileWriter(f);) {
        out.write("あいうえお");
    }

    // デフォルトの文字セットで読み取る
    try (InputStreamReader in =
            new InputStreamReader(
                new FileInputStream(f), Charset.defaultCharset())) {
        System.out.println(in.getEncoding());
        while (in.ready())
            System.out.printf("%c", in.read());
    }
}
catch (IOException e) {
    System.out.println(e);
}
```

⬇

```
UTF8
あいうえお
```

参照

「文字ストリームをバイトストリームに書き込む」 → P.385

文字ストリームをバイトストリームに書き込む

» java.io.OutputStreamWrite

▼メソッド

OutputStreamWriter	書き込み文字ストリームを生成する
close	文字ストリームを閉じる
flush	文字ストリームをフラッシュする
write	文字データを書き込む

書式

```
OutputStreamWriter(OutputStream out[, Charset cs |
    CharsetEncoder enc | String charsetName])
void close()
void flush()
void write(char[] cbuf | String str, int offset,
    int length)
void write(int c)
```

引数 out：出力ストリーム、cs：文字セット、enc：文字セットエンコーダ、charsetName：文字セット名、cbuf：ストリームの内容を転送するバッファ、offset：オフセット、length：読み書きする長さ、str：書き込む文字データ、c：書き込むデータ

解説

OutputStreamWriteクラスは、バイトストリームから、指定された文字セット、文字デコーダ、文字エンコーダを使用して文字ストリームに変換します。

コンストラクタの引数に、文字セット、文字デコーダ、文字エンコーダを指定しない場合は、デフォルトの文字セットを用いたオブジェクトが生成されます。

writeメソッドは、**出力ストリーム**に文字データを書き込みます。引数には、文字を表す整数値、文字の配列、文字列を指定できます。

closeメソッドはストリームを閉じ、flushメソッドはストリームを**フラッシュ**（ストリームバッファ中にある文字列を強制的に書き込み）します。

サンプル ▶ **OutputStreamWriterSample.java**

```
try {
    File f = new File("chap6/data/isfile2.txt");
    // シフトJISの文字セット
    Charset cs = Charset.forName("SJIS");

    try (OutputStreamWriter out =
        new OutputStreamWriter(
            new FileOutputStream(f), cs.newEncoder());) {
        out.write("東京・大阪");
    }
    File f2 = new File("chap6/data/isfile3.txt");
    // シフトJISコードで読み取る
    try (InputStreamReader in =
        new InputStreamReader(
            new FileInputStream(f), cs.newDecoder())) {
        // UTF-8コードで書き込む
        try (OutputStreamWriter out2 =
        new OutputStreamWriter(
            new FileOutputStream(f2), "UTF8")) {
            while (in.ready())
                out2.write(in.read());
        }
    }
    // UTF-8コードで読み取り、文字コードを表示する
    try (InputStreamReader in2 =
            new InputStreamReader(new FileInputStream(f2), "UTF8")) {
        while (in2.ready())
            System.out.printf("%X ", in2.read());
    }
}
```

⬇

```
6771 4EAC 30FB 5927 962A
```

「バイトストリームから文字ストリームに変換する」 → P.383

バイナリファイルの入力ストリームを生成する

» java.io.FileInputStream

▼ メソッド

FileInputStream　入力ストリームを生成する

書式
```
public FileInputStream(File file | String name)
public FileInputStream(FileDescriptor fdObj)
```

引数 file：Fileオブジェクト、name：ファイル名、fdObj：ファイルディスクリプタ

throws FileNotFoundException
ファイルが存在しないとき（FileDescriptor指定を除く）

解説

バイナリファイルからデータを読み取るための**入力ストリーム**を生成します。引数には、入力先のバイナリファイルを表すオブジェクトを与えます。

引数で指定できるファイルディスクリプタとは、**標準入力**や**標準出力**などを抽象的に表現したものです。Javaでは、FileDescriptorオブジェクトで表されます。

サンプル ▶ **BYReadWriteSample.java**

```
// 標準入力から入力する
try (FileInputStream in = new FileInputStream(FileDescriptor.in)) {

  // 1文字読み取り、文字コードを表示する
  System.out.printf("%X", in.read());

}
```

⬇

```
>A
41
```

バイナリファイルの出力ストリームを生成する

» java.io.FileOutputStream

▼ メソッド

FileOutputStream　出力ストリームを生成する

書式
```
public FileOutputStream(String name[, boolean append])
public FileOutputStream(File file[, boolean append])
public FileOutputStream(FileDescriptor fdObj)
```

引数 name：ファイル名、append：ファイルの最後にバイトを書き込むかどうか、file：Fileオブジェクト、fdObj：ファイルディスクリプタ

throws FileNotFoundException
ファイルが存在しないとき（FileDescriptor指定を除く）

解説

バイナリファイルにデータを書き込むための出力ストリームを生成します。引数には、出力先のバイナリファイルを表すオブジェクトを与えます。

引数で指定できる**ファイルディスクリプタ**とは、標準入力や標準出力などを抽象的に表現したものです。Javaでは、FileDescriptorオブジェクトで表されます。

サンプル ▸ **FileOutputStreamSample.java**

```
// 標準エラー出力の指定
try (FileOutputStream out =
        new FileOutputStream(FileDescriptor.err)) {
    // errを出力する
    out.write(new byte[] { 'e', 'r', 'r' });
}
```

⬇

```
err
```

データを読み取る

» java.io.InputStream

▼メソッド

read データを読み取る

書式
```
public abstract int read()
public int read(byte[] bf[, int off, int len])
```

引数 bf：バッファ配列、off：オフセット、len：読み書きする長さ

throws IOException
入出力エラーが発生したとき

解説

readメソッドは、InputStreamからデータを読み取ります。引数は、次の3種類の方法が指定可能です。

- 引数を指定しなかった場合は、次のバイトを読み取る
- 引数としてバッファ配列を指定した場合には、そのサイズ分読み取る
- 引数として長さを指定した場合にはその長さの分のデータを、指定しなかった場合にはファイルの終わりまでデータを読み取る

なおreadメソッドは、**入力ストリーム**が読み取り可能になるか、ストリームの終わりが検出される、または例外がスローされるまで呼び出されません。

サンプル ▶ **ISReadSample.java**

```
URL sourceUrl = new URL("http://www.wings.msn.to/");
// URLから入力ストリームを作成する
try (InputStream in = sourceUrl.openStream()) {

    int d;
    while ((d = in.read()) != -1) {
        System.out.printf("%c", d);
    }
}
```

⬇

```
<html>
<head>
～以下、省略～
```

データを書き込む

» java.io.OutputStream

▼ メソッド

write データを書き込む

書式
```
public abstract void write(int v)
public void write(byte[] b[, int off, int len])
```

引数 v：書き込むデータ、b：書き込むデータ、off：オフセット、len：読み書きする長さ

throws IOException
入出力エラーが発生したとき

解説

writeメソッドは、**出力ストリーム**に指定したバイト、もしくはバイトの配列を書き込みます。バイトの配列を指定する場合には、オフセットと長さを指定することができます。

サンプル ▸ **FileOutputSample.java**

```
// smile.gifを読み取り、コピーのnewImage.gifを生成
try (FileInputStream in =
        new FileInputStream("chap6/data/smile.gif");
     FileOutputStream out =
        new FileOutputStream("chap6/data/newImage.gif")) {
    int data;
    while ((data = in.read()) != -1) {
        out.write((byte) data);
    }
}
```

バイトストリームを操作する

» java.io.InputStream

▼メソッド

available	読み取り可能なバイト数を取得する
mark	現在位置マークを取得する
markSupported	markとresetをサポートしているかどうか調べる
reset	マークを戻す
skip	指定バイト分読み飛ばす
close	ストリームを閉じる

書式
```
public int available()
public void mark(int readlimit)
public boolean markSupported()
public void reset()
public long skip(long n)
public void close()
```

引数 readlimit：マーク位置が無効になるまでに読み取るバイト数、n：読み飛ばすバイト数

throws IOException
入出力エラーが発生したとき（mark, markSupported以外）

解説

availableメソッドは、現在のストリームにおいて、次のメソッドが呼び出されてもブロックされずに読み取ることができる、もしくはスキップすることのできるバイト数を返します。InputStreamクラスのこのメソッドは常に0を返すので、サブクラスではオーバーライドする必要があります。

resetメソッドは、markメソッドで設定したマーク位置まで現在のストリームの位置を戻すものです。skipメソッドは、指定のバイト数だけ読み飛ばします。

サンプル ▸ **BYStreamOpeSample.java**

```
// byInStr.txtの内容を1文字飛ばしで読み取り、byOutStr.txtに書き込む
try (InputStream is = new FileInputStream("chap6/data/byInStr.txt");
     OutputStream os =
         new FileOutputStream("chap6/data/byOutStr.txt");) {

    int val = -1;
    while (0 <= (val = is.read())) {
        os.write(val);
        if (1 < is.available()) {
            is.skip(1); // まだ読み込めるものがある場合には一文字スキップ
        }
    }
}
catch (Exception e) {
    e.printStackTrace();
}
```

⬇

```
02468
97531
※byOutStr.txtの内容です

0123456789
9876543210
※byInStr.txtの内容です
```

指定したデータを書き込む

» java.io.DataOutputStream

▼ メソッド

writeXxx	データを書き込む
writeBytes	バイト列を書き込む
writeChars	文字配列を書き込む
writeUTF	ユニコード文字を書き込む

書式
```
public final void writeXxx(Xxx v)
public final void writeBytes(String s)
public final void writeChars(String s)
public final void writeUTF(String s)
```

引数 Xxx：書き込むデータ型（boolean, double, float, int, long）、v：書き込む値、s：書き込む文字列

throws IOException
入出力エラーが発生したとき（mark, markSupported以外）

解説

それぞれ指定した型のデータを**出力ストリーム**に書き込みます。

writeBooleanメソッドにおいてtrueは1、falseは0として書き込みます。

writeFloatメソッドではfloat型の引数をFloatクラスのfloatToIntBitsメソッドを用いて、writeDoubleメソッドではdouble型の引数をDoubleクラスのdoubleToIntBitsメソッドを用いて、それぞれint型に変換して書き込みます。

サンプル ▶ **BYWritePrimitiveSample.java**

```
int[] prices = { 250, 280, 320 };
String[] items = { "Blend Coffee ", "Caffe Latte  ", "Hot Chocolate" };
// 「指定したデータを読み取る」項のサンプルで読み取り可能
try (DataOutputStream dos =
        new DataOutputStream(
            new FileOutputStream("chap6/data/byMenu.txt"))) {
    int size = prices.length;
    for (int i = 0; i < size; i++) {
        // 価格と品名をint型、char型としてファイルに書き込む
        dos.writeInt(prices[i]); dos.writeChar('¥t');
        dos.writeBytes(items[i]); dos.writeChar('¥t');
    }
}
```

指定したデータを読み取る

» java.io.DataInputStream

▼メソッド

readXxx	データを読み取る
readFully	配列を読み取る
readUTF	文字列を読み取る

書式

```
public final type readXxx()
public void readFully(byte[] b[, int off, int len])
public int readUnsignedByte()
public int readUnsignedShort()
public String readUTF()
public static final String readUTF(DataInput in)
```

引数 type, Xxx：読み取った型（boolean, byte, char, double, float, int, long, short）、b：読み取る配列、off：読み取る配列の位置、len：読み取る配列の長さ、in：データ入力ストリーム

throws IOException
入出力エラーが発生したとき（mark, markSupported以外）

解説

それぞれ**入力ストリーム**から指定したデータを読み取り、そのデータを返します。

readFullyメソッドは入力ストリームから指定したバッファ配列のサイズ分だけ、もしくはファイルの終わりまで読み取り、バッファ配列に書き込みます。また、引数にオフセットと長さを指定した場合には、指定した長さ分、もしくはファイルの終わりまでデータを読み取り、バッファ配列のオフセットから書き込みます。オフセットと指定した長さを足したものがバッファ配列のサイズを超える場合には、例外IndexOutOfBoundsExceptionが発生します。

readBooleanメソッドでは、読み取った1バイトが0の場合にfalse、それ以外の場合にtrueを返します。

サンプル ▶ **BYReadPrimitiveSample.java**

```
// BYWritePrimitiveSample.java（項目「指定したデータを書き込む」を参照）
// で書き込まれたbyMenu.txtの内容を読み取る
try (DataInputStream dis =
        new DataInputStream(new FileInputStream("chap6/data/byMenu.
txt"));) {

    int price = 0;
    byte[] item = new byte[13];

    while (true) {
        try {
            price = dis.readInt();
            dis.readChar();
            dis.readFully(item);
            dis.readChar();
        } catch (EOFException e) {
            break;
        }
        System.out.println(new String(item)
        + "は、¥" + price + "です。");
    }
}
catch (Exception e) {
    e.printStackTrace();
}
```

⬇

```
Blend Coffee は、¥250です。
Caffe Latte  は、¥280です。
Hot Chocolateは、¥320です。
```

各データ型の値を バイトストリームに出力する

» java.io.PrintStream

▼メソッド

checkError	入出力エラーを検出する
print	改行なしで出力する
println	改行ありで出力する

書式
```
public boolean checkError()
public void print(type v)
public void println([type v])
```

引数 type：boolean, char, int, long, float, double, char[], String, Objectのいずれか、v：出力する値

解説

各データ型の値を、バイトストリームに出力します。文字列は、Stringクラスのvalue Ofメソッドで生成されます。printメソッドはそのまま出力しますが、printlnメソッドは最後に改行文字を補って出力します。

これらのメソッドは、他の出力ストリームのメソッドと異なり、例外IOExceptionをスローすることはありません。入出力処理における例外を監視するためには、checkErrorメソッドを利用します。このメソッドは、例外IOExceptionを検出した場合、trueを返します。

サンプル ▶ **BYPrintStreamSample.java**

```
String[] mes = {"おはよう", "こんにちは", "おやすみ"};
try (
    PrintStream ps =
        new PrintStream(
            new BufferedOutputStream(
                new FileOutputStream("chap6/data/byPrint.txt")))){
    int size = mes.length;
    for(int i = 0; i < size; i++){
        ps.println(mes[i]);
    }
    for(int i = 0; i < size; i++){
        ps.print(mes[i]);
    }
    if(ps.checkError()){
        System.out.println("入出力処理における例外が発生しました。");
    }
}
catch (Exception e) {
    e.printStackTrace();
}
```

⬇

```
おはよう
こんにちは
おやすみ
おはようこんにちはおやすみ
※byPrint.txtの内容です
```

バイト配列の入力ストリームを生成する

» java.io.ByteArrayIntputStream

▼ メソッド

ByteArrayInputStream　バイト配列の入力ストリームを生成する

書式 `public ByteArrayInputStream(byte[] buf[, int offset, int length])`

引数 buf：バイト配列のストリームに設定する値、offset：読む取るオフセット、length：読み取る文字数

解説

ByteArrayInputStreamクラスは、バイト配列から入力ストリームを生成します。メモリ上の配列との間でデータをやりとりするため、メモリを**一時ファイル**のように扱うことができます。

サンプル ▶ **BArrayIOSample.java**

```
String tmp = "abcdefghijklmnopqrstuvwxyz";
try (ByteArrayInputStream in =
      new ByteArrayInputStream(tmp.getBytes())) {

    for (int i = 0; i < 2; i++) {
        for (int c = 0; (c = in.read()) != -1;) {
            // 2回目の表示は大文字にする
            System.out.printf("%c",
                (i == 0) ? c : Character.toUpperCase(c));
        }
        System.out.println();
        in.reset(); // 読み込み元を先頭にもどす
    }
}
catch (IOException e) {
    e.printStackTrace();
}
```

⬇

```
abcdefghijklmnopqrstuvwxyz
ABCDEFGHIJKLMNOPQRSTUVWXYZ
```

バイト配列の出力ストリームを生成する

» java.io.ByteArrayOutputStream

▼ メソッド

ByteArrayOutputStream　バイト配列出力ストリームを生成する

書式　public ByteArrayOutputStream([int initialSize])

引数　initialSize：設定するバッファの初期サイズ

解説

ByteArrayOutputStreamクラスは、バイト配列への**出力ストリーム**を生成します。メモリ上の配列との間でデータをやりとりするため、メモリを一時ファイルのように扱うことができます。

コンストラクタByteArrayOutputStreamは、引数でバッファ容量を指定しないと、初期値は32バイトになります。ただし、このサイズは必要に応じて大きくなります。

また、OutputStreamクラスを継承しているので、スーパークラスで定義されたメソッドも使用できます。

なお、ByteArrayOutputStreamクラスは、操作後のcloseメソッドは不要です。

サンプル ▶ **BArrayOutput.java**

```
byte[] bytes = new byte[] { 1, 2, 3 };
try (ByteArrayInputStream is = new ByteArrayInputStream(bytes);
     ByteArrayOutputStream os = new ByteArrayOutputStream();) {

    int i = -1;
    while ((i = is.read()) > 0) {
        System.out.printf("%d ", i); // 結果:1 2 3
        // 符号を反転して書き込む
        os.write(-i);
    }
    // バイト配列として取り出す
    byte[] b = os.toByteArray();
    for (byte j : b) {
        System.out.printf("%#x ", j); // 結果:0xff 0xfe 0xfd
    }
}
```

文字配列の入力ストリームを生成する

» java.io.CharArrayReader

▼ メソッド

CharArrayReader　文字配列入力ストリームを生成する

書式
```
public CharArrayReader(char[] buf[, int offset,
    int length])
```

引数 buf：文字配列のストリームに設定する値、offset：読み取るオフセット、length：読み取る文字数

解説

CharArrayReaderクラスは、文字配列から**入力ストリーム**を生成します。メモリ上の配列との間でデータをやりとりするため、メモリを一時ファイルのように扱うことができます。

また、Readerクラスを継承しているので、スーパークラスで定義されたメソッドも使用できます。

サンプル ▶ BCAReaderSample.java

```
char[] chars = { 'あ', 'い', 'う', 'え', 'お' };
try (CharArrayReader reader =
    new CharArrayReader(chars, 1, 3)) {

    while (reader.ready()) {
        System.out.printf("%c", reader.read());
    }
}
catch (IOException e) {
    e.printStackTrace();
}
```

⬇

```
いうえ
```

文字配列の出力ストリームを生成する

» java.io.CharArrayWriter

▼ メソッド

CharArrayWriter　文字配列出力ストリームを生成する

書式　`public CharArrayWriter([int initialSize])`

引数　`initialSize`：設定するバッファの初期サイズ

解説

CharArrayWriterは、文字配列へ出力するストリームを生成するクラスです。メモリ上の配列との間でデータをやりとりするため、メモリを**一時ファイル**のように扱うことができます。

また、Readerクラスを継承しているので、スーパークラスで定義されたメソッドも使用できます。

サンプル ▸ **CharArraySample.java**

```
// 標準入力の内容を文字配列の出力ストリームに書き込む
// その文字配列をもとに文字列入力ストリームを生成し内容を出力

try (// 標準入力のストリーム
    InputStreamReader ir = new InputStreamReader(System.in);
    BufferedReader in = new BufferedReader(ir);
    // 文字配列出力ストリーム
    CharArrayWriter caw = new CharArrayWriter();) {

    System.out.print("Input : ");
    caw.write("[CharArray]" + in.readLine()); // 標準入力の内容を書き出す

    // cawの内容を文字配列とする文字配列入力ストリームの生成
    CharArrayReader car = new CharArrayReader(caw.toCharArray());
    // 文字配列入力ストリームの内容を標準出力に出力
    int data;
    while ((data = car.read()) != -1) {
        System.out.print((char) data);
    }
}
```

⬇

```
Input : Java
[CharArray]Java
```

デフォルトのファイルシステムを取得する

» java.nio.file.FileSystems

▼メソッド

getDefault	デフォルトのFileSystemを返す

書式 `public static FileSystem getDefault()`

解説

getDefaultメソッドは、デフォルトのFileSystemオブジェクトを返す、静的メソッドです。FileSystemクラスは、**ファイルシステム**内のファイルやその他のオブジェクトにアクセスするためのクラスです。つまり、デフォルトのFileSystemとは、実行している環境でアクセス可能なファイルシステムのFileSystemオブジェクトです。

サンプル ▶ NewIo2Sample.java

```
// デフォルトのファイルシステムの取得
FileSystem fileSystem = FileSystems.getDefault();

// ルートディレクトリの表示
for (Path name : fileSystem.getRootDirectories()) {
    System.out.println(name);
}
```

⬇

```
C:¥
D:¥
```

Path オブジェクトを生成する

» java.nio.file.FileSystem

▼ メソッド

getPath Pathオブジェクトを生成する

書式
```
public abstract Path getPath(String first,
    String... more)
```

引数 first：パス文字列の最初の部分、more：パス文字列に連結したい文字列

throws InvalidPathException
パス文字列を変換できないとき

解説

getPathメソッドは、FileSystemオブジェクトから、**Path**オブジェクトを生成します。Pathは、ファイルやディレクトリの場所を示すインターフェイスです。

引数には、パスを示す文字列を指定します。パス文字列は、まとまった1つでも、分割された形でも指定可能です。

サンプル ▶ NewIo2GetPath.java
```
FileSystem fs = FileSystems.getDefault();

// FileSystemから生成
Path path1 = fs.getPath("C:/aa/bb.txt");
Path path2 = fs.getPath("C:/aa/", "bb.txt");
Path path3 = fs.getPath("C:", "aa", "bb.txt");

// ディレクトリの場合
Path dir = fs.getPath("C:/aa");

// Pathsクラスから生成
Path path4 = Paths.get("C:/aa/bb.txt");
```

Pathオブジェクトは、java.nio.file.Pathsクラスのgetメソッドでも生成できます。引数はgetPathメソッドと同じです。

Path オブジェクトから ファイルを生成する

» java.nio.file.Files

▼ メソッド

createFile	ファイルを生成する

書式 `public static Path createFile(Path path, FileAttribute<?>... attrs)`

引数 path：作成するファイルのパス、attrs：設定したいファイル属性

throws FileAlreadyExistsException
その名前のファイルがすでに存在するとき
IOException
入出力エラーが発生、または親ディレクトリが存在しないとき

解説

createFileメソッドは、空のファイルを新規作成します。すでにファイルが存在していれば、**FileAlreadyExistsException**がスローされます。また、ファイルの作成そのものに失敗すれば、IOExceptionがスローされます。

第1引数は、作成するファイルのパスを、**Path**オブジェクトで指定します。第2引数では、設定したいファイル属性(ファイルのアクセス権限など)を、**FileAttribute**オブジェクトのリストで指定します。可変引数のため、複数でも、引数自体がなくても可能です。

サンプル ▶ **NewIo2CreateFile.java**

```
// Pathを作成する
Path path1 = FileSystems.getDefault().getPath("C:/aa/bb.txt");
try {
    Files.createFile(path1);
}
catch (IoException e) {
    System.out.println("作成失敗");
}
```

注意 存在しないディレクトリを指定した場合は、ファイルの作成に失敗します。

ディレクトリを生成する

» java.nio.file.Files

▼ メソッド

createDirectory	ディレクトリを生成する
createDirectories	親ディレクトリも含めてディレクトリを生成する

書式
```
public static Path createDirectory(
    Path dir, FileAttribute<?>... attrs)
public static Path createDirectories(
    Path dir, FileAttribute<?>... attrs)
```

引数 dir：作成するディレクトリのパス、attrs：設定したいファイル属性

throws FileAlreadyExistsException
その名前のファイルがすでに存在するとき
IOException
入出力エラーが発生、または親ディレクトリが存在しないとき

解説

createDirectoryメソッドは、ディレクトリを新規作成します。すでにディレクトリが存在していれば、**FileAlreadyExistsException**がスローされます。また、親ディレクトリが存在しないなど、ディレクトリの作成そのものに失敗すれば、IOExceptionがスローされます。

createDirectoriesメソッドは、親ディレクトリも含めてディレクトリを新規作成します。親ディレクトリが存在しなかった場合は、createDirectoryメソッドのように例外をスローするのではなく、親ディレクトリも作成します。

第1引数は、作成するディレクトリのパスを、**Path**オブジェクトで指定します。第2引数では、設定したいファイル属性(ディレクトリのアクセス権限など)を、**FileAttribute**オブジェクトのリストで指定します。可変引数のため、複数でも、引数自体がなくても可能です。

サンプル ▸ **NewIo2CreateDirectory.java**

```
Path dir = FileSystems.getDefault().getPath("C:/aa/bb");
try {
    // C:/aaがなくても作成できる
    Files.createDirectories(dir);
    // dirが存在するので例外がスローされる
    Files.createDirectory(dir);
} catch (IOException e) {
}
```

ファイルやディレクトリを削除する

» java.nio.file.Files

▼ メソッド

delete	ファイルやディレクトリを削除する
deleteIfExists	ファイルやディレクトリがあれば削除する

書式
```
void delete(Path path)
boolean deleteIfExists(Path path)
```

引数 path：ファイルやディレクトリのPathオブジェクト

throws
NoSuchFileException
ファイルが存在しなかったとき（delete）
DirectoryNotEmptyException
ディレクトリが空でないとき
IOException
入出力エラーが発生したとき

解説

deleteメソッドは、Pathオブジェクトで指定するファイルやディレクトリを削除します。指定したファイルが存在しなかった場合は、**NoSuchFileException**がスローされます。また、ディレクトリを削除する場合、そのディレクトリが空でなければ、**DirectoryNotEmptyException**がスローされます。

一方、deleteIfExistsメソッドは、指定のファイルやディレクトリが存在する場合のみ削除します。削除できればtrue、ファイルが存在せずに削除できなければfalseを返します。ただしディレクトリの削除では、そのディレクトリが空でないと、**DirectoryNotEmptyException**がスローされます。

サンプル ▶ **NewIo2Delete.java**

```
// Pathを作成する
Path dir1 = FileSystems.getDefault().getPath("C:/aa/bb");
try {
    // ディレクトリ作成
    Files.createDirectories(dir1);
    // ディレクトリ削除
    Files.delete(dir1);
    // ディレクトリ削除、存在しないのでfalseを返す
    System.out.println(Files.deleteIfExists(dir1)); // 結果：fasle
} catch (IOException e) {
}
```

一時ディレクトリ／ファイルを作成する

» java.nio.file.Files

▼メソッド

createTempFile	一時ファイルを作成する
createTempDirectory	一時ディレクトリを作成する

書式

```
public static Path createTempFile(
    [Path dir,] String prefix, String suffix,
    FileAttribute<?>... attrs)
public static Path createTempDirectory(
    [Path dir,] String prefix, FileAttribute<?>... attrs)
```

引数 dir：ディレクトリ、prefix：接頭辞文字列、suffix：接尾辞文字列、attrs：設定したいファイル属性

throws IOException
入出力エラーが発生したとき

解説

createTempFile／createTempDirectoryメソッドは、指定された接頭辞、接尾辞を持つ一時ファイル／ディレクトリを作成します。接頭辞、接尾辞以外の名称部分は、自動的に付与されます。接頭辞、接尾辞はnullも可能です。ただし接尾辞にnullを指定した場合は、".tmp"が使用されます。

第1引数で明示的に、作成するディレクトリを指定することもできます。指定しない場合は、**システムプロパティ**のjava.io.tmpdirで定義されている、デフォルトの一時ファイルディレクトリに作成されます。

サンプル ▶ **NewIo2CreateTemp.java**

```
// 一時ファイルを作成する
Path p1 = Files.createTempFile("tmp",null);
// C:¥Users¥ユーザー名¥AppData¥Local¥Temp¥tmp〜.tmpが作成される

// 一時ディレクトリを作成する
Path p2 = Files.createTempDirectory(
            FileSystems.getDefault().getPath("C:/aa"), "tmp");
// C:¥aa¥tmp〜が作成される
```

(結果は環境によって異なる)

作成されたファイルは、自動では削除されません。ただし、このファイルをオープンするときにStandardOpenOption.DELETE_ON_CLOSEオプションを指定すると、ファイルが閉じられるときに、削除されます。

「ファイルを生成する」 → P.359

COLUMN

java.nio.file.Filesクラスのその他のメソッド

New I/O 2ライブラリのjava.nio.file.Filesクラスは、ファイルを操作する静的メソッドだけが定義されたクラスです。クラスを生成する手間がなく、かんたんにファイル操作が行えるようになっています。主要なメソッドは、本文にて解説していますが、その他にも、Pathオブジェクトを引数とした便利なメソッドがあります。

▼Filesクラスの便利なメソッド

メソッド	概要
getLastModifiedTime	最後に変更された時間を返す
size	ファイルサイズ(バイト数)を返す
exists	ファイルが存在すれば、trueを返す
notExists	ファイルが存在しなければ、trueを返す
isReadable	ファイルが存在し、読み取り可能なら、trueを返す
isWritable	ファイルが存在し、書き込み可能なら、trueを返す
isExecutable	ファイルが存在し、実行可能なら、trueを返す

ファイルのリストを取得する

» java.nio.file.Files

▼メソッド

list ファイル、ディレクトリの一覧を取得する

書式 `public static Stream<Path> list(Path dir)`

引数 dir：ディレクトリ

throws NotDirectoryException
ディレクトリが存在しなかったとき
IOException
入出力エラーが発生したとき

解説

listメソッドは、Java SE 8から使用できるメソッドで、指定されたディレクトリ以下に含まれるファイル、ディレクトリの一覧をStreamで取得します。

なお、このStreamは、必ず閉じる必要があるため、closeメソッドを呼び出すか、**try-with-resources構文**を使うようにします。

サンプル ▶ **NewIo2List.java**

```
Path p1 = FileSystems.getDefault().getPath("C:/Windows");
// C:¥Windows直下のファイル一覧を取得
try (Stream<Path> stream = Files.list(p1)) {
    // 拡張子".sys"のみ抽出して表示する
    stream.filter(v -> v.getFileName().toString()
        .endsWith(".sys")).forEach(System.out::println);
}
catch (IoException e) {
    e.printStackTrace();
}
```

⬇

```
C:¥Windows¥etdrv.sys
C:¥Windows¥gdrv.sys
C:¥Windows¥GVTDrv64.sys
```

（結果は環境によって異なる）

対象となるのは指定ディレクトリの直下のみで、ディレクトリを再帰的には参照しません。

ファイルをコピー／移動する

» java.nio.file.Files

▼メソッド

copy	ファイルのコピー
move	ファイルの移動

書式
```
public static Path copy(Path source, Path target,
    CopyOption... options)
public static long copy(InputStream in, Path target,
    CopyOption... options)
public static long copy(Path source, OutputStream out)
public static Path move(Path source, Path target,
    CopyOption... options)
```

引数 source：対象ファイル、in：対象オブジェクト、target：コピー／移動先、options：オプション

throws IOException
入出力エラーが発生したとき

解説

copy／moveメソッドは、ファイルやディレクトリをコピー／移動するメソッドです。

copyメソッドでは、コピー元／コピー先の指定に、Pathオブジェクト、InputStreamまたはOutputStreamオブジェクトが指定可能です。

コピー／移動先のファイルが存在する場合は、REPLACE_EXISTINGオプションが指定されていないと、**FileAlreadyExistsException**がスローされます。また、コピー／移動先元のファイルがない場合は、**FileNotFoundException**または**NoSuchFileException**がスローされます。

なお、copy／moveメソッドでは、StandardCopyOptionで定義された、次のようなオプションを指定することができます。

▼コピー／移動の主なオプション

オプション	意味
COPY_ATTRIBUTES	作成日時などのファイル属性もコピーする
REPLACE_EXISTING	コピー／移動先のファイルがあっても上書きされる（ただしディレクトリの場合は、コピー／移動先ディレクトリが空でなければ、DirectoryNotEmptyExceptionがスローされる）
ATOMIC_MOVE	アトミックに移動する（moveメソッドのみ）

サンプル ▶ **NewIo2Copy.java**

```
try {
    Path p1 = FileSystems.getDefault().getPath("C:/aa/test1.txt");
    Path p2 = FileSystems.getDefault().getPath("C:/bb/test2.txt");

    // コピー
    Files.copy(p1, p2);

    // 上書きの移動
    Files.move(p1, p2, StandardCopyOption.REPLACE_EXISTING);

}
catch (IoException e) {
    e.printStackTrace();
}

// FileInputStreamを使ったコピー
try (InputStream in = new FileInputStream("C:/aa/test1.txt")) {

    Files.copy(in,
        FileSystems.getDefault().getPath("C:/bb/test2.txt"),
        StandardCopyOption.REPLACE_EXISTING);

}
catch (IoException e) {
    e.printStackTrace();
}

// FileOutputStreamを使ったコピー
try (OutputStream out = new FileOutputStream("C:/bb/test2.txt")) {

// 常に上書きコピーになる
    Files.copy(FileSystems.getDefault().getPath("C:/aa/test1.txt"),
                                                                out);
}
catch (IoException e) {
    e.printStackTrace();
}
```

注意　ディレクトリをコピーした場合は、ディレクトリのコピーだけで、その配下のファイルはコピーされません。ただし、移動の場合は、配下のファイルも移動します。

ファイルを一度に読み込む

» java.nio.file.Files

▼メソッド

readAllLines	テキストファイルをすべて読み込む
readAllBytes	ファイルをバイト配列として読み込む

書式
```
public static List<String> readAllLines(Path path
    [, Charset cs])
public static byte[] readAllBytes(Path path)
```

引数 path：対象ファイル、cs：文字エンコーディング

throws IOException
入出力エラーが発生したとき

解説

readAllLinesメソッドは、Pathオブジェクトで指定したテキストファイルすべてを読み込み、文字列のリストとして返します。文字列には、改行を含みません。第2引数で、**文字エンコーディング**を指定することもできます。指定しない場合は、**UTF-8**と見なされます。

readAllBytesメソッドは、Pathオブジェクトで指定したファイルすべてを読み込み、バイト配列として返します。

サンプル ▶ **NewIo2ReadAll.java**

```
List<String> lists = Arrays.asList("あああ", "いいい");
Path p1 = FileSystems.getDefault().getPath("C:/aa/test.txt");
try {
    Files.write(p1, lists);
    // 文字列のリストに一度に読み込み（UTF-8）
    List<String> list = Files.readAllLines(p1);
    System.out.println(list); // 結果：[あああ, いいい]
    // バイト配列に一度に読み込み、サイズを表示
    System.out.println(Files.readAllBytes(p1).length); // 結果：22
}
catch (IoException e) {
}
```

参照

「ファイルにテキスト／バイナリを書き込む」 → P.414

テキストファイルを一行ずつ読み込む

» java.nio.file.Files

▼ メソッド

lines テキストファイルを一行ずつ読み込む

書式 `public static Stream<String> lines(Path path [, Charset cs])`

引数 path：対象ファイル、cs：文字エンコーディング

throws IOException
入出力エラーが発生したとき

解説

linesメソッドは、テキストファイルを文字列のStreamに読み込みます。メモリ上に一度に読み込むreadAllLinesメソッドと異なり、逐次処理するStreamに読み込まれます。そのため、巨大なファイルに対しても、メモリを消費することなく、1行ずつ処理することが可能です。

第2引数で、**文字エンコーディング**を指定することもできます。指定しない場合は、**UTF-8**と見なされます。

サンプル ▶ **NewIo2Lines.java**

```
Path p1 = FileSystems.getDefault().getPath("C:/aa/test.txt");
List<String> lists = Arrays.asList("ああ", "いい", "うう");
try {
    // テキストファイルの作成（文字エンコード指定）
    Files.write(p1, lists, Charset.forName("MS932"));
    // 文字列のリストに一度に読み込み（文字エンコード指定）
    try (Stream<String> stream = Files.lines(p1,
      Charset.forName("MS932"))) {
        // 全行を表示
        stream.forEach(System.out::print); // 結果：ああいいうう
    }
} catch (IOException e) {
}
```

注意 戻り値のStreamは、必ず閉じる必要があるため、通常、try-with-resources構文を利用します。

参照

「ファイルにテキスト／バイナリを書き込む」 → P.414

ファイルにテキスト／バイナリを書き込む

» java.nio.file.Files

▼メソッド

write	ファイルにテキスト／バイナリをすべて書き込む

書式

```
public static Path write(Path path,
    Iterable<? extends CharSequence> lines
    [, Charset cs], OpenOption... options)
public static Path write(Path path, byte[] bytes,
    OpenOption... options)
```

引数 path：対象ファイル、lines：書き込むテキストのリスト、cs：文字エンコーディング、options：オプション、bytes：バイト配列

throws IOException
入出力エラーが発生したとき

解説

writeメソッドは、Pathオブジェクトで指定したファイルをオープンし、テキストのリストやバイト配列をまとめて書き込んだ後、ファイルをクローズします。

引数で、文字エンコードを指定することもできます。また、最後の引数では、StandardOpenOptionで定義された次のようなオプションを指定できます。ただし、オプションを何も指定しない場合は、CREATE、TRUNCATE_EXISTING、WRITEを指定したものと見なされます。

▼主なオプション

オプション	意味
READ	読み込み
WRITE	書き込み
APPEND	追記
CREATE	新規作成（上書き）
CREATE_NEW	新規作成（すでにファイルがあれば失敗する）
DELETE_ON_CLOSE	閉じるときに削除する
TRUNCATE_EXISTING	すでにファイルがあれば空にする

サンプル ▶ **NewIo2Write.java**

```java
// 文字列をバイト配列にする
byte[] bytes1 = "12345".getBytes();
try {
    // 一時ファイルの作成
    Path p1 = Files.createTempFile("tmp", null);

    // バイト配列の書き込み
    Files.write(p1, bytes1);

    // バイト配列に一度に読み込み、16進数の文字列として表示する
    byte[] bytes2 = Files.readAllBytes(p1);
    for (byte b : bytes2)
        System.out.printf("%X ", b); // 結果：31 32 33 34 35

    // ファイルの削除
    Files.delete(p1);
}
catch (IoException e) {
}
```

注意 writeメソッドでは、書き込む内容をメモリ上にすべて保持する必要がありますので、大きなデータを書き込む場合は注意が必要です。

「ファイルやディレクトリを削除する」→ P.406
「一時ディレクトリ／ファイルを作成する」→ P.407

パイプを使った入力ストリームを作成する（バイトデータ）

» java.io.PipedInputStream

▼メソッド

PipedInputStream	パイプによるバイト入力ストリームを生成する
connect	パイプに接続する

書式

```
public PipedInputStream([PipedOutputStream src])
public PipedInputStream([PipedOutputStream src,]
    int pipeSize)
public void connect(PipedOutputStream src)
```

引数 src：接続先の出力ストリーム、pipeSize：パイプのバッファのサイズ

throws IOException
入出力エラーが発生したとき（引数src指定時）

解説

PipedInputStreamクラスは、バイトデータから**パイプ**の**入力ストリーム**を作成します。コンストラクタでPipedInputStreamオブジェクトを作成し、パイプで連結された**出力ストリーム**srcに接続します。srcに書き込まれたデータバイトは、このストリームからの入力として使えるようになります。

コンストラクタで引数を指定しない場合、オブジェクト生成後にconnectメソッドで接続先を設定できます。

また、コンストラクタでは、パイプ処理に用いるバッファサイズを指定することもできます。

サンプル ▶ **PIStreamSample.java**

```
try (// パイプの準備
    PipedOutputStream poStream = new PipedOutputStream();
    PipedInputStream piStream = new PipedInputStream()) {

    // 入力ストリームを出力ストリームに接続
    piStream.connect(poStream);

    // バイト配列の一部を書き込み
    poStream.write(new byte[] { 1, 2, 3, 4, 5 }, 2, 3);

    // 読み込み可能なサイズだけ読み込み
    byte[] rcv = new byte[piStream.available()];
    piStream.read(rcv);

    // 読み込んだデータの表示
    for (byte tmp : rcv)
        System.out.printf("%d ", tmp);
}
```

⬇

```
3 4 5
```

Javaでは、**パイプ**という仕組みを利用して、ある処理の出力を、ある処理の入力として連結させることができます。たとえば、あるソースファイルから必要な情報を抜き出して他の保存ファイルに出力する場合、パイプを使用しなければ、抜き出した情報をいったんどこかに保存しておく必要があります。しかし、パイプを用いれば、ソースファイルから抜き出した出力を、そのまま保存ファイルへの入力とすることができるため、情報を一時的に保存する場所のことを考えなくて済みます。

バイトデータを扱う場合はPipedInputStream／PipedOutputStreamクラスを、文字データを扱う場合はPipedReader／PipedWriterクラスを使用します。

また、それぞれInputStream／OutputStream、Reader／Writerクラスを継承しているので、スーパークラスで定義されたメソッドも使用することができます。

パイプを使った出力ストリームを作成する（バイトデータ）

» java.io.PipedOutputStream

▼メソッド

PipedOutputStream	パイプによるバイト出力ストリームを生成する
connect	パイプに接続する

書式
```
public PipedOutputStream([PipedInputStream snk])
public void connect(PipedInputStream snk)
```

引数 snk：接続先の入力ストリーム

throws IOException
入出力エラーが発生したとき（引数snk指定時）

解説

PipedOutputStreamクラスは、バイトデータに書き込む**パイプ**の**出力ストリーム**を作成します。コンストラクタでPipedOutputStreamオブジェクトを作成し、パイプで連結された入力ストリームsnkに接続します。この出力ストリームに書き込まれたデータバイトは、接続したストリームの入力として使えるようになります。

コンストラクタで引数を指定しない場合、オブジェクト生成後にconnectメソッドで接続先を設定できます。

サンプル ▸ **POStreamSample.java**

```
try (
    // パイプの準備
    pipedinputstream pistream = new pipedinputstream();
    pipedoutputstream postream = new pipedoutputstream(pistream);){

    // バイト配列の書き込み
    postream.write("12345".getbytes());

    // 読み込み可能なサイズだけ読み込み
    byte[] rcv = new byte[pistream.available()];
    pistream.read(rcv);

    // 読み込んだデータの表示
    for ( byte tmp: rcv )
        system.out.printf("%x ",tmp);  // 結果：31 32 33 34 35
}
```

パイプを使った入力ストリームを作成する（文字データ）

» java.io.PipedReader

▼メソッド

PipedReader	パイプによる文字入力ストリームを生成する
connect	パイプに接続する

書式 public PipedReader([PipedWriter src])
public PipedReader([PipedWriter src,] int pipeSize)
public void connect(PipedWriter src)

引数 src：接続先の出力ストリーム、pipeSize：パイプのバッファのサイズ

throws IOException
入出力エラーが発生したとき（引数src指定時）

解説

PipedReaderクラスは、文字データから**パイプ**の**入力ストリーム**を作成します。コンストラクタでPipedReaderオブジェクトを作成し、パイプで連結された**出力ストリーム**srcに接続します。srcに書き込まれたデータバイトは、このストリームからの入力として使えるようになります。

コンストラクタで引数を指定しない場合、オブジェクト生成後にconnectメソッドで接続先を設定できます。

また、コンストラクタでは、パイプ処理に用いるバッファサイズを指定することもできます。

サンプル ▶ PPReaderSample.java

```
try (
    // パイプの準備
    PipedReader reader = new PipedReader();
    PipedWriter writer = new PipedWriter();){

    // 入力ストリームを出力ストリームに接続
    reader.connect(writer);

    writer.write("サンプル");

    while (reader.ready())
        System.out.printf("%c",reader.read());
}
```

⬇

```
サンプル
```

パイプを使った出力ストリームを作成する（文字データ）

» java.io.PipedWriter

▼ メソッド

PipedWriter	パイプによる文字出力ストリームを生成する
connect	パイプに接続する

書式

```
public PipedWriter([PipedReader snk])
public void connect(PipedReader snk)
```

引数 snk：接続先の入力ストリーム

throws IOException
入出力エラーが発生したとき（引数snk指定時）

解説

PipedWriterクラスは、文字データに書き込む**パイプ**の**出力ストリーム**を作成します。コンストラクタでPipedWriterオブジェクトを作成し、パイプで連結された入力ストリームsnkに接続します。この出力ストリームに書き込まれたデータバイトは、接続したストリームの入力として使えるようになります。

コンストラクタで引数を指定しない場合、オブジェクト生成後にconnectメソッドで接続先を設定できます。

サンプル ▸ **PPReaderWriterSample.java**

```
// 標準入力をパイプを経由して標準出力に出力する
try (
    // 標準入力のストリーム
    InputStreamReader ir = new InputStreamReader(System.in);
    BufferedReader in = new BufferedReader(ir);
    PipedWriter pw = new PipedWriter();      // 出力パイプの生成
    PipedReader pr = new PipedReader(pw);){ // 入力パイプに出力パイプを連結
    System.out.print("Input : ");
    pw.write("[piped]" + in.readLine());

    // 標準出力からの入力を加工して書き込む
    int data;
    while ((data = pr.read()) != -1) {
        System.out.print((char) data); // 入力パイプの内容を標準出力に
    }
}
```

ファイルの読み書きを任意の位置で行う

» java.io.RandomAccessFile

▼メソッド

RandomAccessFile　ファイルの任意の読み書きを行うオブジェクトを生成する

書式
```
public RandomAccessFile(File file, String mode)
public RandomAccessFile(String name, String mode)
```

引数 file, name：ファイル名またはFileオブジェクト、mode：アクセスモード

throws FileNotFoundException
ファイルのオープンまたは作成中にエラーが発生したとき

解説

RandomAccessFileクラスは、ファイルを任意の位置からアクセスするために用います。

第1引数で、読み取り、書き込みを行うファイルを指定します。引数modeには、ファイルを開くときのアクセスモードを指定します。指定できる値は次のようになります。

▼アクセスモード

値	意味
r	読み取り専用
rw	読み取りおよび書き込み用、ファイルがない場合は新規作成する

サンプル ▶ RandomAccessFileSample.java

```
File f = new File("chap6/data/raPointer.txt");
try (RandomAccessFile file1 = new RandomAccessFile(f, "rw");){
    file1.seek(10);
    file1.writeInt(1234); // 10バイト目にint値を書き込む
}
try (RandomAccessFile file2 = new RandomAccessFile(f, "r")){
    file2.seek(10);
    System.out.println(file2.readInt()); // 結果：1234
}
```

RandomAccessFileクラスは、DataInput／DataOutputインターフェイスを実装しており、実装されたreadXxx、writeXxxメソッドで読み書きを行います。

ファイルの読み書きを始める位置を取得／設定する

» java.io.RandomAccessFile

▼メソッド

getFilePointer	ファイルポインタを取得する
seek	ファイルポインタを設定する

書式
```
public long getFilePointer()
public void seek(long pos)
```

引数 pos：設定するファイルポインタの位置

throws IOException
入出力エラーが発生したとき（引数指定時）

解説

RandomAccessFileクラスでは、ファイルの位置を**ファイルポインタ**と呼ばれるインデックスを利用して特定します。

getFilePointerメソッドは、現在のファイルポインタの位置を返します。読み書き処理は、この位置から開始されます。

seekメソッドは、ファイルポインタの位置を設定します。引数には、ファイルの先頭を始点としたlong値を与えます。もし、ファイルサイズを超える位置にポインタを設定し、書き込み処理を行った場合には、ファイルのサイズが拡張されます。

サンプル ▸ **RAFileSeekSample.java**

```
try {
    File f = new File("chap6/data/raPointer.txt");

    try (FileWriter out = new FileWriter(f)){
        out.write("こんにちは秋元さん");
    }
    try (RandomAccessFile file = new RandomAccessFile(f, "rw")){
        file.seek(15);  // 15バイト目に書き込む
        file.write("山田".getBytes());
    }
    try (FileReader in = new FileReader(f)){
        while(in.ready()) System.out.printf("%c",in.read());
        // 山田さんに変わる
    }
}
```

ファイルのサイズを操作する

» java.io.RandomAccessFile

▼ メソッド

length	サイズを取得する
setLength	サイズを設定する
skipBytes	指定バイト数読み飛ばす

書式

```
public long length()
public void setLength(long newLength)
public int skipBytes(int n)
```

引数 newLength：設定するサイズ、n：スキップするバイト数

throws IOException
入出力エラーが発生したとき（引数指定時）

解説

lengthメソッドは、ファイルのサイズを取得します。

setLengthメソッドは、現在のファイルサイズが引数に設定するサイズより大きい場合には、設定したサイズになるようにファイルのデータを切り捨てます。このとき、切り捨てられたデータのところに**ファイルポインタ**(ファイルの読み書きを開始する位置)があれば、新しく設定されたファイルの末尾にポインタが移ります。また、逆に設定したサイズより小さい場合には、足りない分を補ってファイルサイズを拡張します。

skipBytesメソッドは、指定したバイト数の分、データを読み飛ばします。読み飛ばしたバイト数が戻り値として得られますが、指定したバイト数を読み飛ばす前にファイルの終わりが来るなどの理由で、引数と戻り値の値が必ずしも一致しないことがあります。

サンプル ▸ **RASizeSample.java**

```
try {
    File f = new File("chap6/data/raSize.txt");
    f.delete();

    try (RandomAccessFile file = new RandomAccessFile(f, "rw")){
        file.write("1234567890".getBytes());
        file.seek(0);

        // 5文字読み飛ばす
        file.skipBytes(5);
        System.out.println(file.readLine());

        // サイズを8にする
        file.setLength(8);
        System.out.println("ファイルサイズ: " +file.length());
    }
    // ファイル内容表示
    try (FileReader in = new FileReader(f)){
        while(in.ready()) System.out.printf("%c",in.read());
    }
}
catch (IOException e) {
    e.printStackTrace();
}
```

⬇

```
67890
ファイルサイズ: 8
12345678
```

コンソールクラスを用いてエコーなしで入力する

» java.io.Console

▼ メソッド

readPassword	エコーなしでパスワードまたはパスフレーズを読み取る

書式 `char[] readPassword([String fmt, Object ... args])`

引数 fmt：書式文字列、args：表示する値

解説

コンソールの入出力には、System.out／System.inクラスが使えますが、コンソール専用の入出力クラスとしてjava.io.Consoleクラスが提供されています。

readPasswordメソッドは、エコーなしに、コンソールからパスワードまたはパスフレーズを読み取ります。デフォルトではプロンプトを表示しません。ただし、引数でプロンプトの書式を設定することもできます。

なお、サンプルプログラムの実行は、コマンドラインから行ってください。Eclipseから実行すると、System.console()メソッドがnullを返します。

サンプル ▶ **ConsoleSample.java**

```
Console console = System.console();

char[] password = console.readPassword();
System.out.println(password);

password = console.readPassword("[%tT]password> ", new Date());
for (char c : password) {
    console.printf("%c", c);
}
```

⬇

```
>java -cp . chap6.ConsoleSample

abc
[10:34:00]password>
abc
```

オブジェクトを読み取る

» java.io.ObjectInputStream

▼メソッド

readObject オブジェクトを読み取る

書式 `public final Object readObject()`

throws IOException
入出力エラーが発生したとき
ClassNotFoundException
クラスが見つからないとき

解説

Javaでは、オブジェクトをコード化(**シリアライズ**)してバイトストリームに出力することができます。これは、オブジェクトを再利用するために、一時的にファイルに保存したり、リモートホスト間のプログラムでオブジェクトを送受信するような場面で有効です。

readObjectメソッドは、**入力ストリーム**からオブジェクトの読み取りを行います。

サンプル ▶ **ReadObjectSample.java**

```
try {
    File f = new File("chap6/data/obTemp.txt");
    try (// Stringオブジェクトの書き込み
        ObjectOutputStream op =
            new ObjectOutputStream(new FileOutputStream(f))) {
        op.writeObject("The answer is blowin' in the wind.");
    }

    // Stringオブジェクトの読み込み
    try (ObjectInputStream oi =
            new ObjectInputStream(new FileInputStream(f))) {
        System.out.println((String) oi.readObject());
    }
}
```

⬇

```
The answer is blowin' in the wind.
```

オブジェクトを書き込む

» java.io.ObjectOutputStream

▼ メソッド

writeObject オブジェクトを書き込む

書式 `public final void writeObject(Object obj)`

引数 obj：書き込むオブジェクト

throws IOException
入出力エラーが発生したとき

解説

Javaでは、オブジェクトをコード化(**シリアライズ**)してバイトストリームに出力することができます。ただしシリアライズできるのは、java.io.Serializableインターフェイスを実装したクラス、もしくはそれを継承したサブクラスのオブジェクトです。

writeObjectメソッドは、オブジェクトを**出力ストリーム**に書き込みます。

サンプル ▸ **WriteObjectSample.java**

```
class PrintMessage implements Serializable {
    private static final long serialVersionUID = 1L;
    public void doPrint(String name) {
        System.out.println(name + "さんこんにちは。");
    }
}
try {
    String fn = "chap6/data/obTemp.txt";
    // obTemp.txtにPrintMessageオブジェクトを保存する
    try (FileOutputStream o = new FileOutputStream(fn);
         ObjectOutputStream oObj = new ObjectOutputStream(o)) {
        oObj.writeObject(new PrintMessage());
    }
    try (FileInputStream i = new FileInputStream(fn);
         ObjectInputStream iObj = new ObjectInputStream(i)) {
        PrintMessage pm = (PrintMessage) iObj.readObject();
        // 保存したオブジェクトのdoPrintメソッドを実行
        pm.doPrint("山田"); // 結果：山田さんこんにちは。
    }
}
```

バッファの位置を操作する

» java.nio.Buffer

▼メソッド

capacity	容量を取得する
limit	リミットを取得／設定する
mark	マークを設定する
position	位置を取得／設定する

書式

```
public final int capacity()
public final int limit()
public final int position()
public final Buffer limit(int newLimit)
public final Buffer position(int newPosition)
public final Buffer mark()
```

引数 newLimit：新しいリミットの位置、newPosition：新しいバッファの位置

解説

java.nioパッケージのBufferクラスは、booleanを除いた、入出力用途の基本データ型に特化したデータコンテナのクラスです。Bufferクラスはベースとなる抽象クラスで、そのサブクラスに各基本データ型ごとにバッファクラスがあります。各データ型に共通する操作を行う際には、Bufferクラスのメソッドを使用します。

capacityメソッドは、コンテナのサイズを取得します。

positionメソッドは、要素にアクセスする現在の位置を取得、または新しい位置を指定します。limitメソッドは、位置(position)の取り得る最大値を取得、設定します。指定する新しい値が、現在のpositionより小さい場合、positionがその値に変更されます。

markメソッドは、positionの値を一時的に記憶させておくものです。resetメソッドを呼び出すと、positionがその位置に戻ります。

なお、mark、position、limit、capacityの値は、必ず次の関係である必要があります。

```
0 <= mark <= position <= limit <= capacity
```

clearメソッドは、positionを0、limitをcapacityに設定し、markを破棄します。ただし、バッファの中身を消去するわけではありません。

rewindメソッドは、バッファの先頭まで戻り、positionを0に設定します。その際、マークは破棄されます。

flipメソッドは、limitをpositionの値にし、positionを0に設定します。

サンプル ▶ BFOpeSample.java

```
// position、limit、capacity表示
static void printbuffer(String s, Buffer b) {
    System.out.println(s + "¥tposition:" + b.position()
        + "¥tlimit: " + b.limit() + "¥tcapacity:" + b.capacity());
}

public static void main(String[] args) {
    CharBuffer cb = CharBuffer.allocate(20);
    printbuffer("初期値    :", cb);

    // 位置を操作する
    cb.position(6);
    cb.mark();
    printbuffer("p←6,mark: ", cb);
    cb.position(10);
    printbuffer("p←10     : ", cb);
    cb.reset(); printbuffer("reset    :", cb);
    cb.flip(); printbuffer("flip     :", cb);
    cb.position(5);
    printbuffer("p←5      : ", cb);
    cb.rewind(); printbuffer("rewind   :", cb);
    cb.clear(); printbuffer("clear    :", cb);
}
```

⬇

```
初期値    :   position:0    limit: 20   capacity:20
p←6,mark:   position:6    limit: 20   capacity:20
p←10     :   position:10   limit: 20   capacity:20
reset    :   position:6    limit: 20   capacity:20
flip     :   position:0    limit: 6    capacity:20
p←5      :   position:5    limit: 6    capacity:20
rewind   :   position:0    limit: 6    capacity:20
clear    :   position:0    limit: 20   capacity:20
```

バッファから読み取る

» java.nio.CharBuffer

▼ メソッド

get バッファから値を読み取る

書式

```
public abstract type get([int index])
public CharBuffer get(type[] dst[, int offset,
     int length])
```

引数 type：byte, char, double, float, int, long, shortのデータ型、index：読み書きする位置、dst：コピー先の配列、offset：オフセット、length：書き込む長さ

解説

getメソッドは、基本データ型の**バッファ**から値を読み取ります。

引数に何も指定しない場合、現在のバッファ位置から値を1つだけ読み取ります。positionも、最後に読み取った位置に移動します。

一方、引数にインデックスを指定した場合には、指定されたインデックスにある値を読み取ります。positionは変更されません。

引数に配列を指定した場合には、バッファの内容を、現在のバッファの位置から指定した配列にコピーします。引数に配列だけを指定した場合には、現在のバッファの位置からコピー先の配列の長さ分だけコピーされます。また、引数として配列とそのオフセット、長さを指定した場合には、オフセットから指定した長さの分だけ、データが配列にコピーされます。

サンプル ▶ **CharBuffGetSample.java**

```
char[] chars = { 'J', 'a', 'v', 'a' };
CharBuffer cb = CharBuffer.allocate(10);
// 書き込み
cb.put(chars);
// positionを先頭にする
cb.rewind();
for (int i = 0; i < 4; i++)
    System.out.println(cb.get()); // 結果：Java
```

他のBufferクラスのサブクラス(ByteBuffer, DoubleBuffer, FloatBuffer, IntBuffer, LongBuffer, ShortBuffer)でも、getメソッドは同じ動作となります。

バッファに書き込む

» java.nio.CharBuffer

▼メソッド

put バッファに値を書き込む

書式

```
public abstract CharBuffer put([int index,] type x)
public CharBuffer put(type[] src[, int offset,
    int length])
public CharBuffer put(CharBuffer src)
```

引数 type：byte, char, double, float, int, long, shortのデータ型、index：読み書きする位置、offset：オフセット、length：書き込む長さ、x：書き込む値、src：コピー元の配列

解説

putメソッドは、引数に指定した値を現在の**バッファ**の位置に書き込みます。また、引数にインデックスと値を指定した場合、指定した位置に指定した値を書き込みます。また、引数としてバッファを指定した場合、指定したバッファの内容を現在のバッファにコピーします。

基本データ型の配列を指定した場合には、配列の内容をバッファにコピーします。引数として、配列とそのオフセット、長さを指定した場合には、オフセットから指定された長さの分だけ、現在のバッファの位置にデータをコピーします。

サンプル ▶ **CharBuffPutSample.java**

```
// バッファから取得した文字を大文字に変換して、バッファに書き込む
char[] chars = { 'H', 'e', 'l', 'l', 'o', '!' };
CharBuffer cb = CharBuffer.wrap(chars);
int size = cb.length();
for (int i = 0; i < size; i++) {
    int posi = cb.position();
    char c = Character.toUpperCase(cb.get());
    cb.put(posi, c);
}
cb.rewind();
for (int i = 0; i < size; i++)
    System.out.print(cb.get()); // 結果：HELLO!
```

補足 他のBufferクラスのサブクラス(ByteBuffer, DoubleBuffer, FloatBuffer, IntBuffer, LongBuffer, ShortBuffer)でも、putメソッドは同じ動作となります。

さまざまなバッファを生成する

» java.nio.CharBuffer

▼メソッド

allocate	バッファを生成する
duplicate	バッファをコピーする
slice	バッファの一部を切り出す
wrap	配列からバッファを生成する

書式

```
public static CharBuffer allocate(int capacity)
public static CharBuffer wrap(type[] array[, int offset,
    int length])
public abstract CharBuffer slice()
public abstract CharBuffer duplicate()
```

引数 capacity：配列に割り当てるサイズ、array：ラップされる配列、offset：ラップされる配列のオフセット、length：ラップされる配列の長さ

解説

allocateメソッドは、指定したサイズで新しい文字バッファを割り当てます。

wrapメソッドは、指定した配列と同じ内容を持つ、新しい**バッファ**を生成します。オフセットと長さを指定することで、配列の一部を指定することができます。その際、オフセットは配列の長さ以下、長さは配列の長さからオフセットを引いたものより小さい正の値でなくてはなりません。

sliceメソッドは、現在のバッファのコンテンツと共有する、新しいバッファを生成します。現在のバッファ位置からコンテンツの終わりまでが新しいバッファの内容となり、どちらか一方に加えられた変更は、もう一方にも反映されます。バッファの位置、リミット、マークは、それぞれ異なります。

duplicateメソッドは、sliceメソッドとほぼ同じ挙動をしますが、生成されるバッファの内容は、バッファの位置に関係なくすべて同じものになります。また、コピー元のバッファと内容を共有するため、コピー元のバッファに変更があれば、コピーしたバッファにもその変更が反映されます。

サンプル ▶ **BFCreateSample.java**

```
// Char型のバッファを生成し、そのバッファと共有している文字列を取得
CharBuffer cb = CharBuffer.wrap("This is sample CharBuffer.");
for (int i = 0; i < 8; i++) {
    System.out.print(cb.get());
}
System.out.println();
CharBuffer sub = cb.slice();// 9バイト目以降を取得
int n = sub.length();
for (int i = 0; i < n; i++) {
    System.out.print(sub.get());
}
System.out.println();
```

```
This is
sample CharBuffer.
```

他のBufferクラスのサブクラス(ByteBuffer, DoubleBuffer, FloatBuffer, IntBuffer, LongBuffer, ShortBuffer)でも、同様のメソッドで各データ型のバッファを生成することができます。

「バッファの位置を操作する」 → P.428
「バッファから読み取る」 → P.430

バッファの情報を取得する

» java.nio.CharBuffer

▼メソッド

length	バッファの長さを取得する
order	バッファのバイト順序を取得する

書式
```
public abstract ByteOrder order()
public final int length()
```

解説

orderメソッドは、現在の**バッファ**の**バイトオーダー**を取得します。

lengthメソッドは、現在の要素の数を取得します。その値は、position以上、limitより小さい値になります。

サンプル ▶ **BFPrimitiveInfoSample.java**

```
char[] chars =
    { 'P', 'o', 'c', 'k', 'e', 't',
        'R', 'e', 'f', 'e', 'r', 'e', 'n', 'c', 'e' };

CharBuffer cb = CharBuffer.allocate(30);
cb.put(chars);

// バッファの情報を表示
System.out.println("capacity: " + cb.capacity());
System.out.println("length: " + cb.length());
System.out.println("order: " + cb.order());
```

⬇

```
capacity: 30
length: 15
order: LITTLE_ENDIAN
```

他のBufferクラスのサブクラス(ByteBuffer, DoubleBuffer, FloatBuffer, IntBuffer, LongBuffer, ShortBuffer)でも、同様のメソッドで各データ型の情報を取得することができます。

ファイルのチャネルの読み書きをする

» java.nio.channels.FileChannel

▼ メソッド

read	チャネルから読み取る
write	チャネルに書き込む

書式
```
public abstract int read(ByteBuffer dst[, long position])
public abstract long read(ByteBuffer[] dsts[, int offset,
    int length])
public abstract int write(ByteBuffer src
    [, long position])
public abstract long write(ByteBuffer[] srcs
    [, int offset, int length])
```

引数 dst：コピー先のバッファ、position：読み取り開始位置、dsts：コピー先のバッファ配列、offset：バッファ配列のオフセット、length：コピーする長さ、src：コピー元のバッファ、srcs：コピー元のバッファ配列

throws IOException
入出力エラーが発生したとき

解説

FileChannelクラスは、ファイルに対してデータの入出力を行います。

readメソッドで**バイトバッファ**を指定した場合には、ファイルの現在のチャネル位置からの内容をバイトバッファに読み取ります。また、ファイル位置を指定した場合には、その位置から読み取ります。バイトバッファの配列を指定した場合も同様です。オフセットと長さを指定した場合には、指定した長さのデータを読み取り、指定した配列のオフセットからデータを書き込みます。どの場合にも、実際に読み取った文字数を返します。

writeメソッドでバイトバッファを指定した場合には、現在のチャネル位置に、引数の値を書き込みます。現在の位置がファイルの末尾に移動し、そこから書き込みを行うようになっているときは、ファイルの末尾に現在のファイル位置が移動します。また、ファイル位置が指定されると、その位置からデータを書き込みます。

引数としてバイトバッファの配列が指定された場合には、その配列の内容がチャネルに書き込まれます。オフセットと長さも指定されている場合には、配列の

オフセットから指定した長さまでの内容が書き込まれます。いずれの場合にも、書き込んだバイト数が戻り値として返ります。

サンプル ▶ **CNFileReadWriteSample.java**

```
try {
    // 15MBほどのファイルを作成します
    File f = new File("chap6/data/cnOri.txt");
    try (BufferedWriter tmp =
        new BufferedWriter(new FileWriter(f));) {
        for (int i = 0; i < 500000; i++) {
            tmp.write(new Date().toString());
            tmp.newLine();
        }
    }
    long s = new Date().getTime();
    // cnOri.txtの内容をcnCpy.txtにコピー
    try (FileInputStream fis = new FileInputStream(f);
         FileOutputStream fos =
            new FileOutputStream("chap6/data/cnCpy.txt")) {
        FileChannel in = fis.getChannel();
        FileChannel out = fos.getChannel();

        ByteBuffer bf = ByteBuffer.allocateDirect((int) in.size());
        bf.clear();
        in.read(bf);
        bf.flip();
        out.write(bf);
    }
    System.out.println(new Date().getTime() - s + "ミリ秒");
}
catch (Exception e) {
    e.printStackTrace();
}
```

チャネルとは、java.ioパッケージのストリームと似た概念です。ただし、より抽象的になっていて、ストリームのように入力と出力に分かれて定義されていません。基本的なチャネルインターフェイスは、単にデバイス(ファイルやネットワークのソケットなど)間におけるデータ入出力の伝送路を示すだけです。実際の処理は、デバイスに応じたサブクラス(たとえばFileChannelなど)ごとに実装されます。

ファイルのチャネルを操作する

» java.nio.channels.FileChannel

▼ メソッド

size	ファイルサイズを取得する
transferFrom	チャネルを指定元からコピーする
transferTo	チャネルを指定先にコピーする
truncate	ファイルサイズを切り捨てる

書式

```
public abstract FileChannel position(long newPosition)
public abstract long size()
public abstract long transferTo(long position,
    long count, WritableByteChannel target)
public abstract long transferFrom(
    ReadableByteChannel src, long position,
    long count) 
public abstract FileChannel truncate(long size)
```

引数 newPosition：設定するファイル位置、position：ファイル位置、size：ファイルサイズ、conut：コピーする長さ、target：ターゲットのチャネル、src：コピー元のチャネル

throws IOException
入出力エラーが発生したとき

解説

truncateメソッドは、引数が現在のファイルサイズより小さい場合、ファイルの末尾を切り捨てて指定のサイズにします。しかし、引数の値が現在と同じ、もしくは大きい場合、ファイルサイズは変更されません。

transferToメソッドは、ファイルの**チャネル**から、指定された書き込み可能なバイトストリームのチャネルにデータをコピーし、そのバイト数を返します。引数には、チャネルの位置、コピーする長さ、コピー先のバイトチャネルを指定しますが、ファイル位置、長さ共に正の値でなくてはなりません。なお、このメソッドによってチャネルの位置が変更されることはありません。

transferFromメソッドは、transferToメソッドとは逆に、読み取り可能なバイトチャネルから現在のチャネルにバイトデータをコピーします。引数には、コピー元のバイトチャネル、そして書き込むファイルの位置と長さを指定します。

サンプル ▶ **CNFileOpeSample.java**

```
try {
    File f= new File("chap6/data/cnFile.txt");
    try (BufferedWriter tmp =
             new BufferedWriter(new FileWriter(f))){
        String str = new Date().toString();
        System.out.println(str);
        tmp.write(str);
    }

    // ファイルチャネルの生成
    try (RandomAccessFile raf = new RandomAccessFile(f, "rw");
         FileChannel fc = raf.getChannel()){
        fc.truncate(fc.size()-10); // ファイルの切り詰め
    }

    try (FileReader in = new FileReader(f)){
        while(in.ready()) System.out.printf("%c",in.read());
    }
}
```

⬇

```
Fri Apr 03 11:38:46 JST 2020
Fri Apr 03 11:38:4
```

参照

「ファイルのチャネルの読み書きをする」 → P.435

COLUMN

ファイルの変更を監視する

ファイルの変更を監視したい、たとえば、あるディレクトリにファイルが新規作成されたかどうかを監視したい、といった用途には、Java SE 7からサポートされたファイル監視API(WatchService、WatchKeyクラス)を使うとよいでしょう。
サンプルは、ファイル監視APIの基本的なコードです。監視したいディレクトリにWatchServiceオブジェクトを登録した後、発生したイベントをWatchKeyオブジェクトを使って取得し、イベントの種類を表示します。

サンプル ▶ **FileWatchSample.java**

```
Path dir = Paths.get("C:/test/"); // 監視するディレクトリ

// WatchServiceオブジェクトの生成
try (WatchService watcher =
    FileSystems.getDefault().newWatchService()) {
    // 監視ディレクトリにWatchServiceオブジェクトを登録する
    WatchKey watchKey = dir.register(watcher,
            StandardWatchEventKinds.ENTRY_CREATE, // 作成
            StandardWatchEventKinds.ENTRY_DELETE, // 変更
            StandardWatchEventKinds.ENTRY_MODIFY, // 削除
            StandardWatchEventKinds.OVERFLOW      // 特定不能
    );
    // WatchServiceオブジェクトが有効の間ループする
    while (watchKey.isValid()) {
        WatchKey key = null;
        try {
            key = watcher.take();   // 監視キーを取得する
        }
        catch (InterruptedException e) {
            return;
        }
        // 取得したイベントの種類を表示する
        for (WatchEvent<?> event : key.pollEvents()) {
            WatchEvent.Kind<?> kind = event.kind();
            System.out.println(kind.name());
            // イベントが発生すると
            // ENTRY_CREATE,ENTRY_DELETE,ENTRY_MODIFY,OVERFLOW
            // のいずれかを表示する
        }
        key.reset(); // キーをリセットして監視を再開する
    }
}
catch (IOException e) {
    e.printStackTrace();
}
```

COLUMN

Pathオブジェクトでのファイルパス正規化

ファイルパスを正規化するメソッドは、java.io.FileクラスのgetCanonicalPathメソッドだけでなく、Pathオブジェクトにも、toRealPathメソッドとして定義されています。このtoRealPathメソッドは、自身のオブジェクトが示すパスを正規化したPathオブジェクトを返します。ただし、Fileクラスと異なり、toRealPathメソッドでは、パスが実際に存在しない場合、NoSuchFileExceptionがスローされます。

サンプル ▶ ColumnPath.java

```
try {
    // パスが正規化されたPathオブジェクト
    Path p = file.toPath().toRealPath();
    System.out.println(p); // パス名の表示
}
catch (IOException e) {
    // パスが存在しない場合
    e.printStackTrace();
}
```

7

並行処理

この章では、Javaの並行処理に関するAPIを解説します。

Javaでの並行処理は、当初はjava.lang.Threadクラスを利用していました。その後Java SE 5.0から、ConcurrencyUtilitiesと呼ばれる並行処理のAPIが提供されるようになり、現在ではそのAPIを使うのが一般的です。ConcurrencyUtilitiesのAPIを利用すれば、java.lang.Threadクラスを直接生成することなく、よりかんたんに並行処理を扱うことができます。

スレッド

スレッドとは、プログラムを実行する処理の最小単位です。アプリケーションには少なくとも1つのスレッドがあり、Java VMでは1つのプログラムにつき、1つの新しいスレッドを作成します。そのスレッドの中から、mainメソッドを実行し、実行が終わるとスレッドは消滅して、アプリケーションを終了します。このmainメソッドを実行しているスレッドのことを、mainスレッドと呼びます。

Java VMでは、mainスレッドだけでなく、複数のスレッドを並行して実行することができます。厳密には、CPU(あるいはコア)が1つしかない環境では、複数のスレッドを同時に実行することはできません。しかし非常に短い時間に切り替えて実行するため、ほぼ同時に行われているように見えます。このように複数のスレッドを同時に実行する処理を、マルチスレッド処理と呼びます。

Executorフレームワーク

ConcurrencyUtilitiesには、効率的にスレッドが実行できるスレッドプールをベースとしたExecutorフレームワークが用意されています。

▼スレッドプール

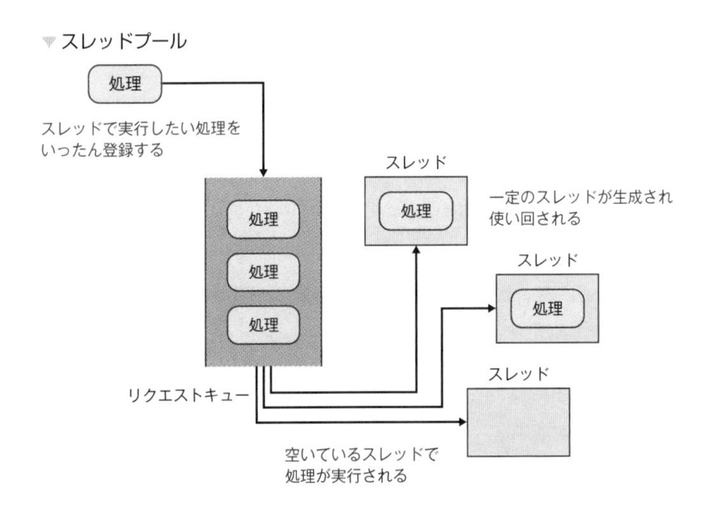

Executorフレームワークでは、ある処理をタスク(スレッドに割り当てるひとまとまりの処理のこと)として、スレッドプールに割り当てて実行します。タスクは、Threadクラスではなく、Runnable／Futureインターフェイスを継承したクラスやラムダ式で実装します。

Fork/Join フレームワーク

Fork/Joinフレームワークは、Java 7から追加された、タスクを分割して並列実行するためのフレームワークで、主に再帰的な処理を高速化するために用います。このフレームワークでは、work-stealingアルゴリズムを利用しているため、CPUを効率的に使って処理を行うことができます。work-stealingアルゴリズムとは、タスクのキューが空になっているスレッドが、キューのたまっているスレッドから自動的にタスクを奪う(steal)ような仕組みのことで、効率よくスレッドを実行することができます。

▼work-stealingアルゴリズム

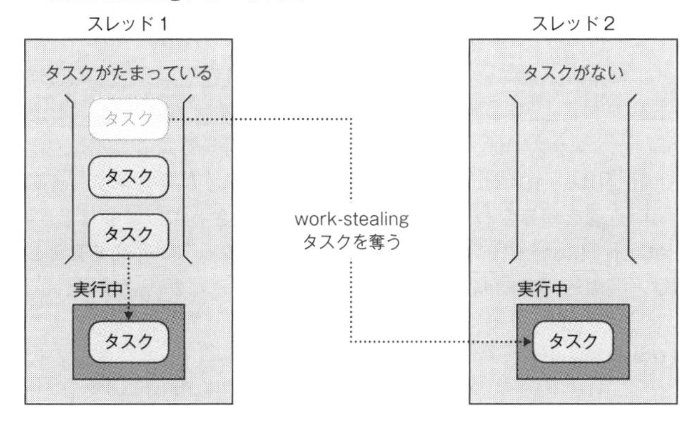

なお、タスクを分割する仕組みまではフレームワークに含まれていません。利用する側が分割するコードを作成する必要があります。この分割のアルゴリズムとして、分割統治法がよく知られています。分割統治法では、タスクを分割していき、十分な小ささになったら、実際の処理を行うというものです。

▼ 分割統治法のイメージ

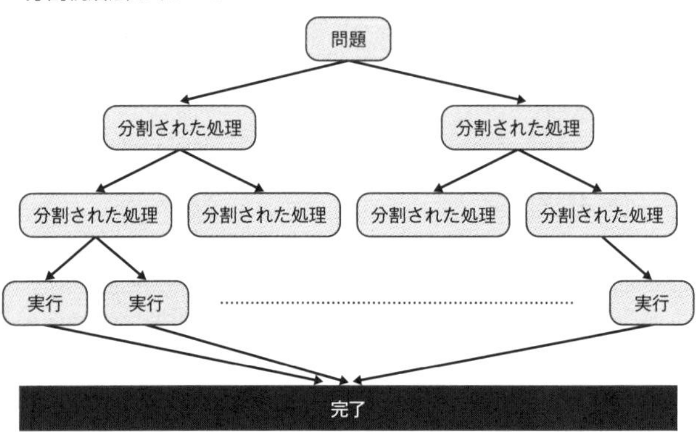

CompletableFuture

CompletableFutureクラスは、Java 8で導入された、Futureインターフェイスの実装クラスで、Futureパターンと呼ばれる並列処理のデザインパターンを実現するクラスです。Futureパターンとは、複数の非同期の処理結果を必要時に参照する仕組みのことです。

CompletableFutureクラスでは、非同期処理の結果を取得する際、コールバックを使うことで、呼び出し元がブロックせずに結果を得ることができます。そのため、複数の非同期処理を組み合わせた処理が簡潔に記述できるようになります。

また、CompletableFutureクラスは、従来のFutureインターフェイスを実装していることもあり、汎用的に非同期処理のコードに利用することができます。

▼ CompletableFuture

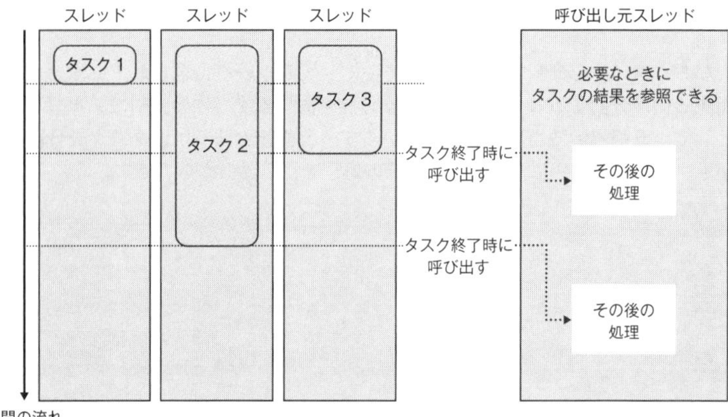

Reactive Streams

Reactive Streamsは、非同期のストリーム型通信処理を標準化した仕様の1つです。Javaでも、Java 9でAPI(java.util.concurrent.Flow)に取り込まれました。なお、ここでのストリーム処理は、java.util.stream.Streamを指しているのではなく、途切れなく発生するデータを逐次に処理する技術一般のことです。

Reactive Streamsは、受信側からのアクションに応じて送信側がデータの送信を制御する、いわゆるPublish/Subscribe型と呼ばれる通信モデルに基づいています。

Reactive Streamsは、Publish(送信側)が1つで、複数の受信に対応するような通信処理に適しています。

▼Publish/Subscribe型通信モデル

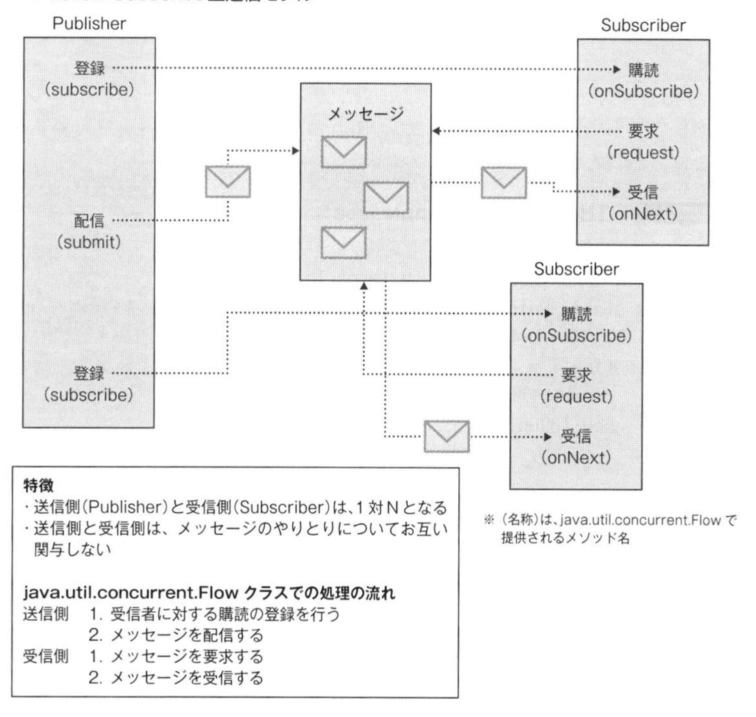

特徴
- 送信側(Publisher)と受信側(Subscriber)は、1対Nとなる
- 送信側と受信側は、メッセージのやりとりについてお互い関与しない

java.util.concurrent.Flow クラスでの処理の流れ

送信側 1. 受信者に対する購読の登録を行う
2. メッセージを配信する

受信側 1. メッセージを要求する
2. メッセージを受信する

※ (名称)は、java.util.concurrent.Flowで提供されるメソッド名

スレッドの実行内容を定義する

» java.lang.Thread

▼ メソッド

run	スレッドの実行内容を定義する

書式 `public void run()`

解説

スレッドの実行が始まると、runメソッドが呼ばれます。スレッドの実行内容はこのメソッドに記述することになりますが、それにはThreadクラスを継承する方法と、RunnableまたはCallableインターフェイスを実装する方法の2種類があります。

Threadクラスを継承する方法では、そのサブクラスでrunメソッドをオーバーライドして実行内容を定義します。また、Runnableインターフェイスを実装する方法では、その実装クラスでrunメソッドをオーバーライドします。

サンプル ▶ **THRunThreadSample.java**

```
// Threadクラスを継承して実行内容を定義する
public class THRunThreadSample extends Thread {
    public static void main(String[] args) {
        // 3つのスレッドを生成する
        for (int i = 0; i < 3; i++) {
            // スレッドを生成し、開始させる
            new THRunThreadSample("Thread" + i).start();
        }
    }
    public THRunThreadSample(String name) {
        super(name);
    }
    public void run() {
        for (int i = 0; i < 3; i++) {
            // スレッドの名前とループ回数（0～2）を表示する
            System.out.println(getName() + ":" + i);
            // 結果：Thread0:0　など
            // 表示は、実行ごとに異なる可能性がある
        }
    }
}
```

スレッドは、生成されて終了するまでに、次の図のような各状態を遷移します。

▼スレッドの状態遷移

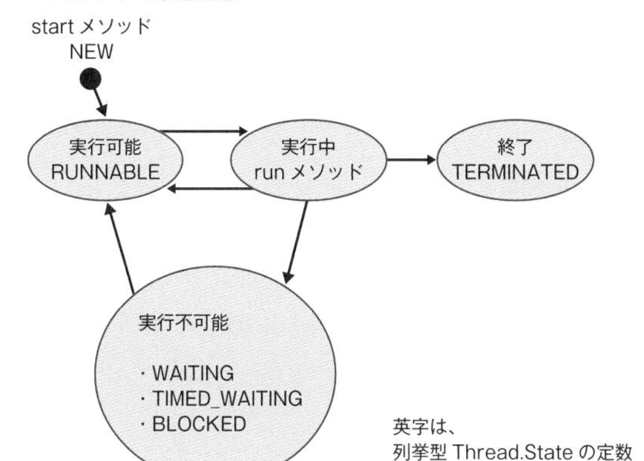

また図中の状態の意味は、次のようになります。

▼スレッドの状態

状態	内容
実行可能	スレッド生成後、実行の順番待ち状態
実行中	runメソッドが実行されている状態
終了	runメソッドの処理後、スレッドが終了した状態
実行不可能	スレッドの処理が一時停止している状態

Threadオブジェクトを生成して、startメソッドを実行すると、スレッドは実行可能状態となります。その後、OSからスレッド実行の順番が回ってきたら、runメソッドが実行されます。

実行不可能とは、スレッドが待機または共有オブジェクトがロックされて実行できない(**ブロック**)状態です。待機とは、主にsleep、wait、joinメソッドのいずれかが実行されて、その処理待ちの状態です。

Callableインターフェイスは、値を返せないRunnableとは異なり、値を返したり例外をスローすることができます。

「スレッドの結果を返す」 → P.455

スレッドを待機させる

» java.lang.Object

▼ メソッド

wait 再開まで待機する

書式 `public final void wait([long millis[, int nanos]])`

引数 millis：待機時間（ミリ秒）、nanos：追加する待機時間（0～999999ナノ秒）

throws InterruptedException
他スレッドが現在のスレッドに割り込んだ

解説

waitメソッドは、このメソッドを呼び出したオブジェクトのロックを獲得しているスレッドを待機させます。その結果、スレッドはブロック状態になります。

引数を指定しないでこのメソッドを実行した場合、別スレッドからのnotifyやnotifyAllメソッドで再開させられるまで待機します。待機時間をミリ秒単位で明示的に定義したり、さらにナノ秒単位で細かく追加することもできます。待機時間を過ぎると、そのスレッドは自動的に再開します。

waitメソッドを呼び出したスレッドは、別のスレッドがnotifyAllメソッドなどを呼び出すまで、ブロック状態を抜けられません。

「スレッドを開始する」 → P.452

スレッドをスリープさせる

» java.lang.Thread

▼ メソッド

sleep スレッドをスリープさせる

書式 `public static void sleep(long millis[, int nanos])`

引数 millis：スリープ時間（ミリ秒）、nanos：追加するスリープ時間（0～999999ナノ秒）

解説

sleepメソッドは、現在実行しているスレッドを、指定された時間だけスリープ、つまり一時的に停止します。

サンプル ▶ SleepSample.java

```
public void run() {
    System.out.print("スリープ開始");
    try {
        for (int i = 0; i < 3; i++) {
            sleep(1000); // 1秒スリープ
            System.out.print(".");
        }
    }
    catch (InterruptedException e) {}
    System.out.println("終了");
}
public static void main(String[] arg) {
    // スレッドの生成と開始
    new SleepSample().start();
}
```

⬇

```
スリープ開始...終了
```

スレッドを再開させる／スレッドの終了を待機する

» java.lang.Object、java.lang.Thread

▼メソッド

notify	待機スレッドを再開する
notifyAll	全スレッドを再開する
join	スレッドの終了まで待機する

書式

```
public final void notify()
public final void notifyAll()
public final void join()
public final void join(long millis[, int nanos])
```

引数　millis：待機時間（ミリ秒）、nanos：追加する待機時間（0～999999ナノ秒）

解説

notifyメソッドは、待機中のスレッドを1つだけ再開させ、notifyAllメソッドは、待機中のすべてのスレッドを再開させます。これらのメソッドにより、スレッドは実行可能状態に遷移します。また、この2つのメソッドは、オブジェクトがロックを所有している場合にのみ、呼び出すことができます。

joinメソッドは、このスレッドが終了するまで待機します。引数を指定すると、待機する時間の期限を指定できます。もし、その期限内にスレッドが終了しなかった場合、スレッドは自動的に再開します。また、待機時間を0に設定すると、引数を指定しなかった場合と同じく、終了するまで永遠に待機します。

「スレッドを開始する」 → P.452

スレッドを一時停止させる／スレッド処理に割り込む

» java.lang.Thread

▼メソッド

yield	スレッドを一時停止させる
interrupt	スレッド処理に割り込む

書式

```
public static void yield()
public void interrupt()
```

解説

yieldメソッドは、現在実行中のスレッドを一時的に停止させ、他のスレッドを実行できるようにします。

interruptメソッドは、現在実行中のスレッドに割り込んで処理を行います。その処理はまず、このスレッドのcheckAccessメソッドで、スレッドの変更が可能な権限があるかどうかを調べます。次に、このスレッドがブロックされているか否かを調べます。wait、join、sleepメソッドなどでブロックされていれば、割り込みの状態を表す割り込みステータスがクリアされ、InterruptedExceptionがスローされます。その後にスレッドの処理が再開されます。

interruptメソッドをスレッド実行の中断に使う場合には、InterruptedExceptionがスローされた後、再び割り込みステータスを設定し、その値を利用してrunメソッドを終えるような処理を記述します。

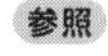

「スレッドを開始する」 → P.452

スレッドを開始する

» java.lang.Thread

▼メソッド

start スレッドを開始する

書式 `public void start()`

解説

startメソッドが呼び出されると、JavaVMは、mainスレッドとは別のスレッドを生成し、定義されているrunメソッドを呼び出します。その結果、mainスレッドと、生成されたスレッドの、2つのスレッドが並行に実行されます。

サンプル ▸ **THThreadSample.java**

```
// 一連のスレッド処理を行う
public class THThreadSample {
    public static void main(String[] args) {
        LockObj obj = new LockObj(); // 共有オブジェクトの生成
        new GetThread(obj).start();  // スレッドの生成と開始
        new SetThread(obj).start();
    }
}
// 値を設定するスレッド
class SetThread extends Thread {
    LockObj obj;                     // 共有するオブジェクト

    SetThread(LockObj obj) {
        this.obj = obj;
    }
    public void run() {
        for (int i = 0; i < 5; i++) {
            this.obj.setValue(i);
            System.out.println("SET:" + i);
            try {
                // ランダム時間このスレッドを停止させる
                Thread.sleep( (int)(Math.random() * 1000));
            }
            catch (InterruptedException e) {}
        }
    }
```

```
}
// 値を取得するスレッド
class GetThread extends Thread {
    LockObj obj;                    // 共有するオブジェクト
    GetThread(LockObj obj) {
        this.obj = obj;
    }
    public void run() {
        for (int i = 0; i < 5; i++) {
            System.out.println("GET:" + this.obj.getValue());
        }
    }
}
// スレッドに共有されるオブジェクトのクラス
class LockObj {
    // valueの値が一貫性を持つようにする
    private int value;

    // flagがfalseのときは読み取りが終了している状態
    // trueのときは書き込みが終了している状態
    private boolean flag = false;

    // valueに値を設定する
    public synchronized void setValue(int v) {
        // trueなら読み取り終了ではないので待機
        while (this.flag == true) {
            try { wait(); }
            catch (InterruptedException e) { }
        }
        value = v;
        flag = true;      // 書き込み終了のフラグを立てる
        notifyAll();      // 別のスレッドを再開
    }
    // valueから値を取り出す
    public synchronized int getValue() {
        // falseのときは書き込みが終了していないので待機
        while (flag == false) {
            try { wait(); }
            catch (InterruptedException e) { }
        }
        flag = false;     // 読み取り終了のフラグを立てる
        notifyAll();      // 別のスレッドを再開
        return value;
```

```
    }
}
```

↓

```
GET:0
SET:0
GET:1
SET:1
SET:2
GET:2
GET:3
SET:3
GET:4
SET:4
```


注意　スレッドは、いったん実行を終えてから、再度起動することはできません。

　ロックするオブジェクトを指定するメソッドに、修飾子**synchronized**を付加しています。synchronized指定されたメソッドは、同時に2つ以上のスレッドからは実行できず、1つのスレッドのみ実行できるという性質を持ちます。

　また、共有オブジェクトをロックしなかった場合は、複数のスレッドから自由に読み書きが行えるため、出力される値に一貫性がなくなることになります。

COLUMN

並行と並列の違い

逐次処理ではなく、マルチスレッドなどで複数の処理が実行される状態のことを、**並行**や**並列**といった言葉で表します。この並行(**concurrent**)、並列(**parallel**)は、日本語では同じような意味で使われることもあるのですが、コンピュータの世界では区別しています。

並行とは、複数の実行処理を、順不同もしくは同時に行えることで、一方並列とは、複数の実行処理を、複数CPUやコアなどで物理的に同時に行えることです。一般に並行は、並列を包含した概念になります。

スレッドの結果を返す

» java.util.concurrent.Callableインターフェイス

▼ メソッド

call　　スレッドの実行内容を定義する

書式　`V call()`

引数　V：型引数

throws　Exception
実行時の例外

解説

Callableインターフェイスは、Runnableインターフェイス同様にスレッドの実行内容（**タスク**）を定義したインターフェイスです。ただしRunnableとは異なり、callメソッドには戻り値があり、例外をスローすることができます。戻り値は、ジェネリックスで指定します。

サンプル ▸ **CallableSample.java**

```
// タスクの定義（Callableインターフェイスの実装）
class MyCallable implements Callable<String> {
    @Override
    public String call() throws Exception { // 文字列型を返す
        Thread.sleep(2000); // 2秒待機
        // スレッド名を返す
        return Thread.currentThread().getName();
    }
}
```

参考　Callableインターフェイスは、メソッドを1つしか定義していないので、関数型インターフェイスとして扱えます。

参照

「関数型インターフェイスを定義する」 → P.118
「ジェネリックス」 → P.271
「スレッドの実行内容を定義する」 → P.446
「スレッドの結果を取得する」 → P.456

スレッドの結果を取得する

» java.util.concurrent.Futureインターフェイス

▼ メソッド

get	タスク結果を取得する
isDone	タスク完了時にtrueを返す

書式
```
V get([long timeout, TimeUnit unit])
boolean isDone()
```

引数 V：型引数、timeout：待ち時間、unit：time引数の時間単位

throws
CancellationException
タスクが取り消されたために値が取得できないとき（get）
ExecutionException
実行時の例外（get）
InterruptedException
待機中に割り込みが発生したとき（get）

解説

Futureオブジェクトは、スレッドに割り当てられた処理（**タスク**）の実行結果を表します。Javaでは、スレッドに割り当てるひとまとまりの処理のことを**タスク**と呼びます。

getメソッドは、タスクの結果を取得します。getメソッドでは、結果が返されるまでブロックしますが、引数にタイムアウト時間を指定することもできます。

isDoneメソッドは、タスクが完了したかどうかをチェックします。

サンプル ▶ ThreadPoolSample.java

```
// タスクの定義（Callableインターフェイスの実装）
class MyCallable implements Callable<String> {
    @Override
    public String call() throws Exception { // 文字列型を返す
        Thread.sleep(2000); // 2秒待機
        // スレッド名を返す
        return Thread.currentThread().getName();
    }
}
public class ThreadPoolSample {
    public static void sample1() {
```

```
        // スレッドを1つ生成する
        ExecutorService exec = Executors.newSingleThreadExecutor();
        // スレッドにタスクを割り当てる
        Future<String> future = exec.submit(new MyCallable());
        try {
            // タスクの完了状態を表示する
            System.out.println(future.isDone()) ;

            // タスクの結果を表示する
            System.out.println(future.get());

            // タスクの完了状態を表示する
            System.out.println(future.isDone());

        }
        catch (InterruptedException | ExecutionException e) {
            e.printStackTrace();
        }
        finally{
            // タスクの 終了指示
            exec.shutdown();
            try {
                // タスクの終了待ち
                exec.awaitTermination(5, TimeUnit.SECONDS);
            }
            catch (InterruptedException e) {
                // 全タスクの強制終了
                exec.shutdownNow();
            }
        }
    }
    public static void main(String[] args) {
        sample1();
    }
}
```

⬇

```
false
pool-1-thread-1
true
```

参照

「ジェネリックス」 → P.271
「スレッドを使い回す」 → P.461

スレッドをロックする

» java.util.concurrent.locks.ReentrantLock

▼メソッド

lock	ロックの取得
unlock	ロックの解除
tryLock	ロックされていない時のみロックする

書式
```
void lock()
void unlock()
boolean tryLock([long timeout, TimeUnit unit])
```

引数 timeout：ロックの待ち時間、unit：time引数の時間単位

解説

P.452の「スレッドを開始する」では、synchronized修飾子を使ってスレッドを**ロック**し、データを**排他制御**する方法を紹介しました。ただ、synchronized修飾子では次のような制約があり、やや使いにくいところがありました。

- ロック待ちに時間制限を設けることができず、必ずロック待ちとなってしまう
- ロックの取得や解放は、同じブロック内で行う必要がある

java.util.concurrent.locksパッケージのLockインターフェイスと、それを実装したReentrantLockクラスを利用すると、より柔軟にロックを行えます。ReentrantLockクラスでは、メソッドによるロックの取得や、タイムアウト条件をつけたロック取得などが行えるようになります。

サンプル ▸ LockSample.java

```
// 排他制御したいクラス例
public static class Test {
    int count = 0;
    public void something() {
        count++;          // countを+1して表示する
        System.out.print(count);
    }
}
// ロックを取得したスレッドで実行する
public static void with_lock() {
    Lock lock = new ReentrantLock(); // synchronizedと同様
```

```
    Test test = new Test();          // 排他制御したいオブジェクト
    // 同時実行するスレッドを3つ生成する
    ExecutorService exec = Executors.newFixedThreadPool(3);
    try {
        // somethingメソッドを実行するタスクを10回割り当てる
        for (int i = 0; i < 10; i++) {
            exec.submit(
                // Runnableインターフェイスのラムダ式による実装
                () -> { try {
                            lock.lock();        // ロック
                            test.something();
                            lock.unlock();      // ロック解放
                        } catch (Exception e) { }
                      } );
        }
    } finally {
        exec.shutdown(); // タスクの終了指示
        try {
            // タスクの完了を最大5秒待つ
            exec.awaitTermination(5,TimeUnit.SECONDS );
        } catch (InterruptedException e) {
        }
    }
}
public static void main(String[] args) {
    with_lock();     // 排他制御され値が順番に+1される
}
```

⬇

```
12345678910
```

(ロックをしないと結果順が一定しない)

synchronized修飾子でのロックは、ブロック単位での処理のため、ロックの解放処理が自動で行われました。ところがLock実装クラスを利用した場合、自動では解放されないため、必ずロック解放のコードが必要になります。ロック解放は通常、finallyブロックに記述します。

参照

「スレッドを使い回す」 → P.461

スレッドプールを生成する

» java.util.concurrent.Executors

▼ メソッド

newSingleThreadExecutor	1つのスレッドを生成する
newFixedThreadPool	指定数のスレッドを生成する
newCachedThreadPool	キャッシュ可能なスレッドを生成する

書式
```
static ExecutorService newSingleThreadExecutor()
static ExecutorService newFixedThreadPool(int nThreads)
static ExecutorService newCachedThreadPool()
```

引数 nThreads：生成するスレッド数

throws IllegalArgumentException
nThreadsが0以下のとき（newFixedThreadPool）

解説

ExecutorServiceインターフェイスには、スレッド処理に必要なクラスを生成するメソッドが定義されており、java.lang.Threadを直接生成することなく、**スレッドプール**を使って効率的にスレッドを実行できます。スレッドプールとは、あらかじめスレッドを生成しておき、空いているスレッドに処理を割り当てて使い回す仕組みのことです。

newSingleThreadExecutorメソッドは、スレッドを1つのみ生成します。

newFixedThreadPoolメソッドは、指定した数だけスレッドを生成します。

newCachedThreadPoolメソッドでは、必要に応じたスレッドの生成が可能です。処理の終了しているスレッドがあれば再利用し、60秒使用されないスレッドは削除されます。短時間で終わる処理を大量に扱う場合に用います。

サンプル ▶ ThreadPoolSample.java
```
// スレッドを3つ生成する
ExecutorService exec = Executors.newFixedThreadPool(3);
```

スレッドを使い回す

» java.util.concurrent.ExecutorService

▼メソッド

submit	タスクを割り当てる
shutdown	ExecutorServiceに終了指示する
awaitTermination	指定した時間だけタスクの終了を待つ
shutdownNow	ExecutorServiceを強制終了する

書式

```
<T> Future<T> submit(Callable<T> task)
Future<?> submit(Runnable task)
void shutdown()
boolean awaitTermination(long timeout, TimeUnit unit)
List<Runnable> shutdownNow()
```

引数 task：スレッドに割り当てる処理、timeout：待ち時間、unit：time引数の時間単位

throws RejectedExecutionException
タスクの実行をスケジュールできないとき（submit）
InterruptedException
待機中に割り込みが発生したとき（awaitTermination）

解説

submitメソッドは、タスクをスレッドに割り当てます。タスクの実行状況は、Futureオブジェクトによって取得することができます。

shutdownメソッドは、ExecutorServiceオブジェクトへの終了指示で、新しいタスクの割り当てを行いません。

awaitTerminationメソッドは、shutdownメソッドによる終了指示がされていた場合、すべてのタスクの実行完了を、指定の時間まで待ちます。

shutdownNowは、すべてのタスクの停止を試み、待機中タスクのリストを返します。通常は、awaitTerminationメソッドでの例外か、タイムアウト発生時に利用します。

サンプル ▶ **ThreadPoolSample.java**

```
public static void sample2() {
    // スレッドを3つ生成する
    ExecutorService exec = Executors.newFixedThreadPool(3);
    // タスクの結果を保持するリストを生成する
    List<Future<Long>> list = new ArrayList<>();
    try {
        // スレッドにタスクを10個割り当て、結果をリストに追加する
        for (int i = 0; i < 10; i++) {
            list.add(exec.submit(() -> {
                Thread.sleep(2000);
                return Thread.currentThread().getId();
            }));
        }
        // リストからタスクの結果を表示する
        for (Future<Long> future : list) {
            try {
                System.out.println(future.get());
                // 結果：(スレッドのIDが2秒ごとに3行表示される)
            }
            catch (Exception e) { e.printStackTrace(); }
        }
    } finally {
        // タスクの 終了指示
        exec.shutdown();
        try {
            // タスクの終了待ち
            exec.awaitTermination(5, TimeUnit.SECONDS);
        } catch (InterruptedException e) {
            // 全タスクの強制終了
            exec.shutdownNow();
        }
    }
}
public static void main(String[] args) {
    sample2();
}
```

参考　Executorsクラスは、ExecutorServiceオブジェクトなどを生成するためのユーティリティクラスです。すべてのメソッドがstaticで定義されています。

スケジュール可能なスレッドを生成する

» java.util.concurrent.Executors

▼ メソッド

newSingleThreadScheduledExecutor	スケジュール可能なスレッドを生成する

書式

```
public static ScheduledExecutorService newSingleThreadScheduledExecutor()
```

ScheduledExecutorServiceインターフェイスでは、スレッドで定期的な繰り返し処理や、指定の時間後に処理を行わせることができます。

サンプル ▶ ScheduledThreadSample.java

```
ScheduledExecutorService scheduler =
            Executors.newSingleThreadScheduledExecutor();
```

「一定周期のタスクを実行する」 → P.464
「一定間隔のタスクを実行する」 → P.466

一定周期のタスクを実行する

» java.util.concurrent.ScheduledExecutorService

▼メソッド

schedule	タスクの遅延実行
scheduleAtFixedRate	一定周期のタスク実行

書式

```
<V> ScheduledFuture<V> schedule(Callable<V> callable,
    long delay, TimeUnit unit)
ScheduledFuture<?> schedule(Runnable command, long delay,
    TimeUnit unit)
ScheduledFuture<?> scheduleAtFixedRate(Runnable command,
    long initialDelay, long period, TimeUnit unit)
```

引数 callable、command：割り当てる処理、initialDelay：最初の遅延時間、delay：遅延時間、unit：引数の時間単位、period：周期

throws RejectedExecutionException
タスクの実行をスケジュールできないとき
IllegalArgumentException
周期が0以下のとき（scheduleAtFixedRate）

解説

scheduleメソッドは、指定した時間だけ遅延してタスクを実行します。

scheduleAtFixedRateでは、指定した時間ごとにタスクを実行します。タスクの処理時間にかかわらず、一定の周期での実行になります。第2引数では、最初に実行するタスクの遅延時間を指定します。

なお、scheduleAtFixedRateとscheduleWithFixedDelayは、取り消されるまで定期的にタスクが実行され続けます。

サンプル ▶ **ScheduledThreadSample.java**

```
System.out.println("一定周期（3秒間隔で実行）");
ScheduledExecutorService scheduler =
    Executors.newSingleThreadScheduledExecutor();

// 3秒間隔でタスクを繰り返す
scheduler.scheduleAtFixedRate(() -> {
    try {
        Thread.sleep(1000); // 1秒スリープ
    } catch (Exception e) {
    }
    System.out.println("Current time: " + new Date());
}, 0, 3, TimeUnit.SECONDS);
```

⬇

```
一定周期（3秒間隔で実行）
Current time: Wed Apr 22 17:15:01 JST 2020
Current time: Wed Apr 22 17:15:04 JST 2020
Current time: Wed Apr 22 17:15:07 JST 2020
Current time: Wed Apr 22 17:15:10 JST 2020
```

「スケジュール可能なスレッドを生成する」 → P.463
「一定間隔のタスクを実行する」 → P.466

一定間隔のタスクを実行する

» java.util.concurrent.ScheduledExecutorService

▼メソッド

scheduleWithFixedDelay　一定間隔のタスク実行

書式
```
ScheduledFuture<?> scheduleWithFixedDelay(
    Runnable command, long initialDelay,
    long delay, TimeUnit unit)
```

引数 command：割り当てる処理、initialDelay：最初の遅延時間、delay：遅延時間、unit：引数の時間単位

throws IllegalArgumentException
遅延時間が0以下のとき

解説

scheduleWithFixedDelayは、指定した時間の間隔をあけてタスクを実行します。タスクの実行後に、指定の時間だけ遅延します。第2引数では、最初に実行するタスクの遅延時間を指定します。

なお、scheduleAtFixedRateとscheduleWithFixedDelayは、取り消されるまで定期的にタスクが実行され続けます。

▼scheduleAtFixedRateとscheduleWithFixedDelayの違い

scheduleAtFixedRate

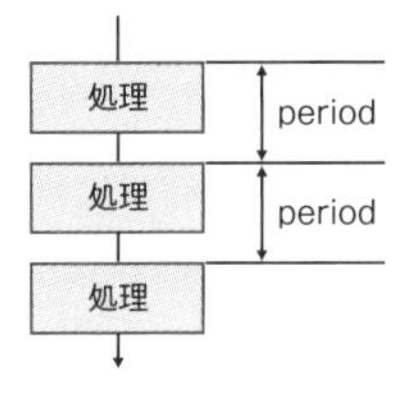

scheduleWithFixedDelay

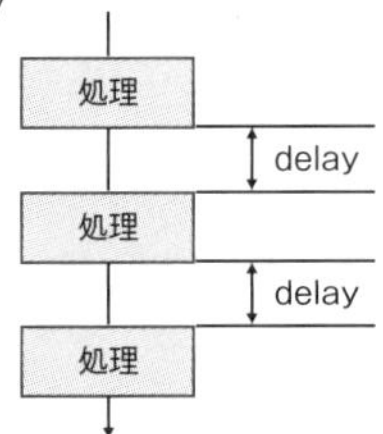

サンプル ▶ **ScheduledThreadSample.java**

```
System.out.println("一定遅延（3秒後に実行）");
ScheduledExecutorService scheduler =
    Executors.newSingleThreadScheduledExecutor();

// タスクの終了後に3秒待って次を実行する
scheduler.scheduleWithFixedDelay(() -> {
    try {
        Thread.sleep(1000); // 1秒スリープ
    } catch (Exception e) {
    }
    System.out.println("Current time: " + new Date());
}, 0, 3, TimeUnit.SECONDS);
```

⬇

```
一定遅延（3秒後に実行）
Current time: Wed Apr 22 17:15:11 JST 2020
Current time: Wed Apr 22 17:15:15 JST 2020
Current time: Wed Apr 22 17:15:19 JST 2020
```

「スケジュール可能なスレッドを生成する」 → P.463
「一定周期のタスクを実行する」 → P.464

スレッドからアトミックに変数を操作する

» java.util.concurrent.atomic.AtomicInteger

▼メソッド

addAndGet	アトミックに値を加算する
getAndAdd	アトミックに値を加算する
compareAndSet	値に変更がなければ更新する
getAndIncrement	アトミックに値を+1する
getAndDecrement	アトミックに値を-1する
get	現在の値を返す
set	アトミックに値を設定する

書式

```
public final int addAndGet(int delta)
public final int getAndAdd(int delta)
public final boolean compareAndSet(int expect,
    int update)
public final int getAndIncrement()
public final int getAndDecrement()
public final int get()
public final int set(int newValue)
```

引数 delta：加算する値、expect：予想される値、update、newValue：設定値

解説

AtomicIntegerクラスは、**アトミック**に操作できるint型の値です。

アトミック(atomic)とは、マルチスレッド環境において、これ以上分けることができない操作、つまり別のスレッドから割り込まれることのない操作のことです。複数のスレッドから同じ操作をする場合は、他のスレッドから割り込まれることなく、アトミックに操作を行う必要があります。

synchronized修飾子やロックを用いればアトミック操作を行えますが、java.util.concurrent.atomicで提供されるクラスを用いれば、そのようなロックを制御するコードを記述することなく、値の取得や設定、加算、減算などが行えます。

addAndGetメソッドは、指定した値を加算し、更新された値を返します。

getAndAddメソッドは、指定した値を加算し、更新される前の値を返します。

compareAndSetメソッドは、現在の値が予想される値、つまり他のスレッドで値が変更されていない場合、第2引数で指定した値に設定します。

AtomicInteger以外にも、次のような型のクラスが用意されています。

主なクラス	アトミックに操作できる型
AtomicBoolean	boolean型
AtomicInteger	int型
AtomicIntegerArray	int型の配列
AtomicLong	long型
AtomicLongArray	long型の配列
AtomicReference<V>	参照型

サンプル ▸ **AtomicSample.java**

```
// 値をアトミックに+3するクラス
class AtomicAdd {
    AtomicInteger count = new AtomicInteger();
    // アトミックに加算する
    public void add() { count.addAndGet(3); }
    public int get() { return count.get(); }
}
AtomicAdd sample = new AtomicAdd();

// スレッド100個生成し、1000個のタスクを割り当てる
ExecutorService exec = Executors.newFixedThreadPool(100);
for (int i = 0; i < 1000; i++) {
    exec.submit(() -> { sample.add(); });
}
// タスクの 終了指示
exec.shutdown();
try {
    // タスクの終了待ち
    exec.awaitTermination(5, TimeUnit.SECONDS);
}
catch (InterruptedException e) {
    exec.shutdownNow();
}
// +3を1000回行った結果の表示
System.out.println(sample.get());    // 結果：3000
// 単純に+3すると3000にならない場合がある
```

並列数を保つスレッドプールを作成する

» java.util.concurrent.Executors.newWorkStealingPool

▼メソッド

newWorkStealingPool	並列数を保つスレッドプールを作成する

書式
```
public static ExecutorService newWorkStealingPool(
    [int parallelism])
```

引数 parallelism：並列性レベル

throws IllegalArgumentException
parallelism <= 0の場合

解説

newWorkStealingPoolメソッドでは、work-stealingアルゴリズムを利用したスレッドプールを作成します。引数に並列数を指定できますが、指定しない場合はCPUのコア数に応じた並列数となります。

サンプル ▶ **ThreadPoolSample.java**

```
public static void sample3() {
    // work-stealingなスレッドプール
    ExecutorService exec = Executors.newWorkStealingPool();
    // タスクの結果を保持するリストを生成する
    List<Future<Long>> list = new ArrayList<>();
    try {
        // スレッドにタスクを10個割り当て、結果をリストに追加する
        for (int i = 0; i < 10; i++) {
            list.add(exec.submit(() -> {
                Thread.sleep(2000);
                return Thread.currentThread().getId();
            }));
        }
        // リストからタスクの結果を表示する
        for (Future<Long> future : list) {
            try {
                System.out.println(future.get());
                // 結果：（スレッドIDが10個表示される）
            } catch (InterruptedException | ExecutionException e) {
                e.printStackTrace();
            }
        }
    } finally {
        // タスクの終了指示
        exec.shutdown();
        try {
            // タスクの終了待ち
            exec.awaitTermination(5, TimeUnit.SECONDS);
        } catch (InterruptedException e) {
            // 全タスクの強制終了
            exec.shutdownNow();
        }
    }
}
```

注意 このメソッドでは、タスクの実行順序は保証されません。

分割したタスクを並列実行する

» java.util.concurrent.ForkJoinPool

▼ メソッド

execute	非同期処理を行う（結果を返さない）
invoke	非同期処理が終わるまで待ち、結果を返す
submit	非同期処理を行い、タスクを表すFutureを返す

書式
```
public void execute(ForkJoinTask<?> task)
public void execute(Runnable task)
<T> T invoke(ForkJoinTask<T> task)
<T> ForkJoinTask<T> submit(Callable<T> task)
<T> ForkJoinTask<T> submit(ForkJoinTask<T> task)
ForkJoinTask<?> submit(Runnable task)
<T> ForkJoinTask<T> submit(Runnable task, T result)
```

引数 T：型パラメータ、task：タスク、result：結果

throws NullPointerException
指定のタスクがnullのとき
RejectedExecutionException
指定のタスクの実行をスケジュールできないとき

解説

ForkJoinPoolクラスは、Fork/Joinフレームワークでタスクを管理するクラスです。execute、invoke、submitメソッドで、タスクを並列実行します。invokeメソッドは、非同期処理が終わるまで待ち、結果を返しますが、executeメソッドは処理を待たず、また結果を返しません。submitメソッドは、非同期処理を行い、指定のタスクを表すFutureオブジェクトを返します。

サンプル ▶ **ForkJoinSample.java**

```
～略～
public class ForkJoinSample {
    public static void main(String[] args) {
        var p = ForkJoinPool.commonPool();
        var f = p.submit(new Mytask(5)); // 非同期実行
        f.join(); // 完了まで待つ
    }
}
```

⬇

```
5
2
1
1
2
1
1
```

参照

「タスクを開始する」 → P.474
「タスクを分割する」 → P.476

タスクを開始する

» java.util.concurrent.ForkJoinTask

▼ メソッド

fork	タスクを非同期で実行する
join	計算の結果を返す
invoke	タスクの実行を開始し、完了まで待機する

書式
```
public final ForkJoinTask<V> fork()
public final V join()
public final V invoke()
```

引数 V：結果の型パラメータ

解説

ForkJoinTaskクラスは、Fork/Joinフレームワークで利用するタスクの抽象クラスです。forkメソッドで、タスクを開始します。joinメソッドは、タスクが完了するまで待機して、結果を返します。invokeメソッドは、タスクの実行を開始して完了まで待機し、結果を返します。

サンプル ▶ **ForkJoinSample.java**

```
// 指定された数を2分割していくタスク
class Mytask extends RecursiveAction {
    private int count = 0;

    public Mytask(int c) {
        this.count = c;
    }

    @Override
    protected void compute() {
        System.out.println(count);

        // 2以上ならタスクを2分割する
        if (1 < count) {
            var subtasks = new ArrayList<Mytask>();
            subtasks.addAll(createSubtasks());
            for (RecursiveAction subtask : subtasks) {
                subtask.invoke();
            }
        }
    }

    // タスクの2分割
    private List<Mytask> createSubtasks() {
        List<Mytask> subtasks = new ArrayList<Mytask>();
        subtasks.add(new Mytask(this.count / 2));
        subtasks.add(new Mytask(this.count / 2));
        return subtasks;
    }
}
～略～
```

参照

「分割したタスクを並列実行する」 → P.472

「タスクを分割する」 → P.476

タスクを分割する

» java.util.concurrent.RecursiveTask、java.util.concurrent.RecursiveAction

▼メソッド

compute()	細分化する処理

書式 protected abstract void compute()

解説

並列して行う処理は、java.util.concurrent.ForkJoinTaskクラスのサブクラスであるRecursiveAction、またはRecursiveTaskクラスを使って実装します。computeメソッドでは、タスクを細分化する処理を記述します。

なお、RecursiveActionクラスは、戻り値が不要なとき、RecursiveTaskクラスは、戻り値が必要な場合に使用します。

サンプル ▸ RecursiveTaskSample.java

```
// フォルダ (Pathオブジェクト) のファイルサイズを求めるタスク
class SumFileSizeTask extends RecursiveTask<Long> {

    private Path path = null;

    public SumFileSizeTask(Path p) {
        this.path = p;
    }

    @Override
    protected Long compute() {

        // ファイルならファイルサイズを返す
        if (path.toFile().isFile()) {
            return path.toFile().length();
        }

        // ファイル以外は、タスクに分割する
        var tasks = new ArrayList<SumFileSizeTask>();
        long size = 0;
        try {
            // フォルダに含まれる全ファイルを処理する
            Files.list(path).forEach((p) -> {
```

```
                var task = new SumFileSizeTask(p);
                tasks.add(task);
                task.fork(); // タスクの実行
            });
            // タスクの結果を待ってファイルサイズを加算する
            for (var task : tasks) {
                size += task.join();
            }
            // フォルダ名とサイズを表示する
            System.out.printf("%s：%d byte¥n",
                                    path.toString(), size);
        } catch (IOException e) {
            e.printStackTrace();
        }
        return size;
    }
}

public class RecursiveTaskSample {
    public static void main(String[] args) {
        var pool = new ForkJoinPool();
        // 指定のフォルダに含まれるフォルダ名とファイルサイズを表示する
        pool.invoke(new SumFileSizeTask(Paths.get("C:¥¥Windows")));
    }
}
```

⬇

```
C:¥Windows¥addins：802 byte
～中略～
C:¥Windows¥WinSxS：8610422814 byte
C:¥Windows：25742999716 byte
```

名前にRecursive(再帰)がついているとおり、再帰的な処理を行うタスクに用います。

7 並行処理

タスクの処理を実行する

» java.util.concurrent.CompletableFuture<T>

▼メソッド

runAsync	非同期処理
supplyAsync	非同期処理

書式
```
public static CompletableFuture<Void> runAsync(
    Runnable runnable[, Executor executor])
public static <U> CompletableFuture<U> supplyAsync(
    Supplier<U> supplier[, Executor executor])
public CompletableFuture<T> completeAsync(
    Supplier<? extends T> supplier,
    Executor executor)
```

引数 runnable：非同期に実行するアクション、executor：使用するExecutor

解説

runAsync、supplyAsyncメソッドは、指定された処理を非同期に実行し、処理の完了を待たずに、結果をCompletableFutureとして返します。第2引数で、Executor(スレッドプールオブジェクト)を指定しない場合は、静的メソッドのForkJoinPool.commonPoolで得られるExecutorが使われます。

supplyAsyncメソッドは、結果が返すことができますが、runAsyncメソッドは、返すことができません。

サンプル ▶ **CompletableFutureSample.java**

```
// 3秒待機する
CompletableFuture<Void> future1 = CompletableFuture.runAsync(() ->
{
    try {
        TimeUnit.SECONDS.sleep(3);
        System.out.println("3秒経過");
    } catch (InterruptedException e) {
        throw new IllegalStateException(e);
    }
});

// 3秒後に文字列を返す
CompletableFuture<String> future2 =
    CompletableFuture.supplyAsync(() -> {
    try {
        TimeUnit.SECONDS.sleep(3);
    } catch (InterruptedException e) {
        throw new IllegalStateException(e);
    }
    return "3秒経過";
});

try {
    System.out.println("開始");
    future1.get();
    System.out.println(future2.get());
} catch (InterruptedException | ExecutionException e) {
    e.printStackTrace();
}
```

⬇

```
開始
3秒経過
3秒経過
(同時に結果が表示される)
```

CompletableFutureクラスの多くのメソッドは、返値もCompletableFutureオブジェクトになっており、メソッドチェーン(最初のオブジェクトに連続してメソッドをつなげて記述できる)が可能です。

7 並行処理

タスク実行後に処理する

» java.util.concurrent.CompletableFuture<T>

▼ メソッド

thenApply	別の処理を指定する（結果の引き継ぎ可）
thenAccept	別の処理を指定する（結果の引き継ぎ不可）
thenRun	別の処理を指定する（結果の引き継ぎ不可）
thenApplyAsync	別の処理を指定する（非同期実行）
thenAcceptAsync	別の処理を指定する（非同期実行）
thenRunAsync	別の処理を指定する（非同期実行）

書式

```
public <U> CompletableFuture<U> thenApply(
    Function<? super T,? extends U> fn)
public CompletableFuture<Void> thenAccept(
    Consumer<? super T> action)
public CompletableFuture<Void> thenRun(Runnable action)
public <U> CompletableFuture<U> thenApplyAsync(
    Function<? super T,? extends U> fn [, Executor
executor])
public CompletableFuture<Void> thenAcceptAsync(
    Consumer<? super T> action [, Executor executor])
public CompletableFuture<Void> thenRunAsync(
    Runnable action
    [, Executor executor])
```

引数 fn, action：非同期処理完了後に実行したい処理、executor：使用するExecutor

解説

thenApplyメソッド、thenAcceptメソッド、thenRunメソッドは、CompletableFutureオブジェクトの非同期処理の完了後に、さらに別の処理を指定することができます。thenApplyメソッドでは、処理した結果をさらに次のメソッドに引き渡せますが、thenAccept、thenRunメソッドでは、引き渡すことができません。thenRunメソッドとthenAcceptメソッドは、メソッド引数の関数型インターフェイスが異なるだけで、同じ内容のメソッドです。

また、それぞれのメソッド名の最後が、～Asyncとなっているメソッドは、引数で指定する処理も、別スレッドとして非同期に実行されるメソッドです。Asyncのないメソッドは、同一のスレッドで実行されます。

サンプル ▶ **CompletableFutureSample2.java**

```
// 3秒後に文字列を返す
var future1 = CompletableFuture.supplyAsync(() -> {
    try {
        TimeUnit.SECONDS.sleep(3);
    } catch (InterruptedException e) {
        throw new IllegalStateException(e);
    }
    return "3秒経過";
});

var future2 = future1.thenApply(str -> {
        return "開始 " + str;
});

try {
    // future1の完了後にfuture2の処理が呼び出される
    System.out.println(future2.get()); // 結果：開始 3秒経過

} catch (InterruptedException | ExecutionException e) {
    e.printStackTrace();
}
```

タスク実行時の例外を処理する

» java.util.concurrent.CompletableFuture<T>

▼メソッド

handle	例外時の処理を指定する
whenComplete	例外時の処理を指定する
handleAsync	例外時の処理を指定する（非同期）
whenCompleteAsync	例外時の処理を指定する（非同期）

書式

```
public <U> CompletableFuture<U> handle(
    BiFunction<? super T,Throwable,? extends U> fn)
public CompletableFuture<T> whenComplete(
    BiConsumer<? super T,? super Throwable> action)
public <U> CompletableFuture<U> handleAsync(
    BiFunction<? super T,Throwable,? extends U> fn
    [, Executor executor])
public CompletableFuture<T> whenCompleteAsync(
    BiConsumer<? super T,? super Throwable> action
    [, Executor executor])
```

引数　fn, action：非同期処理異常時に実行したい処理、executor：使用するExecutor

解説

handleメソッド、whenCompleteメソッドは、CompletableFutureオブジェクトの非同期処理が異常終了した場合の処理を指定できます。このメソッドで指定する処理には、前処理の結果と例外のThrowableオブジェクトが渡されます。例外が発生しない場合は、Throwableオブジェクトはnullになります。なおhandleメソッドでは、引数で指定した処理の結果を返すことができますが、whenCompleteメソッドではできません。

また、それぞれのメソッド名の最後が、～Asyncとなっているメソッドは、引数で指定する処理も、別スレッドとして非同期に実行されるメソッドです。Asyncのないメソッドは、同一のスレッドで実行されます。

サンプル ▶ **CompletableFutureSample3.java**

```
public static void DivTasks(int v, int i) {
    CompletableFuture
            .supplyAsync(() -> {
                return v / i;
            })
            .whenComplete((i2, ex) -> {
                if ( ex != null) { // 例外発生時
                    System.out.println(ex);
                }
            })
            .thenAccept((i2)->{
                System.out.println(i2);
            });
}
public static void main(String[] args) {
    DivTasks(5, 2); // 結果：2
    DivTasks(5, 0);
    // 結果：java.util.concurrent.CompletionException: java.lang.
ArithmeticException: / by zero
}
```

2つのタスク両方とも完了後に処理する

» java.util.concurrent.CompletableFuture<T>

▼メソッド

thenCombine	別の処理を指定する（結果の引き継ぎ可）
thenAcceptBoth	別の処理を指定する（結果の引き継ぎ不可）
runAfterBoth	別の処理を指定する（結果の引き継ぎ不可）
thenCombineAsync	別の処理を指定する（非同期実行）
thenAcceptBothAsync	別の処理を指定する（非同期実行）
runAfterBothAsync	別の処理を指定する（非同期実行）

書式

```
public <U,V> CompletableFuture<V> thenCombine(
    CompletionStage<? extends U> other,
    BiFunction<? super T,? super U,? extends V> fn)
public <U> CompletableFuture<Void> thenAcceptBoth(
    CompletionStage<? extends U> other,
    BiConsumer<? super T,? super U> action)
public CompletableFuture<Void> runAfterBoth(
    CompletionStage<?> other, Runnable action)
public <U,V> CompletableFuture<V> thenCombineAsync(
    CompletionStage<? extends U> other,
    BiFunction<? super T,? super U,? extends V> fn
    [, Executor executor])
public <U> CompletableFuture<Void>
    thenAcceptBothAsync(
    CompletionStage<? extends U> other,
    BiConsumer<? super T,? super U> action
    [, Executor executor])
public CompletableFuture<Void> runAfterBothAsync(
    CompletionStage<?> other, Runnable action
    [, Executor executor])
```

引数　other：2つめの非同期処理、fn, action：非同期処理完了時に実行したい処理、executor：使用するExecutor

解説

thenCombineメソッド、thenAcceptBothメソッド、runAfterBothメソッドは、2つのCompletableFutureオブジェクトの非同期処理が両方とも完了した後に、さらに別の処理を指定することができます。指定する処理には、両方のCompletableFutureオブジェクトの非同期処理の結果が渡されます。

なお、thenCombineメソッドでは、処理した結果を返すことができますが、thenAcceptBothメソッド、runAfterBothメソッドでは、引き渡すことができません。thenAcceptBothメソッドとrunAfterBothメソッドは、引数の関数型インターフェイスが異なるだけで、同じ内容のメソッドです。

また、それぞれのメソッド名の最後が、~Asyncとなっているメソッドは、引数で指定する処理も、別スレッドとして非同期に実行されるメソッドです。Asyncのないメソッドは、同一のスレッドで実行されます。

サンプル ▶ **CompletableFutureSample4.java**

```
// 乱数の要素が5つの配列を作る
public static CompletableFuture<int[]> getInts() {
    return CompletableFuture
            .supplyAsync(() -> {
                int[] ints = IntStream.range(1, 6)
                    .map(i ->
                        ThreadLocalRandom.current().nextInt(1, 10))
                        // 1~9までの乱数
                    .toArray();
                System.out.println(Arrays.toString(ints));
                return ints;
            });
}
public static void main(String[] args) {
    // 乱数を求める
    var cf1 = CompletableFuture
            .supplyAsync(() -> {
                int x = ThreadLocalRandom.current().nextInt(1, 10);
                // 1~9までの乱数
                System.out.println(x);
                return x;
            });

    // 最初に求めた乱数と配列の各要素を乗算し、その後に平均を求める
    var cf2 = cf1.thenCombine(getInts(),
            (x, ints) -> Arrays.stream(ints).map(i -> i * x).
average());
```

```
    System.out.println(cf2.join());
}
```

⬇

```
4
[7, 3, 5, 4, 8]
OptionalDouble[21.6]
（値は実行毎に異なる）
```

CompletionStageはインターフェイスで、CompletableFutureは、そのCompletion Stageインターフェイスを実装したクラスです。

COLUMN

処理時間を計測する

プログラムのある処理の経過時間などを計測するには、System.currentTimeMillisメソッドがよく使われます。このメソッドは、現在時刻(UTCの1970/1/1 00:00:00から現在時までの差)をミリ秒で返しますが、OSなどの環境によって精度が異なる上、現在のCPUでは、ミリ秒では遅くて計測できないケースもあります。そのようなときは、現在時刻をナノ秒で返すSystem.nanoTimeメソッドを用います。このメソッドは、経過時間を測定するためのメソッドです(今の時刻を正確に表すものではありません)。たとえば次のようなコードでは、currentTimeMillisメソッドでは正しく計測できませんが、nanoTimeメソッドでは計測できます。

サンプル ▶ **MeasureTime.java**

```
long s1 = System.currentTimeMillis();
var a = 1; a = a/1000;
long e1 = System.currentTimeMillis() - s1;

long s2 = System.nanoTime();
var b = 1; b = b/1000;
long e2 = System.nanoTime() - s2;

// テストに要した時間を表示
System.out.printf("%d ms : %d ns", e1, e2); // 結果：0 ms : 200 ns
```

2つのタスクのいずれかが完了後に処理する

» java.util.concurrent.CompletableFuture<T>

▼メソッド

applyToEither	別の処理を指定する（結果の引き継ぎ可）
acceptEither	別の処理を指定する（結果の引き継ぎ不可）
runAfterEither	別の処理を指定する（結果の引き継ぎ不可）
applyToEitherAsync	別の処理を指定する（非同期実行）
acceptEitherAsync	別の処理を指定する（非同期実行）
runAfterEitherAsync	別の処理を指定する（非同期実行）

書式

```
public <U> CompletableFuture<U> applyToEither(
    CompletionStage<? extends T> other,
    Function<? super T,U> fn)
public CompletableFuture<Void> acceptEither(
    CompletionStage<? extends T> other,
    Consumer<? super T> action)
public CompletableFuture<Void> runAfterEither(
    CompletionStage<?> other, Runnable action)
public CompletableFuture<Void> acceptEitherAsync(
    CompletionStage<? extends T> other,
    Consumer<? super T> action
    [, Executor executor])
public <U> CompletableFuture<U> applyToEitherAsync(
    CompletionStage<? extends T> other,
    Function<? super T,U> fn
    [, Executor executor])
public CompletableFuture<Void> runAfterEitherAsync(
    CompletionStage<?> other, Runnable action
    [, Executor executor])
```

引数 other：2つめの非同期処理、fn, action：非同期処理完了時に実行したい処理、executor：使用するExecutor

解説

applyToEitherメソッド、acceptEitherメソッド、runAfterEitherメソッドは、2つのCompletableFutureオブジェクトの非同期処理のいずれかが完了した後に、さらに別の処理を指定することができます。指定する処理には、完了した

CompletableFutureオブジェクトの非同期処理の結果が渡されます。

なお、applyToEitherメソッドでは、処理した結果を返すことができますが、acceptEitherメソッド、runAfterEitherメソッドでは、引き渡すことができません。acceptEitherメソッドとrunAfterEitherメソッドは、引数の関数型インターフェイスが異なるだけで、同じ内容のメソッドです。

また、それぞれのメソッド名の最後が、~Asyncとなっているメソッドは、引数で指定する処理も、別スレッドとして非同期に実行されるメソッドです。Asyncのないメソッドは、同一のスレッドで実行されます。

サンプル ▸ **CompletableFutureSample5.java**

```
var cf1 = CompletableFuture.supplyAsync(() -> {
    int i = ThreadLocalRandom.current().nextInt(1, 100);
    // 1~99までの乱数
    System.out.println("cf1：" + i);
    return i;
});
// 2つの乱数を非同期に生成、いずれかの値を2乗する
var cf2 = cf1.applyToEither(
        CompletableFuture.supplyAsync(() -> {
            // 1~99までの乱数
            int i = ThreadLocalRandom.current().nextInt(1, 100);
            System.out.println("cf2：" + i);
            return i;
        }),
        r -> r*r    // 2乗する
);
System.out.println(cf2.join());
```

⬇

```
cf1：61
cf2：49
3721
（値は実行毎に異なる）
```

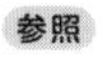

「2つのタスク両方とも完了後に処理する」 → P.484

複数のタスクが完了後に処理する

» java.util.concurrent.CompletableFuture<T>

▼ メソッド

allOf	複数のタスクすべてが完了後の処理を指定する
anyOf	複数のタスクのいずれかが完了後の処理を指定する

書式
```
public static CompletableFuture<Void> allOf(
    CompletableFuture<?>... cfs)
public static CompletableFuture<Object> anyOf(
    CompletableFuture<?>... cfs)
```

引数 cfs：非同期処理

throws NullPointerException
引数の要素のいずれかnullのとき

解説

allOfメソッドは、指定したすべての非同期処理が完了した後に、CompletableFutureを返します。anyOfメソッドは、指定したいずれかの非同期処理が完了した後に、その処理の結果を示すCompletableFutureを返します。

サンプル ▶ CompletableFutureSample6.java

```
var cf1 = CompletableFuture.runAsync(() -> {
    try {
        // 1〜4秒まで待機
        TimeUnit.SECONDS.sleep(
            ThreadLocalRandom.current().nextInt(1, 5));
        System.out.println("1");
    } catch (InterruptedException e) {
        e.printStackTrace();
    }
});
var cf2 = CompletableFuture.runAsync(() -> {
    try {
        TimeUnit.SECONDS.sleep(
            ThreadLocalRandom.current().nextInt(1, 5));
        System.out.println("2");
    } catch (InterruptedException e) {
        e.printStackTrace();
```

```
        }
    });
    var cf3 = CompletableFuture.runAsync(() -> {
        try {
            TimeUnit.SECONDS.sleep(
                ThreadLocalRandom.current().nextInt(1, 5));
            System.out.println("3");
        } catch (InterruptedException e) {
            e.printStackTrace();
        }
    });
    try {
        // すべてのタスクが完了後に終了する
        var cfall = CompletableFuture.allOf(cf1, cf2, cf3);
        cfall.get();
        System.out.println("all finish");
    } catch (InterruptedException | ExecutionException e) {
        e.printStackTrace();
    }
```

⬇

```
3
1
2
all finish
```
（1〜3の順番は実行毎に異なる）

参考　allOfメソッドは、指定した非同期処理の結果を返しません。結果を参照するには、指定したそれぞれのCompletableFutureオブジェクトを調べる必要があります。

7 並行処理

タスクのタイムアウトを設定する 9

» java.util.concurrent.CompletableFuture<T>

▼メソッド

orTimeout	タイムアウトを指定する
completeOnTimeout	タイムアウト時のデフォルト値を指定する

書式

```
public CompletableFuture<T> orTimeout(long timeout,
    TimeUnit unit)
public CompletableFuture<T> completeOnTimeout(
    T value, long timeout, TimeUnit unit)
```

引数 timeout：タイムアウト値、unit：タイムアウト値の単位、value：タイムアウト時の値

解説

orTimeoutメソッド、completeOnTimeoutメソッドは、CompletableFutureオブジェクトの非同期処理にタイムアウトを設定できます。orTimeoutメソッドでは、指定したタイムアウト値を過ぎても処理が完了しない場合、TimeoutExceptionがスローされます。completeOnTimeoutメソッドでは、タイムアウトした場合に、例外がスローされずに第1引数で指定した値が返されます。

サンプル ▸ **CompletableFutureSample7.java**

```
CompletableFuture.supplyAsync(() -> {
    try {
        TimeUnit.SECONDS.sleep(5);
    } catch (InterruptedException e) {
        e.printStackTrace();
    }
    return 5;
})
.orTimeout(1, TimeUnit.SECONDS) // タイムアウト時は例外になる
.whenComplete((r, ex) -> {
        if (ex != null) System.out.println(ex);
});
// 結果：java.util.concurrent.TimeoutException

CompletableFuture.supplyAsync(() -> {
    try {
        TimeUnit.SECONDS.sleep(2);
    } catch (InterruptedException e) {
        e.printStackTrace();
    }
    return 5;
})
.completeOnTimeout(-1, 1, TimeUnit.SECONDS)
// タイムアウト時は代替値になる
.thenAccept(r -> System.out.println(r));
// 結果：-1
```

Subscriberを作成する 9

» java.util.concurrent.Flow.Subscriberインターフェイス

▼ メソッド

onSubscribe	Publisherへの登録時に呼び出されるメソッド
onNext	メッセージの配信時に呼び出されるメソッド
onComplete	ストリームの終了時に呼び出されるメソッド
onError	エラー発生時に呼び出されるメソッド

書式
```
void onSubscribe(Flow.Subscription subscription)
void onNext(T item)
void onError(Throwable throwable)
void onComplete()
```

引数 subscription：新しいSubscription、item：アイテム（通信メッセージ）、throwable：例外

解説

java.util.concurrent.Flow.Subscriberインターフェイスは、Publish/Subscribe型通信モデルの、Subscriber（受信オブジェクト）の処理を実装するためのインターフェイスです。

Subscriberを作成するには、Publisherへの登録時に呼び出されるonSubscribeメソッド、メッセージの配信時に呼び出されるonNextメソッド、ストリームの終了時に呼び出されるonCompleteメソッド、エラー発生時に呼び出されるonErrorメソッドを実装する必要があります。

Flow.Subscriptionは、メッセージを制御するオブジェクトです。

サンプル ▶ **PubSubSample.java**

```
class MySubscriber implements Subscriber<String> {

    private Subscription subscription;

    // 登録時に実行される
    @Override
    public void onSubscribe(Subscription subscription) {
        this.subscription = subscription;
        System.out.println("onSubscribe：");
        subscription.request(1);
    }

    // メッセージ配信時に実行される
    @Override
    public void onNext(String item) {
        System.out.println("onNext：" + item);
        subscription.request(1);
    }

    // エラー時に実行される
    @Override
    public void onError(Throwable throwable) {
        System.out.println("onError："
                         + throwable.getLocalizedMessage());
    }

    // 終了時に実行される
    @Override
    public void onComplete() {
        System.out.println("onComplete：");
    }
}
～略～
```

参照
「Publisherを作成する」 → P.496

メッセージを要求する 9

» java.util.concurrent.Flow.Subscriptionインターフェイス

▼ メソッド

request	メッセージを要求する

書式 void request(long n)

引数 n：要求するメッセージ数

解説

requestメソッドは、Publishに対して引数で指定された数のメッセージを要求します。Subscriberでは、Subscriptionインターフェイスの実装を用いて、オブジェクトの要求を行います。このメソッドを受けて、SubscriberのonNextメソッドが呼び出されます。

サンプル ▶ **PubSubSample3.java**

```
class TestSubscriber implements Subscriber<Integer> {

    private Subscription subscription;

    @Override
    public void onSubscribe(Subscription subscription) {
        this.subscription = subscription;
        subscription.request(1); // メッセージを要求する
    }
    @Override
    public void onNext(Integer item) {
        subscription.request(1);
    }
    ～略～
}
```

参考 引数のメッセージ数が0以下の場合、SubscriberのonErrorメソッドが呼び出されます。

参照
「Subscriberを作成する」 → P.493
「Publisherを作成する」 → P.496

Publisher を作成する 9

» java.util.concurrent.Flow.Publisher<T>インターフェイス

▼ メソッド

subscribe	Subscriberの登録

書式 `void subscribe(Flow.Subscriber<? super T> subscriber)`

引数 subscriber：Subscriber

throws NullPointerException
subscriberがnullのとき

解説

java.util.concurrent.Publisherインターフェイスは、Publish/Subscribe型通信モデルの、Publish(送信オブジェクト)の処理を実装するためのインターフェイスです。subscribeメソッドで、Subscriberを登録します。

サンプル ▶ PubSubSample2.java

```
// Publisherの生成
var pub = new SubmissionPublisher<String>();

// Subscriberの登録
pub.subscribe(new MySubscriber());

// メッセージの送信
pub.submit("mes1");

// Publisherの終了
pub.close();
```

このインターフェイスの実装として、java.util.concurrent.SubmissionPublisherというクラスが提供されています。

「Subscriberを作成する」 → P.493

メッセージを配信する 9

» java.util.concurrent.SubmissionPublisher<T>

▼ メソッド

submit メッセージを配信する

書式 `public int submit(T item)`

引数 item：アイテム（通信メッセージ）

throws
IllegalStateException
closeされているとき
NullPointerException
itemがnullのとき
RejectedExecutionException
Executorから例外をスローされたとき

解説

submitメソッドは、登録されているSubscriberのonNextメソッドを非同期に呼び出し、メッセージを配信します。

サンプル ▶ **PubSubSample.java**

```
// MySubscriberの定義
～中略～
// Publisherの生成
try (var pub = new SubmissionPublisher<String>()) {

    // Subscriberの登録
    pub.subscribe(new MySubscriber());

    // メッセージの送信
    pub.submit("mes1");
    pub.submit("mes2");

    // 1秒待機
    try {
        TimeUnit.SECONDS.sleep(1);
    } catch (InterruptedException e) {
        e.printStackTrace();
    }
    // SubmissionPublisherのcloseが呼び出される
}
```

⬇

```
onSubscribe：
onNext：mes1
onNext：mes2
onComplete：
```

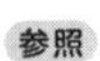

「Subscriberを作成する」 → P.493
「Publisherを作成する」 → P.496

8
ネットワーク

この章では、Javaのネットワーク関連APIを扱います。

ネットワーク関連のAPIは、大別すると、低レベルと高レベルの2つのAPIになります。低レベルとは、**IPアドレス**や**ソケット**など、ネットワーク通信を行う上で基礎となる概念を扱うものです。一方、高レベルとは、**URL**やネットワークの接続処理やHTTP通信などを扱うAPIです。

TCP/IP(Transmission Control Protocol/Internet Protocol)

インターネットでの通信は、**TCP/IP**と呼ばれる**プロトコル**(通信手順)が用いられます。TCP/IPとは、TCP(Transmission Control Protocol)という伝送制御のためのプロトコルと、情報伝達のためのIP(Internet Protocol)という2つのプロトコルの意味でしたが、今日では、TCPやIPを基礎としたFTPや**HTTP**といったさまざまなプロトコル一式を意味する場合もあります。

また、このような関連したプロトコル一式のことを一般に**プロトコルスイート**と呼び、TCP/IPであれば、TCP/IPプロトコルスイートや、インターネットプロトコルスイートと呼ばれます。

ソケット通信

他のアプリケーションとデータのやりとりを行う方法の1つとして、**ソケット**があります。ソケットとは、通信を行うアプリケーションの出入り口のようなもので、IPアドレスとポート番号を組み合わせたネットワークアドレスです。

ソケットで通信を行う際には、**TCP**(Transmission Control Protocol)または**UDP**(User Datagram Protocol)のいずれかを使用します。

TCPでは、電話をかけるように、まず通信のために特定のホストと接続を行います。接続した後は、確保された通信路を用いて相互に通信し、終了するには接続を閉じます。UDPは、事前に接続の必要はありません。いきなり大声で話すように、高速で同時に複数のホストと通信できますが、TCPのような信頼性はありません。

通信の信頼性が求められる場合はTCP、信頼性よりもシンプルに通信したい場合にはUDPが向いています。

▼ソケット

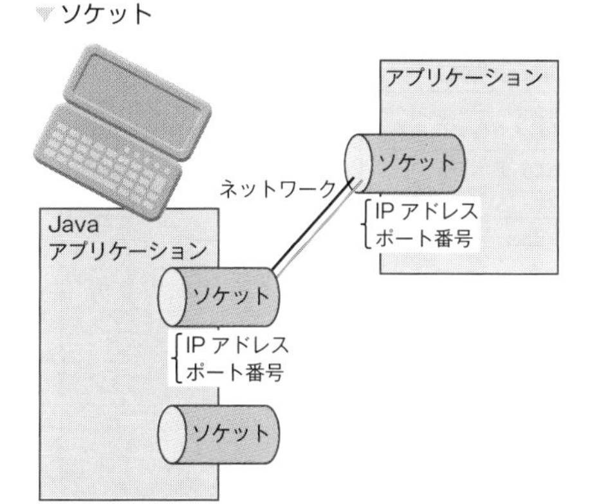

HTTP

インターネットのウェブサイトは、WWWと呼ばれる文書システムによって構築されています。HTTP(HyperText Transfer Protocol)とは、このシステムのデータを送受信する通信プロトコルのことです。もちろん今では、単なる文書にとどまらず、動画や写真といったさまざまなコンテンツをやりとりするプロトコルになっています。

HTTP通信(HTTP/1.1)は、クライアントから要求(HTTPリクエスト)とHTTPメソッドを送り、サーバが応答(HTTPレスポンス)を返す、という流れが基本になっています。

HTTPリクエストには、やりとりするデータの種類や形式の情報などを記述したヘッダ部と、データ本体のボディ部で構成されます。

HTTPメソッドとは、サーバに対して、どのような動作を行うかを定めた符号です。主に、指定したデータの送信を求めるGETメソッド、クライアントからデータを送信するPOSTメソッドが使われます。

HTTPレスポンスは、クライアントの要求に対する応答(ステータスコード)などが含まれるヘッダと、データ本体のボディ部で構成されます。

▼ HTTP(HTTP/1.1)プロトコル

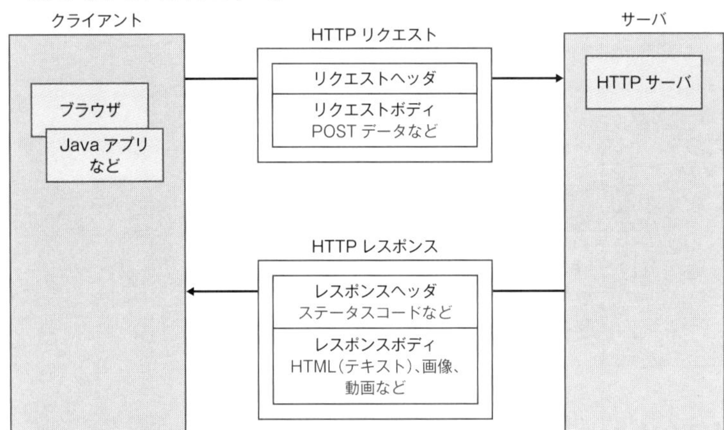

HTTP クライアント API

従来からJavaでは、HTTP通信の処理用として、HttpUrlConnectionクラスが提供されています。ただこのクラスは、非同期処理に対応していないなど、設計が古いため、HTTP通信の処理には、オープンソースのライブラリのほうが広く使われてきました。

Java 11になって、新たにHTTP通信のAPI(java.net.http.HttpClient)が正式に提供されるようになりました。このAPIでは、HTTP/1.1だけでなく、接続の多重化やサーバプッシュが可能なHTTP/2での通信がデフォルトになり、非同期の処理にも対応しています。

HttpClientで利用する主なクラスは、次のとおりです。

▼ 主なクラス

クラス	概要
java.net.http.HttpClient	HTTP通信を行うクライアントクラス
java.net.http.HttpRequest	HTTPリクエストの通信設定をするクラス
java.net.http.HttpRequest.BodyPublisher	HTTPリクエストのボディを作成するクラス
java.net.http.HttpResponse	HTTPレスポンスの内容を表すクラス
java.net.http.HttpResponse.BodyHandler	HTTPレスポンスのボディを処理するクラス

生の IP アドレスを取得する

» java.net.InetAddress

▼ メソッド

getAddress	IPアドレスを取得する

書式 `public byte[] getAddress()`

解説

Javaでは、コンピュータを識別するIPアドレスの一連の処理を、java.net.InetAddressクラスにパッケージ化しています。

getAddressメソッドは、このInetAddressオブジェクトが示す**IPアドレス**を8ビットごとに区切り、byte型の配列にして返します。順序は、**ネットワークバイト**に従い、アドレスの最上位バイトがgetAddress()[0]になります。

サンプル ▸ **GetAddressSample.java**

```
try {
    // ローカルマシンのIPアドレスを取得する
    InetAddress host = InetAddress.getByName("localhost");

    for (byte b : host.getAddress()) {
        System.out.println(b);
    }
}
catch (UnknownHostException e) {
    System.out.println("Not found");
}
```

⬇

```
127
0
0
1
```

ホスト名／ドメイン名を取得する

» java.net.InetAddress

▼ メソッド

getHostName	ホスト名を取得する
getCanonicalHostName	完全修飾ドメイン名を取得する

書式
```
public String getHostName()
public String getCanonicalHostName()
```

解説

このInetAddressオブジェクトが示すIPアドレスに対応する、**ホスト名**を取得します。InetAddressオブジェクトがホスト名をもとに生成されていれば、そのホスト名がそのまま返されます。そうでないなら、getCanonicalHostNameメソッドを呼び出し、**DNS参照**によってIPアドレスから逆引きが実行されます。

getCanonicalHostNameメソッドは、このInetAddressオブジェクトに対応する**完全修飾ドメイン名**（**FQDN**：Fully Qualified Domain Name）を取得します。システムの環境やセキュリティの制限で、FQDNを取得できなかった場合は、IPアドレスを文字列にして返します。

サンプル ▶ **GetHostNameSample.java**

```
// ローカルマシンのアドレス
InetAddress host = InetAddress.getByName("localhost");
System.out.println("Host name = " + host.getHostName());

// FQDN取得
System.out.println(
    "Canonical Host name = " + host.getCanonicalHostName());

// グローバルアドレスからホスト名を取得する
host = InetAddress.getByName("220.151.20.227");
System.out.println("Host name = " + host.getHostName());
System.out.println(
    "Canonical Host name = " + host.getCanonicalHostName());
```

⬇

```
Host name = localhost
Canonical Host name = 127.0.0.1
Host name = ns.webmate.ne.jp
Canonical Host name = ns.webmate.ne.jp
```

ホスト名からIPアドレスに変換する

» java.net.InetAddress

▼ メソッド

getByName	IPアドレスに変換する
getAllByName	すべてのIPアドレスを取得する

書式
```
public static InetAddress getByName(String host)
public static InetAddress[] getAllByName(String host)
```

引数 host：ホスト名

解説

getByNameメソッドは、引数のホスト名からシステムに設定されているネームサービスを参照して、ホストのIPアドレスを取得します。ホスト名には、www.google.comのようなFQDNやIPアドレスの文字列も指定できます。なお、文字列のIPアドレスが指定された場合、アドレス形式の有効性がチェックされます。ホスト名には、**IPv6**形式を指定することも可能です。

getAllByNameメソッドは、引数のホスト名からシステムに設定されているネームサービスを参照して、IPアドレスの配列を返します。ホスト名に、複数のIPアドレスが関連付けられている場合があり、getAllByNameメソッドでは、そのすべてのIPアドレスを取得することができます。

サンプル ▶ **GetAllByNameSample.java**

```
try {
    // ホスト名からIPアドレス取得
    System.out.println(InetAddress.getByName("www.google.co.jp"));
    for (InetAddress n :
            InetAddress.getAllByName("www.google.co.jp")) {
        System.out.println(n);
    }
}
catch (UnknownHostException e) {
    System.out.println("Not found");
}
```

⬇

```
www.google.co.jp/172.217.161.195
www.google.co.jp/172.217.161.195
www.google.co.jp/2404:6800:400a:808:0:0:0:2003
```

ローカルホストを取得する

» java.net.InetAddress

▼ メソッド

getLocalHost　　ローカルホストを取得する

書式 `public static InetAddress getLocalHost()`

解説

getLocalHostメソッドは、実行しているマシンのローカルホストのIPアドレスを取得します。

サンプル ▸ **GetLocalHostSample.java**

```
try {
    InetAddress host = InetAddress.getLocalHost();

    for (byte b : host.getAddress()) {
        System.out.println(b&0xff); // 正の値として表示させる
    }
}
catch (UnknownHostException e) {
    System.out.println("Not found");
}
```

⬇

```
192
168
0
4
```

指定のアドレスに到達可能かテストする

» java.net.InetAddress

▼ メソッド

isReachable	到達可能かどうか調べる

書式

```
public boolean isReachable(int timeout)
public boolean isReachable(NetworkInterface netif,
    int ttl, int timeout)
```

引数 timeout：到達判定の最大待機時間（ミリ秒）、netif：テストを実行するネットワークインターフェイス（nullを指定すると任意のインターフェイス）、ttl：試行するホップの最大数（デフォルトは0）

解説

isReachableメソッドは、指定したアドレスが到達可能かどうかをテストします。テストの方法は、Linux環境では、使用可能であればICMP ECHO REQUEST(**ping**)を利用します。権限がない場合やWindows環境では、指定のホストに対して7番ポート(Echo)でTCP接続を試みます。

引数timeoutは、到達判定を行う最大の時間(ミリ秒で指定)です。

また、引数netifにテストを実行するネットワークインターフェイス、引数ttlにパケットが転送されるホップの最大数を指定することもできます。なお、NetworkInterfaceクラスは、ネットワークカードなどのネットワークに接続するためのインターフェイスを抽象化したものです。

サンプル ▸ **IsReachableSample.java**

```
InetAddress host = InetAddress.getByName("192.168.0.4");
long start = System.currentTimeMillis();
boolean b = host.isReachable(3000);
long elapse = System.currentTimeMillis() - start;

// テスト結果とテストに要した時間を表示
System.out.printf("%b(%dms)", b, elapse);
```

⬇

```
true(993ms)
```

Windows環境では、pingコマンドが成功しても、**ファイアーウォール**などによって7番ポートのTCP接続ができない場合、isReachableメソッドはfalseになります。

ネットワークインターフェイスを取得する

» java.net.NetworkInterface

▼ メソッド

getNetworkInterfaces　ネットワークインターフェイスを取得する

書式 public static Enumeration<NetworkInterface>
getNetworkInterfaces()

throws SocketException
入出力エラーが発生したとき

解説

このメソッドを実行するマシンの、すべてのネットワークインターフェイスを返します。1つも存在しない場合は、nullを返します。

サンプル ▶ NetworkInterfaceEnum.java

```
// ネットワークインターフェイスを列挙
Enumeration<NetworkInterface> interfaces =
    NetworkInterface.getNetworkInterfaces();

while (interfaces.hasMoreElements()) {
    NetworkInterface v = interfaces.nextElement();
    // DisplayNameを表示
    System.out.println(v.getDisplayName());
}
```

⬇

```
Software Loopback Interface 1
Atheros AR928X Wireless Network Adapter
（後略）
```

ネットワークパラメータを取得する

» java.net.NetworkInterface

▼ メソッド

getName	名前を取得する
getDisplayName	表示名を取得する
getInterfaceAddresses	IPアドレス情報を取得する
getHardwareAddress	MACアドレスを取得する
getMTU	MTUを取得する

書式
```
public String getName()
public String getDisplayName()
public List<InterfaceAddress> getInterfaceAddresses()
public byte[] getHardwareAddress()
public int getMTU()
```

throws IOException
入出力エラーが発生したとき（getHardwareAddress, getMTU）

解説

getNameメソッドは、ネットワークインターフェイスの名前を取得します。getDisplayNameメソッドは、ネットワークデバイスを示す表示名を取得します。

getInterfaceAddressesメソッドは、このネットワークインターフェイスが示すInterfaceAddressオブジェクトのすべてのリストを返します。

getHardwareAddressメソッドは、ネットワークインターフェイスの**MACアドレス**、getMTUメソッドは、**MTU**の値を返します。

サンプル ▶ **NetworkInterfaceName.java**

```
Enumeration<NetworkInterface> interfaces =
    NetworkInterface.getNetworkInterfaces();

while (interfaces.hasMoreElements()) {
    NetworkInterface v = interfaces.nextElement();
    // 表示名
    System.out.println("Display Name: " + v.getDisplayName());

    // 名前
    System.out.println("  Name: "   + v.getName());
```

```
    // InterfaceAddress
    List<InterfaceAddress> addresses  = v.getInterfaceAddresses();
    for (InterfaceAddress address: addresses) {
        // アドレス
        System.out.println("  Address: " + address.getAddress());
        // ブロードキャストアドレス
        System.out.println("  Broadcast: " +
            address.getBroadcast());
    }

    // 物理アドレス
    byte hwAddress[] = v.getHardwareAddress();
    if (hwAddress != null) {
        System.out.print("  MAC アドレス: ");
        for (byte segment : hwAddress) {
            System.out.printf("%02x ", segment);
        }
        System.out.println();
    }

    // MTU
    System.out.println("  MTU: " + v.getMTU());
    System.out.println();
}
```

⬇

```
Display Name: Atheros AR928X Wireless Network Adapter
  Name: net4
  Address: /fe80:0:0:0:544:5f7e:4e11:e597%11
  Broadcast: null
  Address: /192.168.101.75
  Broadcast: /255.255.255.255
  MAC アドレス: 00 17 c4 d1 7c 1c
  MTU: 1500
（後略）
```

InterfaceAddressクラスはIPアドレスを管理するクラスで、アドレスがIPv4アドレスの場合は、IPアドレス、サブネットマスク、およびブロードキャストアドレスを保持します。IPv6アドレスであれば、IPアドレスとネットワーク接頭辞長となります。

インターフェイスの状態を取得する

» java.net.NetworkInterface

▼ メソッド

isUp	動作しているか調べる
isLoopback	ループバックか調べる
isPointToPoint	Point to Pointインターフェイスか調べる
supportsMulticast	マルチキャスト可能か調べる

書式
```
public boolean isUp()
public boolean isLoopback()
public boolean isPointToPoint()
public boolean supportsMulticast()
```

throws IOException
入出力エラーが発生したとき

解説

NetworkInterfaceクラスは、名前とIPアドレスからなるネットワークインターフェイスを表します。インターフェイスは通常、le0などの名前で識別されます。

isUpメソッドは、そのインターフェイスが起動して、動作しているかどうかを返します。isLoopbackメソッドはそのインターフェイスがループバックインターフェイスか、isLoopbackメソッドはモデム経由の**PPP接続**などのPoint to Pointインターフェイスか、supportsMulticastメソッドはマルチキャストをサポートしているかどうかをそれぞれ返します。

サンプル ▶ **NetworkInterfaceIs.java**

```
Enumeration<NetworkInterface> interfaces =
    NetworkInterface.getNetworkInterfaces();

while (interfaces.hasMoreElements()) {
    NetworkInterface v = interfaces.nextElement();

    // 表示名
    System.out.println(v.getDisplayName());
    // 接続状態
    System.out.println("起動: " + v.isUp());
    // ループバック
    System.out.println("ループバック: " + v.isLoopback());
    // Point to Point
    System.out.println("PPP: " + v.isPointToPoint());
    // マルチキャストのサポート
    System.out.println("マルチキャスト: " + v.supportsMulticast());
}
```

⬇

```
Software Loopback Interface 1
起動: true
ループバック: true
PPP: false
マルチキャスト: true
（後略）
```

URL接続オブジェクトを取得する

» java.net.URL

▼メソッド

openConnection　　URL接続オブジェクトを取得する

書式　public URLConnection openConnection()

throws　IOException
接続のオープン中に入出力エラーが発生したとき

解説

Javaでは、**URL**(Uniform Resource Locator)を用いてリソースにアクセスすることができます。URLクラスはURLへの参照を表します。

openConnectionメソッドは、URLが参照しているリモートオブジェクトへの接続を表す、URLConnectionオブジェクトを取得します。このオブジェクトに対して、リモートのリソースへの接続に影響するようなパラメータの操作を行います。

サンプル ▶ **URLConnectSample.java**

```
URL url = new URL("http://www.google.com/");
URLConnection con = url.openConnection();
// URL表示
System.out.println(con.getURL()); // 結果：http://www.google.com/
```

URL 接続からリンクを確立する

» java.net.URLConnection

▼メソッド

connect リンクを確立する

書式 `public abstract void connect()`

throws IOException
接続のオープン中に入出力エラーが発生したとき

解説

URLConnectionクラスは、**URL**で表されるオブジェクトとの通信を行うクラスです。ただし抽象クラスなので、実際には目的に応じてそのサブクラスを利用します。

connectメソッドは、URLオブジェクトが参照しているリソースへの通信リンクを確立します。すでにリンクが確立されている場合には何も行いません。リンクを確立した後、リソースのヘッダや内容にアクセスし、処理を行います。

サンプル ▶ **URLConnectType.java**

```
// https://gihyo.jp/にアクセスし、コンテンツタイプを取得
URL url = new URL("https://gihyo.jp/");
URLConnection con = url.openConnection();
con.connect();
System.out.println(con.getContentType());
```

⬇

```
text/html; charset=UTF-8
```

タイムアウトを取得／設定する

» java.net.URLConnection

▼ メソッド

setConnectTimeout	接続タイムアウトを設定する
getConnectTimeout	接続タイムアウトを取得する
setReadTimeout	読み取りタイムアウトを設定する
getReadTimeout	読み取りタイムアウトを取得する

書式
```
public void setConnectTimeout(int timeout)
public int getConnectTimeout()
public void setReadTimeout(int timeout)
public int getReadTimeout()
```

引数 timeout：タイムアウトになるまでの時間（ミリ秒）

throws IOException
接続のオープン中に入出力エラーが発生したとき

解説

setConnectTimeoutメソッドは、connectメソッドのタイムアウトをミリ秒単位で設定します。**タイムアウト**を過ぎても接続が確立されない場合、java.net.SocketTimeoutException例外がスローされます。

setReadTimeoutメソッドは、接続された後の読み取り処理におけるタイムアウト値をミリ秒で設定します。タイムアウト時には、同様にjava.net.SocketTimeoutExceptionがスローされます。

getConnectTimeout、getReadTimeoutメソッドは、それぞれ設定されているタイムアウト値を取得します。

サンプル ▶ **URLTimeOutSample.java**

```
try {
    URL url = new URL("http://192.168.0.20/");
    URLConnection con = url.openConnection();
    con.setConnectTimeout(1000); // タイムアウト1秒
    con.setReadTimeout(1000*10); // タイムアウト10秒
    try {
        con.connect();
        System.out.printf("content:%s",
            con.getContent().toString());
    }
    catch (SocketTimeoutException e) {
        System.out.printf("タイムアウト発生: " + e.getMessage());
        System.out.println("ConnectTimeout: " +
            con.getConnectTimeout());
        System.out.println("ReadTimeout: " +
            con.getReadTimeout());
    }
}
catch (Exception e) {
    System.out.printf("通信エラー発生: " + e.getMessage());
}
```

⬇

```
タイムアウト発生: connect timed out
ConnectTimeout: 1000
ReadTimeout: 10000
```

タイムアウト値を0にすると、タイムアウトを指定しない設定(無限のタイムアウト)になります。

接続先の情報を取得する

» java.net.URLConnection

▼メソッド

getContent	コンテンツを取得する
getContentLength	Content-Lengthを取得する
getContentEncoding	Content-Encodingを取得する
getContentType	Content-Typeを取得する
getDate	Dateを取得する
getExpiration	Expiresを取得する
getLastModified	Last-Modifiedを取得する
getHeaderField	ヘッダフィールドを取得する
getHeaderFieldKey	キーを取得する
getHeaderFields	マップを取得する
getURL	URLを取得する

書式
```
public Object getContent()
public Object getContent(Class[] classes)
public int getContentLength()
public String getContentEncoding()
public String getContentType()
public long getDate()
public long getExpiration()
public long getLastModified()
public String getHeaderField(int n)
public String getHeaderField(String name)
public String getHeaderFieldKey(int n)
public Map<String,List<String>> getHeaderFields()
public URL getURL()
```

引数　classes：取得する型、n：インデックス、name：ヘッダフィールドの名前

throws　IOException
入出力エラーが発生したとき（getContentのみ）

解説

各メソッドは、接続先のさまざまな情報を取得します。

日付、時刻を扱うgetExpiration、getDate、getModifiedの各メソッドで得られる値は、エポックタイムからの経過ミリ秒を表すlong値になります。

getHeaderFieldsメソッドは、接続先のすべてのヘッダを、すべてのヘッダのキー(ヘッダ名)と値を持つ文字列のMapオブジェクトとして取得します。

サンプル ▶ **URLGetInfoSample.java**

```
// 指定したURLに接続し、ヘッダやボディの情報を取得する
URL url = new URL("https://gihyo.jp/");
URLConnection con = url.openConnection();
Map<String, String> f1 = new LinkedHashMap<String, String>();
f1.put("URL", con.getURL().toString());
f1.put("Content-Length", Integer.toString(con.getContentLength()));
f1.put("Content-Type", con.getContentType());
f1.put("Content-Encoding", con.getContentEncoding());
f1.put("Expiration", Long.toString(con.getExpiration()));
f1.put("Date", new Date(con.getDate()).toString());
f1.put("LastModified", new Date(con.getLastModified()).toString());
f1.put("key1_field", con.getHeaderField(con.getHeaderFieldKey(1)));
for (String k : f1.keySet()) {
    System.out.printf("%s: %s%n", k, f1.get(k));
}

Map<String, List<String>> f2 = con.getHeaderFields();
for (String k : f2.keySet()) {
    System.out.printf("%nkey:%s field:%s", k, f2.get(k));
}
System.out.printf("%n%ncontent:%s",
    con.getContent().toString());
```

⬇

```
URL: https://gihyo.jp/
Content-Length: -1
Content-Type: text/html; charset=UTF-8
Content-Encoding: null
Expiration: 0
Date: Sun Apr 26 09:54:40 JST 2020
LastModified: Thu Jan 01 09:00:00 JST 1970
key1_field: Sun, 26 Apr 2020 00:54:40 GMT

key:Transfer-Encoding field:[chunked]
（中略）

content:sun.net.www.protocol.http.HttpURLConnection$HttpInputStream
@4dc27487
```

URLの情報を取得する

» java.net.URL

▼メソッド

getDefaultPort	デフォルトのポート番号を取得する
getHost	ホスト名を取得する
getPath	パス部分を取得する
getPort	ポート番号を取得する
getProtocol	プロトコル名を取得する
getQuery	クエリ部分を取得する

書式

```
public int getDefaultPort()
public String getHost()
public String getPath()
public int getPort()
public String getProtocol()
public String getQuery()
```

解説

各メソッドは、このURLオブジェクトの情報を取得します。

getDefaultPortメソッドは、このURLオブジェクトが示すプロトコルのデフォルトのポート番号を取得します。デフォルトのポート番号が定義されていない場合は、-1が返されます。

getHost、getPath、getPort、getProtocol、getQueryメソッドは、このURLオブジェクトが示すホスト名、パス部分、ポート番号、プロトコル名、クエリ部分を取得します。

サンプル ▶ **GetDefaultPortSample.java**

```
URL url =
    new URL("http://www.google.co.jp/search?hl=ja&soq=java");
System.out.printf("Port:%d%n", url.getDefaultPort());
// 結果：Port:80
System.out.printf("Host:%s%n", url.getHost());
// 結果：Host:www.google.co.jp
System.out.printf("Path:%s%n", url.getPath()); // 結果：Path:/search
System.out.printf("Port:%d%n", url.getPort()); // 結果：Port:-1
System.out.printf("Protocol:%s%n", url.getProtocol());
// 結果：Protocol:http
System.out.printf("Query:%s%n", url.getQuery());
// 結果：Query:hl=ja&source=hp&q=java
```

URL接続の入出力ストリームを取得する

» java.net.URLConnection

▼メソッド

getInputStream	入力ストリームを取得する
getOutputStream	出力ストリームを取得する

書式
```
public InputStream getInputStream()
public OutputStream getOutputStream()
```

throws
IOException
入出力エラーが発生したとき
SocketTimeoutException
タイムアウト

解説

これらのメソッドは、接続するURLとの入出力ストリームを取得します。なお、入力ストリームから読み取る際、setReadTimeoutメソッドで設定したタイムアウトが過ぎても読み取れない場合には、SocketTimeoutException例外がスローされます。

サンプル ▶ **URLGetStreamError.java**

```
// ストリームのデータを表示
static void view(InputStream is) throws IOException {
    try (BufferedReader in =
          new BufferedReader(new InputStreamReader(is))) {
        while (in.ready()) {
            System.out.println(in.readLine());
        }
    }
}

public static void main(String[] args) {
    URLConnection con = null;
    try {
        URL url = new URL("http://www.google.co.jp/xx");
        con = url.openConnection();

        // コンテンツ表示
        view(con.getInputStream());
```

```
    }
    catch (IOException e) {
        // エラー（404エラーなど）発生
        try {
            // HTTPに特化したHttpURLConnectionにキャストする
            HttpURLConnection hcon = (HttpURLConnection) con;
            // レスポンスコードを取得する
            int rescode = hcon.getResponseCode();
            System.out.println(rescode
                            + " " + hcon.getResponseMessage());
            view(hcon.getErrorStream());
        }
        catch (IOException e2) {
            // エラー情報なし
        }
    }
    catch (Exception e) {
        e.printStackTrace();
    }
}
```

⬇

```
404 Not Found
<!DOCTYPE html>
<html lang=en>
  <meta charset=utf-8>
  <meta name=viewport content="initial-scale=1, minimum-scale=1,
width=device-width">
  <title>Error 404 (Not Found)!!1</title>

(後略)
```

getInputStreamメソッドの呼び出しでIOException例外が発生した場合（ファイルがない404エラーなど）は、HttpURLConnectionクラスのgetErrorStreamメソッドを呼び出して、サーバから送られるエラーデータを取得するようにします。エラーデータは、エラー表示コンテンツなどです。

URL 接続の入力ストリームを取得する

» java.net.URL

▼メソッド

openStream　　入力ストリームを取得する

書式 `public final InputStream openStream()`

throws IOException
入出力エラーが発生したとき

解説

openStreamメソッドは、接続の確立と同時に入力ストリームを取得します。つまり、openConnection().getInputStream()と同じ働きになります。

サンプル ▶ **URLGetStreamSample.java**

```
try {
    URL url = new URL("http://www.google.co.jp/");

    // 入力ストリーム取得
    try (InputStreamReader in =
                new InputStreamReader(url.openStream())){

        // データ読み取り後表示
        for (int c; (c = in.read()) != -1;) {
            System.out.printf("%c",c);
        }
    }
}
```

⬇

```
<!doctype html><html itemscope="" itemtype="http://schema.org/
WebPage" lang="ja"><head>
（後略）
```

URIからURLに変換する

» java.net.URI

▼ メソッド

toURL	URIからURLを構築する

書式
```
public URL toURL()
```

throws URISyntaxException
URIとして解析できなかったとき

解説

URI(Uniform Resource Identifier)は、世界中のリソースを一意に表現するためのものです。URIを簡単に説明すると、URLにURN(Uniform Resource Name)というリソースを示す名前を付加したもので、URIにはURLが含まれます。

URIとURLは、相互に変換することができます。URIクラスのtoURLメソッドは、URIからURLへ変換します。

サンプル ▶ ConvertURI2URL.java

```
URI uri = new URI("file://C:/Windows");

// URLに変換
URL url = uri.toURL();
System.out.println(url);
```

```
file://C:/Windows
```

参照

「URLからURIに変換する」 → P.524

URL から URI に変換する

» java.net.URL

▼ メソッド

toURI	URLからURIを構築する

書式 `public URI toURI()`

throws URISyntaxException
URIとして解析できなかったとき

解説

URIとURLは、相互に変換することができます。URLクラスのtoURIメソッドは、URLからURIへ変換します。

サンプル ▶ ConvertURL2URI.java

```
URI uri = new URI("file://C:/Windows");
// URLに変換
URL url = uri.toURL();
// URIに変換し、元のURIと比較
System.out.println(uri.equals(url.toURI())); // 結果：true
```

参照

「URIからURLに変換する」 → P.523

サーバ側のTCP/IPソケットを操作する

» java.net.ServerSocket

▼メソッド

bind	ソケットをバインドする
accept	接続されるまで待機する
close	ソケットを閉じる

書式
```
public void bind(SocketAddress addr)
public Socket accept()
public void close()
```

引数 addr：バインド先のアドレスおよびポート

throws IOException
入出力エラーが発生したとき

解説

これらのメソッドは、TCP/IP通信のサーバソケットを扱います。サーバソケットは、クライアントからネットワーク経由で送られる要求を待機した後、要求に基づく処理を行い、場合によっては要求元に結果を返します。

bindメソッドは、このソケットオブジェクトを指定のアドレスおよびポートにバインド(結合)します。このメソッドは、ソケット生成時に、コンストラクタにホスト名とポート番号を指定すれば、省略することもできます。また、引数のアドレスがnullの場合は、ローカルアドレスと一時的なポートがソケットにバインドされます。

acceptメソッドは、クライアントからの接続要求を待機します。接続要求を受けた場合には、そのソケットを取得します。このメソッドは、接続されるまで**ブロック**(停止)します。

closeメソッドは、ソケットをクローズします。その際、acceptメソッドでブロックされているすべてのスレッドは、例外SocketExceptionをスローします。また、スレッドに関連するチャネルが存在する場合には、そのチャネルもクローズされます。

サンプル ▶ **SKTcpServerSample.java**

```
// クライアントから"exit"と送られてくるまで、送られてきたデータを
// 加工して返す。なお、このサンプルを起動した後、
// 別のコマンドプロンプトからSKTcpClientSample.java
```

```
// （項目「クライアント側のTCP/IPソケットを操作する」を参照）を
// 起動すること。
System.out.println("wait....");
try (ServerSocket ss = new ServerSocket();) {
    ss.bind(new InetSocketAddress("localhost", 1234));
    // 待機
    try (Socket cs = ss.accept();
        // 入力ストリーム
        BufferedReader in =
            new BufferedReader(
                new InputStreamReader(cs.getInputStream()));
                // 出力ストリーム
                PrintWriter out =
                    new PrintWriter(cs.getOutputStream(), true);) {

        // 送られたデータの先頭に"(S)"とつけて返す
        // "exit"と送られてきたら終了
        String str;
        while (true) {
            str = in.readLine();
            if (str.equals("exit")) {
                break;
            }
            out.println("(S)" + str);
            System.out.println("received:" + str);
        }
    }
}
catch (Exception e) {
    e.printStackTrace();
}
```

⬇

```
wait....
received:hello!
received:World!
```

参照

「クライアント側のTCP/IPソケットを操作する」 → P.527

クライアント側の TCP/IP ソケットを操作する

» java.net.Socket

▼ メソッド

bind	ソケットをバインドする
connect	サーバソケットへ接続する
getInputStream	入力ストリームを取得する
getOutputStream	出力ストリームを取得する
close	ソケットを閉じる

書式

```
public void bind(SocketAddress bindpoint)
public void connect(SocketAddress endpoint
    [, int timeout])
public InputStream getInputStream()
public OutputStream getOutputStream()
public void close()
```

引数 bindpoint：バインド先のSocketAddress、endpoint：接続するIPアドレスとポート番号、timeout：タイムアウトになるまでの時間（ミリ秒）

throws IOException
入出力エラーが発生したとき

解説

TCP/IP通信におけるクライアントソケットを操作します。

bindメソッドは、ソケットをローカルアドレスにバインドします。アドレスがnullの場合は、ローカルアドレスが一時的なポートでバインドされます。

connectメソッドは、サーバソケットへの接続を行います。その際に、タイムアウトになるまでの時間を設定しなかった場合には、接続が確立されるか、エラーが発生するまで、メソッドはブロックされます。

closeメソッドは、ソケットをクローズします。その際、入出力操作でブロックされているすべてのスレッドが、SocketException例外をスローします。また、スレッドに関連するチャネルが存在する場合には、そのチャネルもクローズされます。

getInputStream、getOutputStreamメソッドは、それぞれ入力ストリーム／出力ストリームを取得します。もし、ソケットに関するチャネルが複数存在する場合には、すべてのソケットに対して入出力処理ができるようになります。

サンプル ▶ **SKTcpClientSample.java**

```
// 標準入力に入力したデータをサーバに送り、サーバから送信された
// データを出力する。コマンドプロンプトでexitと入力すれば終了。
// なお、このサンプルを実行する際には、SKTcpServerSample.java
// （項目「サーバ側のTCP/IPソケットを操作する」を参照）を、
// 別のコマンドプロンプトから同時に起動すること。
try {
    try (Socket cs = new Socket("localhost", 1234);
         // 出力ストリーム
         PrintWriter out = new PrintWriter(cs.getOutputStream(), true);
         // 入力ストリームinの生成
         BufferedReader in =
             new BufferedReader(
                 new InputStreamReader(cs.getInputStream()));
         // 標準入力
         BufferedReader sin =
             new BufferedReader(new InputStreamReader(System.in));) {

        // サーバにデータを送り、受信したデータをプリントする
        String input, str;
        while (true) {
            System.out.print("Input:");
            input = sin.readLine();
            out.println(input); // 標準入力のデータをサーバに送る
            if (input.equals("exit")) {
                break; // 終了
            }
            str = in.readLine();
            System.out.println("received:" + str);
        }
    }
}
catch (Exception e) {
    e.printStackTrace();
}
```

⬇

```
Input:Hello!
received:(S)Hello!
Input:exit
```

参照

「サーバ側のTCP/IPソケットを操作する」 → P.525

UDP ソケットを操作する

» java.net.DatagramSocket

▼ メソッド

connect	ソケットに接続する
send	データを送信する
receive	データを受信する

書式
```
public void connect(InetAddress address, int port)
public void connect(SocketAddress addr)
public void send(DatagramPacket p)
public void receive(DatagramPacket p)
```

引数 address：ソケットが使うリモートアドレス、port：ソケットが使うリモートポート、addr：バインドするIPアドレスとポート番号、p：送受信するパケット

throws IOException
入出力エラーが発生したとき

解説

UDPプロトコルを使用するソケットを操作します。

connectメソッドは、指定されたリモートアドレスへの接続を行います。ソケットのリモート接続先が存在しない、またはアクセスできない場合、もしくは**ICMP**（エラー用のプロトコル）から転送先にアクセス不能という情報を受信した場合、以降に送受信を行うときに例外PortUnreachableExceptionが発生することがあります。ただし、UDPプロトコルの性質上、例外の発生を常に保証するわけではありません。

send、receiveメソッドは、パケットの送受信を行います。パケットを表すDatagramPacketオブジェクトには、送信先のアドレスとポート情報を含めることができます。そのため、bindメソッドを使用せずに済ませることも可能です。

サンプル ▶ **SKUdpServerSample.java**

```
// クライアントから受信したパケットを、
// 文字列として出力するサーバプログラム。
// なお、このプログラムを実行する際には、
// SKUdpClientSample.javaを、
// 別のコマンドプロンプトから同時に起動させる。
```

```
try {
    byte buf[] = new byte[1024];
    try (DatagramSocket ds =
            new DatagramSocket(8888)) { // ソケットの生成
        DatagramPacket packet =
                new DatagramPacket(buf, buf.length); // パケットの生成
        System.out.println("wait....");
        while (true) {
            ds.receive(packet);
            String str =
                new String(packet.getData(), 0, packet.getLength());
            System.out.println("received:" + str);
        }
    }
}
```

```
wait....
received:Hello World!
```

サンプル ▶ **SKUdpClientSample.java**

```
try {
    String str = "Hello World!";
    // ソケットの生成
    try (DatagramSocket ds = new DatagramSocket()) {

        byte[] data = str.getBytes();
        // パケットの生成
        DatagramPacket dp =
            new DatagramPacket(data, data.length,
                InetAddress.getByName("localhost"), 8888);
        ds.send(dp);
        System.out.println("send:" + str);
    }
}
catch (Exception e) {
    e.printStackTrace();
}
```

```
send:Hello World!
```

サーバ側のソケットのチャネルを操作する

» java.net.ServerSocketChannel

▼メソッド

accept	接続されるまで待機する
open	チャネルをオープンする
socket	サーバソケットを取得する

書式

```
public abstract SocketChannel accept()
public static ServerSocketChannel open()
public abstract ServerSocket socket()
```

throws IOException
入出力エラーが発生したとき（accept, open）

解説

New I/Oライブラリの**チャネル**を利用してソケット通信を行うこともできます。各メソッドは、サーバソケットのチャネルを操作します。

openメソッドは、サーバソケットのチャネルをオープンします。新しいチャネルのソケットは、初期状態ではバインド(結合)されていないため、bindメソッドで特定のアドレスにバインドする必要があります。

サンプル ▶ **CNServerSocketSample.java**

```
// クライアントから受け取った文字列の先頭に(S)と付け足して返す。
// なお、このプログラムを実行する際には、CNClientSocketSample.java
// (項目「ソケットのチャネルを操作する」を参照)を、
// 別のコマンドプロンプトから同時に起動すること。
try (ServerSocketChannel ssc = ServerSocketChannel.open()) {
    ssc.socket().bind(new InetSocketAddress(1234));
    try (SocketChannel sc = ssc.accept()) { // 待機
        System.out.println("wait....");

        // 読み込みを行うバッファ
        ByteBuffer bf = ByteBuffer.allocateDirect(1024);
        bf.putChar('(');
        bf.putChar('S');
        bf.putChar(')');

        sc.read(bf); // 読み込み
        bf.flip(); // バッファの反転
        sc.write(bf); // 書き込み
    }
}
catch (Exception e) {
    e.printStackTrace();
}
```

⬇

```
wait....
```

ServerSocketChannelクラスは、ノンブロッキングで実行可能ですが、複数のチャネルを管理するjava.nio.channels.Slectorクラスも使用する必要があり、コードが複雑になります。

Java SE 7で追加された、AsynchronousServerSocketChannelなどのノンブロッキング専用のクラスを利用するほうが便利です。

「ソケットのチャネルを操作する」 → P.533

ソケットのチャネルを操作する

» java.net.SocketChannel

▼ メソッド

connect	チャネルに接続する
open	チャネルをオープンする
read	データを取得する
write	データを書き込む

書式

```
public abstract boolean connect(SocketAddress remote)
public static SocketChannel open(SocketAddress remote)
public abstract int read(ByteBuffer dst)
public abstract long read(ByteBuffer[] dsts
    [, int offset, int length])
public abstract int write(ByteBuffer src)
public abstract long write(ByteBuffer[] srcs
    [, int offset, int length])
```

引数 remote：接続先のリモートアドレス、dst：取得先のバッファ、dsts：取得先バッファ配列、offset：バッファのオフセット、length：最大バッファ長、src, srcs：書き込み元のバッファ

throws IOException
接続のオープン中に入出力エラーが発生したとき（socket以外）

解説

各メソッドは、**ソケット**のチャネルを操作します。

openメソッドの引数にリモートアドレスを指定すれば、ソケットチャネルをオープンすると同時に、リモートアドレスへの接続も行うことができます。この場合、connectメソッドを使う必要がなくなります。

connectメソッドは、チャネルのソケットを、引数に指定したリモートアドレスに接続します。

readメソッドは、指定したbyte型のバッファに受信したデータを取得します。writeメソッドは、指定したbyte型のバッファのデータを送信します。両メソッドとも、バッファの最大データ長や開始位置を指定することができます。

サンプル ▸ **CNClientSocketSample.java**

```
// サーバに文字列を送信し、受け取った文字列を取得する。
// なお、このプログラムを実行する際には、CNServerSocketSample.java
// (項目「サーバ側のソケットのチャネルを操作する」を参照) を、
// 別のコマンドプロンプトから同時に起動すること。
try {
    // クライアントのソケットのチャネルをopenする
    try (SocketChannel sc = SocketChannel.open()) {
        sc.connect(new InetSocketAddress("localhost", 1234));
        System.out.print("Input : ");

        // 標準入力の内容をチャネルに書き込む
        // 標準入力
        BufferedReader br = new BufferedReader(
            new InputStreamReader(System.in));
        CharBuffer cb = CharBuffer.wrap(br.readLine());
        sc.write(Charset.forName("UTF-16")
            .newEncoder().encode(cb));

        // チャネルから読み込む
        ByteBuffer bb = ByteBuffer.allocateDirect(1024);
        sc.read(bb);
        bb.flip(); // バッファの反転
        System.out.print("Received : ");
        System.out.println(Charset.forName("UTF-16")
            .newDecoder().decode(bb).toString());
    }
}
catch (Exception e) {
    e.printStackTrace();
}
```

⬇

```
Input : Hello !
Received : ( S )Hello !
```

参照

「サーバ側のソケットのチャネルを操作する」 → P.531

ノンブロッキングのサーバソケットを操作する

» java.nio.channels.AsynchronousServerSocketChannel

▼メソッド

bind	ソケットをバインドする
open	ノンブロッキングのチャネルをオープンする
accept	接続を受け入れる

書式

```
public static AsynchronousServerSocketChannel open()
public final AsynchronousServerSocketChannel
bind(SocketAddress local)
public abstract Future<AsynchronousSocketChannel>
accept()
public abstract <A> void accept(A attachment,
    CompletionHandler<AsynchronousSocketChannel,
    ? super A> handler)
```

パラメータ　local：バインドするIPアドレスとポート番号、attachment：入出力操作に接続されるオブジェクト、handler：コールバックされるハンドラ

throws　IOException
入出力エラーが発生したとき
AlreadyBoundException
ソケットがすでにバインドされているとき（bind）
ClosedChannelException
チャネルがクローズしているとき（bind）
NotYetBoundException
ソケットが未バインドのとき（accept）

解説

AsynchronousServerSocketChannelは、**ノンブロッキング(非同期)**で通信が行えるクラスです。**ブロッキング(同期)**では、メソッドの処理が終わるまで呼び出し元に制御が戻りませんが、ノンブロッキングでは、呼び出し元を停止せず処理を継続することができます。

openメソッドは、ノンブロッキングのサーバソケットのチャネルをオープンします。

bindメソッドは、このソケットオブジェクトを指定のアドレスおよびポートにバインド(結合)します。

acceptメソッドは、クライアントからの接続要求を受け入れます。acceptメソッドには2種類あり、引数のないacceptメソッドでは、戻り値のFutureオブジェクトを用いて、接続を管理します。もう一方のacceptメソッドは、接続要求時に呼び出される(**コールバック**)ハンドラを指定します。ハンドラは、completed(完了)とfailed(失敗)メソッドを持つCompletionHandlerインターフェイスを実装したオブジェクトとします。

サンプル ▶ **NewIo2AsyncServer.java**

```
// クライアントから受け取った文字列を表示する。
// なお、このプログラムを実行する際には、NewIo2AsyncSocket.java
// （項目「ノンブロッキングのソケットチャネルを操作する」を参照）を、
// 別のコマンドプロンプトから同時に起動すること。
public class NewIo2AsyncServer {
    // 受信ハンドラ
    class ReadHandler
        implements CompletionHandler<Integer, ByteBuffer> {
        @Override
        public void completed(Integer result, ByteBuffer attachment) {

            System.out.println("受信バイト数:" + result);

            // 受信データを16進数文字に変換して表示する
            IntStream.range(0, result).forEach(
                i -> System.out.print(String.format("%02X ",
                        attachment.array()[i]))
            );
        }

        @Override
        public void failed(Throwable exc, ByteBuffer attachment) {
        }
    }

    void acceptor(AsynchronousServerSocketChannel server)
                                            throws IOException {
        server.bind(new InetSocketAddress(5000));

        // acceptのハンドラを無名クラスで実装する
        server.accept(null,
            new CompletionHandler<AsynchronousSocketChannel, Void>() {
            @Override
            public void completed(AsynchronousSocketChannel channel,
                                                Void attachment) {
```

```
                ByteBuffer buff = ByteBuffer.allocate(1024);

                // ハンドラ内でバッファを利用するため
                // 第2引数でバッファを指定する
                channel.read(buff, buff, new ReadHandler());

                // 再度クライアントから接続できるようにacceptする
                server.accept(null, this);
            }

            @Override
            public void failed(Throwable exc, Void attachment) {
            }
        });
    }

    public static void main(String[] args) {

        // ノンブロッキングのサーバチャネルをオープンする
        try (AsynchronousServerSocketChannel server =
                        AsynchronousServerSocketChannel.open()) {

            new NewIo2AsyncServer().acceptor(server);

            // ノンブロッキングのため終了しないようにする
            while (true) {
                Thread.sleep(0);
            }

        }
        catch (Exception e) {
            e.printStackTrace();
        }
    }
}
```

⬇

```
受信バイト数:11
61 62 63 64 65 66 67 68 69 6A 6B
```

参照

「ノンブロッキングのソケットチャネルを操作する」 → P.538

ノンブロッキングのソケットチャネルを操作する

» java.nio.channels.AsynchronousSocketChannel

▼ メソッド

connect	チャネルに接続する
open	チャネルをオープンする
read	データを取得する
write	データを書き込む

書式

```
public abstract Future<Void> connect(SocketAddress remote)
public abstract <A> void connect(
    SocketAddress remote, A attachment,
    CompletionHandler<Void,? super A> handler)
public static AsynchronousSocketChannel open()
public abstract Future<Integer> read(ByteBuffer dst)
public abstract <A> void read(ByteBuffer dst
    [, long timeout, TimeUnit unit], A attachment,
    CompletionHandler<Integer,? super A> handler)
public abstract <A> void read(ByteBuffer[] dsts,
    int offset, int length, long timeout,
    TimeUnit unit, A attachment,
    CompletionHandler<Long,? super A> handler)
public abstract Future<Integer> write(ByteBuffer src)
public abstract <A> void write(ByteBuffer src
    [, long timeout, TimeUnit unit], A attachment,
    CompletionHandler<Integer,? super A> handler)
public abstract <A> void write(ByteBuffer[] srcs,
    int offset, int length, long timeout,
    TimeUnit unit, A attachment,
    CompletionHandler<Long,? super A> handler)
```

パラメータ remote：接続先のリモートアドレス、dst,dsts：取得先のバッファ、src,srcs：書き込み元のバッファ、timeout：タイムアウト、unit：時間単位、attachment：入出力操作に接続されるオブジェクト、handler：コールバックされるハンドラ、offset：バッファのオフセット、length：最大バッファ長

throws AlreadyConnectedException
チャネルがすでに接続されているとき（connect）

IOException
入出力エラーが発生したとき（open）
NotYetConnectedException
チャネルがまだ接続されていないとき（read、write）

解説

各メソッドは、ノンブロッキングのソケットチャネルを操作します。

openメソッドは、ノンブロッキングのソケットチャネルをオープンします。

connectメソッドは、ソケットチャネルを、引数に指定したリモートアドレスに接続します。readメソッドは、指定したbyte型のバッファに受信したデータを取得します。writeメソッドは、指定したbyte型のバッファのデータを送信します。

connect、read、writeメソッドには2つのタイプがあります。戻り値がFutureオブジェクトのものは、操作が成功したかどうかをFutureオブジェクトを使って判断します。もう一方は、操作が終了か失敗したときに呼び出されるハンドラを指定するタイプです。

read、writeメソッドでは、タイムアウトが指定可能です。操作が終了する前にタイムアウト時間が経過した場合、InterruptedByTimeoutExceptionがスローされます。

サンプル ▸ **NewIo2AsyncSocket.java**

```
// このプログラムを実行する際には、NewIo2AsyncServer.java
// （項目「ノンブロッキングのサーバソケットを操作する」を参照）を、
// 別のコマンドプロンプトから同時に起動すること。

// ノンブロッキングのソケットチャネルをオープンする
try (AsynchronousSocketChannel client = AsynchronousSocketChannel.
open()) {
    // ローカルのサーバに接続を試みる
    client.connect(new InetSocketAddress("localhost", 5000)).get();

    String message = "abcdefghijk";
    // 文字列をバイト配列に変換しバッファを生成する
    ByteBuffer buffer = ByteBuffer.wrap(message.getBytes());

    // バッファのデータを送信
    int result = client.write(buffer).get();
    System.out.println(result); // 結果：11

}
catch (Exception e) {
}
```

参照

「ノンブロッキングのサーバソケットを操作する」 → P.535

HttpClient を生成する 11

» java.net.http.HttpClient

▼ メソッド

newHttpClient	HttpClientを生成する

書式 `static HttpClient newHttpClient()`

解説

java 11から、HTTPクライアントAPI(java.net.http)が追加されました。このAPIを利用するには、まずHTTP接続用のインスタンスを作成します。静的メソッドであるnewHttpClientメソッドは、新しいHttpClientを生成します。このメソッドで作成されたオブジェクトは、HTTPのバージョンがHTTP/2で、他の通信設定はデフォルトの設定となります。

サンプル ▶ **HttpClientSample.java**

```
var client_default = HttpClient.newHttpClient();
// var client = HttpClient.newBuilder().build(); と同じ
```

注意 デフォルト以外の設定を行うには、newBuilderメソッドで得られるHttpClient.Builderオブジェクトを用います。

HttpClientメソッドは、HttpClient.newBuilder().build()の実行と同じです。

「HttpClientのビルダーを生成する」 → P.541
「HttpClientを設定する」 → P.542

HttpClient のビルダーを生成する 11

» java.net.http.HttpRequest

▼ メソッド

newBuilder	HttpClientのビルダーを生成する

書式
```
public static HttpClient.Builder newBuilder()
```

解説

newBuilderメソッドは、HttpClientの設定を行うHttpClient.Builderオブジェクトを生成します。

HttpClientの各設定は、このHttpClient.Builderの設定用メソッドを利用します。

サンプル ▸ **HttpClientSample.java**

```
var client = HttpClient.newBuilder().build();
```

参照

「HttpClientを設定する」 → P.542

HttpClientを設定する 11

» java.net.http.HttpClient.Builder

▼ メソッド

build	新しいHttpClientの生成
authenticator	HTTP認証時のパラメータの設定
connectTimeout	接続タイムアウト時間設定
cookieHandler	クッキーを操作するためのハンドラー設定
followRedirects	リダイレクトを許可するか
proxy	プロクシの設定

書式
```
HttpClient build()
HttpClient.Builder authenticator(
    Authenticator authenticator)
HttpClient.Builder connectTimeout(Duration duration)
HttpClient.Builder cookieHandler(CookieHandler cookie)
HttpClient.Builder followRedirects(
    HttpClient.Redirect policy)
HttpClient.Builder proxy(ProxySelector proxySelector)
```

引数 authenticator：HTTP認証時のパラメータ、duration：タイムアウト設定値、cookie：クッキーを操作するためのハンドラー、policy：リダイレクト設定値、proxySelector：ProxySelector

throws IllegalArgumentException
durationが示す値が0以下のとき

解説

HttpClientインスタンスの各設定は、HttpClient.Builderオブジェクトを介して行います。HttpClient.Builderクラスの各メソッドの実行後、最後にbuildメソッドを実行すると、それまでの設定に基づいたHttpClientインスタンスを生成することができます。

なお、HttpClient.Redirectに設定できるのは、次の定数となります。

▼リダイレクト設定定数

定数	意味
Redirect.NEVER	リダイレクトしない
Redirect.ALWAYS	常にリダイレクトする
Redirect.NORMAL	リダイレクトする(HTTPSからHTTPへのリダイレクト以外)

サンプル ▶ **HttpClientSample5.java**

```
var cm = new CookieManager(); // クッキー操作オブジェクトの生成
var client = HttpClient.newBuilder()
                .followRedirects(Redirect.NORMAL) // リダイレクト許可
                // 接続のタイムアウト10秒
                .connectTimeout(Duration.ofSeconds(10))
                // プロクシサーバの設定
                .proxy(ProxySelector.of(
                    new InetSocketAddress("122.217.227.42",8080)))
                .cookieHandler(cm) // クッキーハンドラの設定
                .build();
（中略）

// HTTP通信後、受け取ったクッキーを表示する
cm.getCookieStore().getCookies().forEach(c -> {
    System.out.println(
            c.getName() + ":" + c.getValue() + "," + c.getMaxAge());
}); // ここでのcは、java.net.HttpCookieオブジェクト

（後略）
```

クッキーを操作するには、cookieHandlerメソッドに、java.net.CookieHandlerクラスを継承するjava.net.CookieManagerオブジェクトなどを設定します。タイムアウト時には、HttpConnectTimeoutExceptionがスローされます。

システムのデフォルトのプロクシ設定を反映させるには、proxyメソッドで、ProxySelector.getDefault()を指定します。

参照

「HttpClientを生成する」 → P.540
「HttpClientのビルダーを生成する」 → P.541

HttpRequestのビルダーを生成する 11

» java.net.http.HttpRequest

▼メソッド

newBuilder　HttpRequestのビルダーを生成する

書式　`public static HttpRequest.Builder newBuilder([URI uri])`

引数　uri：接続先のURI

解説

HTTPサーバにHTTPリクエストを送信するには、HttpRequestのインスタンスを利用します。

HttpRequestクラスの静的メソッドであるnewBuilderメソッドは、新しいHttpRequestインスタンスを作成するためのビルダーオブジェクト(HttpRequest.Builder)を生成します。引数に、接続先のURIオブジェクトを指定することもできます。

サンプル ▶ HttpClientSample.java

```
// HttpRequestのビルダーを用いて、HttpRequestインスタンスを生成する
var request = HttpRequest.newBuilder(
        URI.create("https://www.nhk.or.jp/rss/news/cat0.xml"))
            .build();
```

注意　HttpRequestインスタンスの生成は、HttpRequestクラスのコンストラクタを呼び出すのではなく、HttpRequest.Builderオブジェクトのbuildメソッドを用います。

参照

「HttpRequestを生成する」 → P.545

HttpRequestを生成する 11

» java.net.http.HttpRequest.Builder

▼ メソッド

build	HttpRequestを作成する
uri	リクエスト先のURIを設定する

書式
```
HttpRequest build()
HttpRequest.Builder uri(URI uri)
```

引数 uri：接続先のURI設定

throws IllegalStateException
URIが設定されていないとき（build）
IllegalArgumentException
URIが無効なとき（uri）

解説

HttpRequest.Builderクラスのbuildメソッドは、HttpRequestクラスのインスタンスを生成します。ただし、インスタンスの生成には、少なくともURIオブジェクトの設定が必要です。

サンプル ▶ HttpClientSample.java

```
// URIを設定して、HttpRequestを生成する
var request =
    HttpRequest.newBuilder()
        .uri(URI.create("https://www.nhk.or.jp/rss/news/cat0.xml"))
        .build();
```

デフォルトは、GETメソッド用のHttpRequestとなります。

「HttpRequestのビルダーを生成する」 → P.544

HttpRequest を設定する 11

» java.net.http.HttpRequest.Builder

▼ メソッド

POST	POSTメソッドを設定する
method	メソッドとリクエストボディを設定する
header	ヘッダを追加する
timeout	タイムアウトを設定する

書式

```
HttpRequest.Builder POST(HttpRequest.BodyPublisher pub)
HttpRequest.Builder method(String method,
    HttpRequest.BodyPublisher body)
HttpRequest.Builder header(String name, String value)
HttpRequest.Builder timeout(Duration duration)
```

引数 pub：接続先のURIオブジェクト、method：メソッド名、body：リクエストボディ、name：ヘッダ名、value：ヘッダの値、duration：タイムアウト設定値

throws IllegalArgumentException
メソッド名が有効でないとき、durationが示す値が0以下のとき

解説

HttpRequestクラスのリクエスト送信における各設定は、HttpRequest.Builderオブジェクトを介して行います。HttpRequest.Builderクラスの各メソッドの実行後、最後にbuildメソッドを実行すると、それまでの設定に基づいたHttpRequestインスタンスを生成することができます。

なおmethodメソッドでは、次のようなHTTPメソッドの名前を文字列で指定します。

▼HTTPメソッド

HTTPメソッド	意味
GET	URIで指定した情報を要求する。URIがファイル名ならファイルの中身、プログラムなら実行結果を返す
HEAD	GETと同様だがHTTPヘッダのみを返す
POST	クライアントからデータを送信する
OPTIONS	通信オプションの通知などを行う
PUT	URIで指定したサーバ上のファイルを保存する
DELETE	URIで指定したサーバ上のファイルを削除する

サンプル ▸ **HttpClientSample.java**

```
// NHKニュースRSSの取得
var request =
    HttpRequest.newBuilder()
        .uri(URI.create("https://www.nhk.or.jp/rss/news/cat0.xml"))
        .timeout(Duration.ofSeconds(20)) // 応答のタイムアウト20秒
        .header("Content-Type", "application/xml") // XML文書の指定
        .build();
```

デフォルトは、GETメソッド用のHttpRequestとなります。

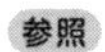

「HttpRequestのビルダーを生成する」 → P.544
「POSTメソッドをリクエストする」 → P.550

HTTP メソッドをリクエストする 11

» java.net.http.HttpClient

▼ メソッド

send　　リクエストを送信する

書式
```
public abstract <T> HttpResponse<T> send(
     HttpRequest request,
     HttpResponse.BodyHandler<T> responseBodyHandler)
```

引数　T：型パラメータ、request：リクエスト情報、
responseBodyHandler：応答ボディのためのハンドラ

throws　IOException
送信または受信時にI/Oエラーが発生したとき
InterruptedException
操作が中断されたとき
IllegalArgumentException
requestが無効のとき

解説

HttpClient クラスの send メソッドは、HttpRequest オブジェクトを用いて、HTTP リクエストを同期的に送信します。

send メソッドの戻り値は、HttpResponse<T> オブジェクトで、ステータスコード、ヘッダ、およびレスポンスボディが含まれています。なおレスポンスボディは、指定された responseBodyHandler によって処理されたオブジェクトになります。

サンプル ▶ **HttpClientSample2.java**

```
// default設定のHttpClient
var client = HttpClient.newHttpClient();

var request = HttpRequest.newBuilder(
        URI.create("https://www.nhk.or.jp/rss/news/cat0.xml")).
build();

try {
    // 同期的にGETメソッドでリクエストを送り、レスポンスを文字列で取得する
    var response = client.send(request,
                            HttpResponse.BodyHandlers.ofString());

    System.out.println(response.statusCode());  // ステータスコード
    System.out.println(response.body());        // 応答文

} catch (InterruptedException | IOException e) {
    e.printStackTrace();
}
```

⬇

```
200
<?xml version="1.0" encoding="utf-8"?>
<rss xmlns:nhknews="http://www.nhk.or.jp/rss/rss2.0/modules/nhknews
/" version="2.0">
（後略）
```

参照

「POSTメソッドをリクエストする」 → P.550
「非同期でリクエストする」 → P.554

POST メソッドをリクエストする 11

» HttpRequest.BodyPublishers

▼ メソッド

noBody	リクエストボディを送信しない
ofString	リクエストボディを文字列で指定する
ofFile	リクエストボディをファイルで指定する
ofByteArray	リクエストボディをバイト配列で指定する
ofInputStream	リクエストボディを入力ストリームで指定する

書式

```
public static HttpRequest.BodyPublisher noBody()
public static HttpRequest.BodyPublisher ofString(
    String s, Charset charset)
public static HttpRequest.BodyPublisher ofFile(Path path)
public static HttpRequest.BodyPublisher ofByteArray(
    byte [] buf [, int offset, int length])
public static HttpRequest.BodyPublisher ofInputStream
    (Supplier<? extends InputStream> streamSupplier)
```

引数 s：リクエストの文字列、charset：文字セット、path：リクエスト文のファイル、buf：バイト配列、offset：オフセット、length：長さ

throws FileNotFoundException
パスが見つからないとき
IndexOutOfBoundsException
サブ範囲が範囲外として定義されているとき

解説

POSTメソッドなどのクライアントからデータ送信が必要なHTTP通信の場合、HttpRequest.POSTメソッドやmethodメソッドで、リクエストボディを含むHttpRequest.BodyPublishersオブジェクトを指定します。

BodyPublishersオブジェクトは、リクエストボディ、文字列、ファイル、バイト配列、入力ストリームなどから設定することができます。

サンプル ▶ **HttpClientSample4.java**

```
var client = HttpClient.newBuilder().build();

// リクエストデータ
var data = "key=test1&val=test2";
var request = HttpRequest.newBuilder()
                    .uri(URI.create("http://localhost:8080/"))
                // Content-Typeを変更する
                .header("Content-Type",
                              "application/x-www-form-urlencoded")
                .POST(BodyPublishers.ofString(data))
                .build();

var r = client.sendAsync(request,
                HttpResponse.BodyHandlers.ofString())
                    .thenApplyAsync(HttpResponse::body)
                    .join();

// HTTP通信完了後、レスポンスボディを表示する
System.out.println(r);
```

HttpRequest.BodyPublishersは、HttpRequest.BodyPublisherインターフェイスの実装クラスです。また、BodyPublisherインターフェイスは、Flow.Publisher<ByteBuffer>を拡張したものになっています。

「HttpRequestを設定する」 → P.546

HTTP レスポンスを参照する 11

» java.net.http.HttpResponseインターフェイス

▼メソッド

body	本文を返す
headers	レスポンスヘッダを返す
statusCode	ステータスコードを返す
uri	レスポンスを受け取ったURIを返す
version	HTTPプロトコルのバージョンを返す

書式

```
T body()
HttpHeaders headers()
int statusCode()
URI uri()
HttpClient.Version version()
```

解説

HttpResponseクラスは、HTTPレスポンスを表すクラスです。各メソッドにより、応答ステータス、ヘッダ、URI、HTTPバージョン、応答文を取得することができます。レスポンスボディは、指定されたresponseBodyHandlerによって処理された後のオブジェクトになっています。

サンプル ▶ HttpClientSample2.java

```
try {
    var response = client.send(request,
                            HttpResponse.BodyHandlers.ofString());
    System.out.println(response.statusCode());
    System.out.println(response.uri());
    System.out.println(response.version());

    // ヘッダをすべて表示する
    response.headers().map().forEach((k,v)->{
        System.out.println(k + ":" + v);
    });
} catch (InterruptedException | IOException e) {
    e.printStackTrace();
}
```

```
200
https://www.nhk.or.jp/rss/news/cat0.xml
HTTP_2
:status:[200]
access-control-allow-headers:[Origin, X-Requested-With, Content-
Type, Accept]
access-control-allow-methods:[POST, GET]
access-control-allow-origin:[*]
cache-control:[max-age=21]
content-length:[5652]
content-type:[application/xml]
date:[Mon, 27 Apr 2020 02:53:54 GMT]
etag:[W/"b1c9f9fcd437e87271fe6fc9e4ef563c"]
last-modified:[Mon, 27 Apr 2020 02:52:40 GMT]
server:[nginx]
```

HttpHeadersオブジェクトは、mapメソッドでmapオブジェクトに変換できます。

「HTTPメソッドをリクエストする」 → P.548
「POSTメソッドをリクエストする」 → P.550
「非同期でリクエストする」 → P.554

非同期でリクエストする 11

» java.net.http.HttpClient

▼ メソッド

sendAsync 非同期でリクエストを送信する

書式
```
public abstract <T> CompletableFuture<HttpResponse<T>>
sendAsync(HttpRequest request,
    HttpResponse.BodyHandler<T> responseBodyHandler)
```

引数 T：型パラメータ、request：リクエスト情報、
responseBodyHandler：応答文のためのハンドラ

throws IllegalArgumentException
requestが無効のとき

解説

HttpClientクラスのsendAsyncメソッドは、HttpRequestオブジェクトを用いて、HTTPリクエストを非同期に送信します。

sendAsyncメソッドの戻り値は、CompletableFutureオブジェクトで、非同期処理の結果がHttpResponse<T>になっています。

サンプル ▶ **HttpClientSample.java**

```
// 非同期、文字列として取得
var sa = client.sendAsync(request,
            HttpResponse.BodyHandlers.ofString())
            .thenApply(
              r -> {
                 System.out.println(r.body());
                 return r.statusCode();
              });

// HTTP通信完了後、レスポンスボディとステータスコードを表示する
System.out.println(sa.get());
```

```
200
<?xml version="1.0" encoding="utf-8"?>
<rss xmlns:nhknews="http://www.nhk.or.jp/rss/rss2.0/modules/nhknews
/" version="2.0">
（後略）
```

「HTTPメソッドをリクエストする」 → P.548
「POSTメソッドをリクエストする」 → P.550

レスポンスボディを処理する 11

» HttpResponse.BodyHandlers

▼メソッド

ofString	文字列として処理する
ofLines	ストリームとして処理する
ofFile	ファイルとして処理する
ofInputStream	入力ストリームとして処理する
ofByteArray	バイト配列として処理する

書式

```
HttpResponse.BodyHandler<String> ofString(
    [Charset charset])
HttpResponse.BodyHandler<Stream<String>> ofLines()
HttpResponse.BodyHandler<Path> ofFile(
    Path file[,OpenOption… openOptions])
HttpResponse.BodyHandler<InputStream> ofInputStream()
HttpResponse.BodyHandler<byte[]> ofByteArray()
```

引数 charset：文字セット、file：格納するファイル、openOptions：ファイルのオープン/作成時に使用するオプション

throws IllegalArgumentException
無効なファイルオプションが指定されているとき

解説

HttpResponse.BodyHandlersクラスは、BodyHandlerインターフェイスの実装クラスで、HTTPレスポンスボディを処理するために用います。

ofStringメソッドは、文字列に変換、ofFileメソッドは、ファイルとして保存します。また、ofLinesは文字列のストリーム、ofInputStreamは入力ストリーム、ofByteArrayはバイト配列に変換します。

サンプル ▶ **HttpClientSample3.java**

```
// 非同期で通信して、応答文をnews.xmlに保存する
var xml = Paths.get("news.xml");
var sa = client.sendAsync(request,
        HttpResponse.BodyHandlers.ofFile(xml))
        .thenApply(HttpResponse::statusCode);

// HTTP通信完了後、ステータスコードとファイルサイズを表示する
System.out.println(sa.get()); // 出力：200
System.out.println(xml.toFile().length()); // 出力：5715
```

参照

「HTTPメソッドをリクエストする」 → P.548
「POSTメソッドをリクエストする」 → P.550
「非同期でリクエストする」 → P.554

COLUMN

HttpClientクラスでのBASIC認証

HttpClientクラスを使って、BASIC認証(HTTPで定義される認証方式)が必要なページにアクセスするには、Authenticatorクラスを利用する方法と、HTTPヘッダを利用する方法があります。Authenticatorクラスを利用するには、getPasswordAuthenticationメソッドをオーバーライドし、HttpClientの作成時に指定します。HTTPヘッダを利用する場合は、HttpRequestの作成時、Authorizationヘッダにユーザー名とパスワードを(Base64でエンコードして)設定します。

サンプル ▶ **HttpClientAuthenticator.java**

```
〜略〜
// Authenticatorクラスを利用して認証する
var client1 = HttpClient.newBuilder()
        .authenticator(new Authenticator() {
            @Override
            protected PasswordAuthentication
                getPasswordAuthentication() {
                    return new PasswordAuthentication(
                        "user", "pass".toCharArray());
                    // ユーザー名:user、パスワード:pass
            }
        })
        .build();
〜略〜

// ヘッダに認証コードを書いて認証する
var request2 = HttpRequest.newBuilder()
        .uri(URI.create("http://localhost/"))
        .header("Authorization", "Basic "
            + Base64.getEncoder().encodeToString(
                ("user" + ":" + "pass").getBytes()))
                // ユーザー名:user、パスワード:pass
        .build();
```

9
データベース

この章では、データベース(DBMS:DataBase Management System)を利用するためのAPIを扱います。Javaでは、データベースの操作に、**JDBC**というAPIを利用します。このJDBCのおかげで、Javaのプログラムでは、データベースの種類に依存しないで統一したアクセスが可能です。

利用できるデータベースは、商用のものからオープンソースのものまで、数多くの種類があります。本書では、MySQLから派生したオープンソースのMariaDB(https://mariadb.org/)を用いて動作検証を行っていますが、特定のデータベースに固有の機能は使用していません。

なお、この章のサンプルは、実行する順序によって、実行結果の内容が異なる場合があります。

JDBCとは

JDBC(The Java Database Connectivity)は、Javaのプログラムからデータベースを操作するAPIを提供します。次の図のように、Javaアプリケーションとデータベースの中間に位置し、Javaアプリケーションからの命令を、データベースに応じた形に変更することができます。この仕組みにより、Javaアプリケーションでは、データベースの種類を意識することなく、統一したコードを利用できるのです。ただし、APIで提供される機能がすべてのデータベースで利用できるというわけではありません。データベースによっては対応していないAPIもあります。

▼JDBC

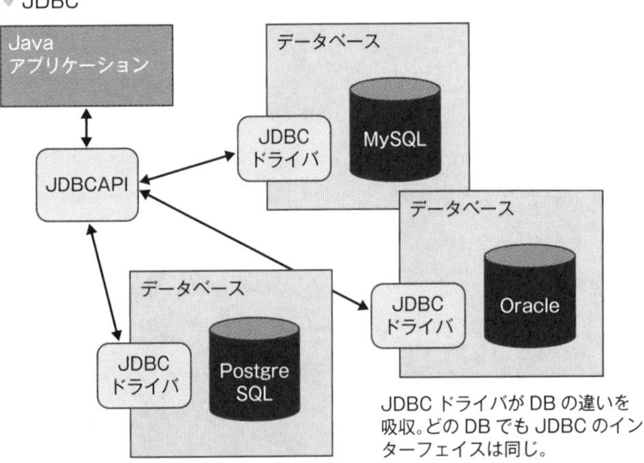

JDBCのAPIは、java.sql、javax.sqlパッケージに含まれています。本書では、java.sqlパッケージのAPIを紹介します(javax.sqlパッケージは、主にJavaEEで

利用されます)。なお、JDBCのAPIはjava.sqlパッケージで提供されますが、実際にデータベースに接続するためには、データベースごとにJDBCドライバが必要となります。

▼JDBCの機能とJDBCクラス

機能	java.sqlパッケージのクラス
データベース接続	DriverManager、Connection
SQL文実行	Statement、PreparedStatement、CallableStatement
SQL文の実行結果	ResultSet

JDBCドライバは、実装方法によって次のような4種類に分けられます。ただし、現在の多くのドライバは、すべてJava言語で作られたType4となっています。

▼JDBCのType

タイプ	形式	概要
Type1	JDBC-ODBCブリッジ	ODBCのAPIを介してアクセスするドライバ
Type2	ネイティブブリッジ	データベース固有のクライアントライブラリを介してアクセスするドライバ
Type3	ネットプロトコル	データベース固有の中継サーバを介してアクセスするドライバ
Type4	ネイティブプロトコル	データベース固有のクライアントAPIをすべてJavaで実装したドライバ

JDBCでデータベースに接続するには、データベースのURLを指定します。URLは「jdbc:subprotocol:subname」という形式で、データベースごとに固有の書式になっています。たとえば、Oracle DatabaseのJDBC(Type4)とMariaDB(MySQL)では、次のようになります。

- Oracle
  jdbc:oracle:thin:@[ホスト名][:ポート番号]:Oracle SID
- MariaDB(MySQL)
  jdbc:mysql://[ホスト名][:ポート番号]/[database名][?プロパティ][=値]...

この章で使用するデータベース

この章のサンプルコードを実行するには、あらかじめデータベースの準備が必要です。本書では、次のようなデータベース設定でサンプルコードの動作確認を行っています。

▼本書のデータベース設定

項目	設定
DB名	MariaDB 10.3.12
サーバ	ローカル
データベース名	wings_db
ユーザー名	scott
パスワード	tiger

また、事前に次のテーブルが作成されているものとします。

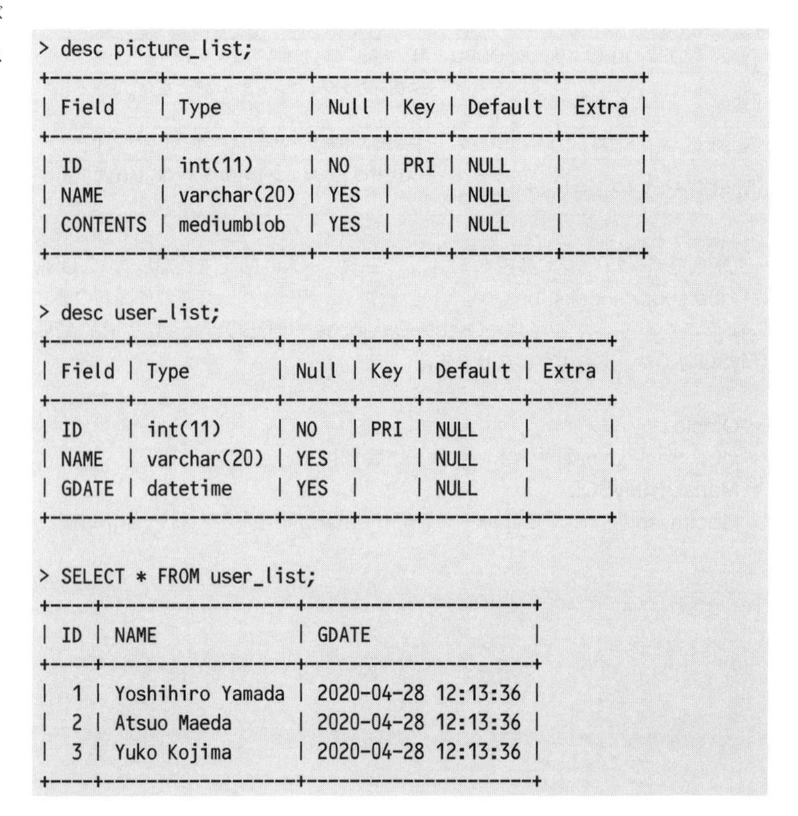

```
> desc picture_list;
+----------+-------------+------+-----+---------+-------+
| Field    | Type        | Null | Key | Default | Extra |
+----------+-------------+------+-----+---------+-------+
| ID       | int(11)     | NO   | PRI | NULL    |       |
| NAME     | varchar(20) | YES  |     | NULL    |       |
| CONTENTS | mediumblob  | YES  |     | NULL    |       |
+----------+-------------+------+-----+---------+-------+

> desc user_list;
+-------+-------------+------+-----+---------+-------+
| Field | Type        | Null | Key | Default | Extra |
+-------+-------------+------+-----+---------+-------+
| ID    | int(11)     | NO   | PRI | NULL    |       |
| NAME  | varchar(20) | YES  |     | NULL    |       |
| GDATE | datetime    | YES  |     | NULL    |       |
+-------+-------------+------+-----+---------+-------+

> SELECT * FROM user_list;
+----+-------------------+---------------------+
| ID | NAME              | GDATE               |
+----+-------------------+---------------------+
|  1 | Yoshihiro Yamada  | 2020-04-28 12:13:36 |
|  2 | Atsuo Maeda       | 2020-04-28 12:13:36 |
|  3 | Yuko Kojima       | 2020-04-28 12:13:36 |
+----+-------------------+---------------------+
```

MariaDBでの初期設定方法

MariaDB(MySQLでも同じ)では、まずコマンドラインから、「mysql -u root -p」と入力して、rootユーザーでログインします。パスワードを入力した後、次のSQL文を実行して、データベースの作成、ユーザーの設定、テーブルの作成、データの追加を行います。

```
CREATE DATABASE wings_db;
GRANT ALL PRIVILEGES ON wings_db.* TO scott@localhost IDENTIFIED BY
'tiger' WITH GRANT OPTION;
FLUSH PRIVILEGES;

USE wings_db;
CREATE TABLE picture_list (
    ID INT(11) NOT NULL,
    NAME VARCHAR(20) NULL DEFAULT NULL,
    CONTENTS MEDIUMBLOB NULL,
    PRIMARY KEY (ID)
);

CREATE TABLE user_list(
    ID INT NOT NULL,
    NAME VARCHAR(20),
    GDATE DATETIME NULL DEFAULT current_timestamp(),
    PRIMARY KEY (ID)
);

INSERT INTO user_list (ID, NAME) VALUES
    (1, 'Yoshihiro Yamada'),
    (2, 'Atsuo Maeda'),
    (3, 'Yuko Kojima');
```

JDBCドライバの設定を行う

本書では、MariaDBのJDBCドライバ(https://downloads.mariadb.org/connector-java/+releases/からダウンロード、バージョン2.6)を利用して動作確認をしています。Eclipseでの設定は、[プロパティ]-[Javaのビルドパス]を選択し、[ライブラリー]タブを開きます。次に[モジュールパス]をクリックした後[外部Jarの追加]ボタンをクリックして、解凍したmariadb-java-client-2.6.0.jarファイルを選択します。

JDBCドライバをロードする

» java.lang.Class<T>

▼メソッド

forName	JDBCを初期化する

書式 `public static Class<?> forName(String className)`

引数 className：JDBCドライバ名

throws ClassNotFoundException
クラスが見つからなかったとき

解説

java.lang.ClassクラスのforNameメソッドは、JDBCドライバを表すクラスをロードしてJavaVMに登録します。クラス名は、次のようにデータベースの種類によって異なります。

なお、JDBC4.0(Java SE 6以降)からは、java.lang.ClassクラスのforNameメソッドによる明示的なロードは不要です(実行しても問題ない)。クラスパスに含まれるJDBCドライバは自動的にロードされます。

```
// Oracle DatabaseのJDBCドライバロード
Class.forName("oracle.jdbc.driver.OracleDriver");

// MySQLのJDBCドライバロード
Class.forName("com.mysql.jdbc.Driver");

// PostgreSQLのJDBCドライバロード
Class.forName("org.postgresql.Driver");
```

データベースに接続する

» java.sql.DriverManager

▼ メソッド

getConnection　　データベースに接続する

書式
```
public static Connection getConnection(String url
    [, Properties info])
public static Connection getConnection(String url,
    String user, String password)
```

引数 url：データベースのURL、info：接続に必要な文字列と値を格納したPropertiesオブジェクト、user：ユーザー名、password：パスワード

throws SQLException
データベースアクセスでエラーが発生したとき

解説

JDBCドライバを登録／管理するDriverManagerクラスを利用してデータベースに接続するには、getConnectionメソッドを呼び出します。getConnectionメソッドの引数には、データベースの接続URLを指定します。また、必要に応じて、データベースに接続するためのユーザー名とパスワードを指定します。ユーザー名とパスワードは、userプロパティとpasswordプロパティを持ったプロパティセット(java.util.Properties)として指定することもできます。

getConnectionメソッドの戻り値は、Connectionクラスのインスタンスです。データベースに対する実際の操作は、このConnectionオブジェクトを使って行います。

サンプル ▶ **DMConnectDbSample.java**

```
// Connectionオブジェクト
Connection con = null;
try {
    // 接続処理
    con = DriverManager.getConnection(
        "jdbc:mysql://localhost:3306/wings_db","scott", "tiger");
    System.out.println("接続しました");  // エラーがなければ表示
}
```

接続のタイムアウトを取得／設定する

» java.sql.DriverManager

▼メソッド

getLoginTimeout	タイムアウトを取得する
setLoginTimeout	タイムアウトを設定する

書式
```
public static int getLoginTimeout()
public static void setLoginTimeout(int seconds)
```


引数 seconds：タイムアウト時間（秒）

解説

getLoginTimeout／setLoginTimeoutメソッドは、データベースにログインする際の**タイムアウト**時間を秒単位で取得／設定します。一定時間ドライバに接続を試みても接続できなかったら元の処理に戻りたいときなどに使用します。

サンプル ▶ **DMLoginTimeoutSample.java**

```
// デフォルトのタイムアウト値を表示
System.out.println("timeout:" + DriverManager.getLoginTimeout());

// 接続タイムアウトを100秒に設定
DriverManager.setLoginTimeout(100);
System.out.println( "timeout:" + DriverManager.getLoginTimeout());
```

⬇

```
timeout:0
timeout:100
```

タイムアウト値0は、タイムアウトなし(制限なし)を意味します。

データベースから切断する

» java.sql.Connection

▼ メソッド

close データベース接続を終了する

書式 `public void close()`

throws SQLException
データベースアクセスでエラーが発生したとき

解説

closeメソッドは、データベースとの接続を切断します。データベースの切断処理は重要な処理で、例外などが発生しても必ず実行されるようにfinallyブロックで行います。

ただし、Jave SE 7以降でサポートされたtry-with-resources構文を使うと、closeメソッドは自動的に実行され、明示的に実行する必要はありません。

サンプル ▶ **DMConnectDbSample_SE7.java**

```
Connection con = null;

// try-with-resources構文なら明示的なcloseの必要がない
// これ以降のサンプルは、try-with-resources構文を使用する
try (Connection con2 = DriverManager.getConnection(
        "jdbc:mysql://localhost:3306/wings_db","scott", "tiger")){

    System.out.println("接続しました");  // エラーがなければ表示
}
catch (SQLException e) {
    System.out.println("接続に失敗しました" + e.getMessage());
}
```

SQL文を実行するオブジェクトを生成する

» java.sql.Connection

▼メソッド

createStatement　Statementオブジェクトを生成する

書式
```
public Statement createStatement([int resultSetType,
    int resultSetConcurrency])
```

引数　resultSetType：ResultSetオブジェクトのタイプ、resultSetConcurrency：ResultSetオブジェクトの変更可能性

throws　SQLException
データベースアクセスでエラーが発生したとき

解説

createStatementメソッドは、**Statement**オブジェクトを生成します。Statementオブジェクトは、単純なSELECT文などの主にパラメータのないSQL文を実行し、その結果を返します。

なお、引数には、SQL文を実行して得られる結果を表す**ResultSet**オブジェクトに対してのオプションを指定します。第1引数には、次に示すResultSetオブジェクトのカーソルタイプを指定します。**カーソル**とは、ResultSetオブジェクトにおいて、参照する行を指すポインタのようなものです。

▼カーソルタイプ定数

定数	概要
ResultSet.TYPE_FORWARD_ONLY	カーソルが順方向にだけ移動する
ResultSet.TYPE_SCROLL_INSENSITIVE	カーソルを順方向にも逆方向にも移動できるが、他で更新された内容を反映しない
ResultSet.TYPE_SCROLL_SENSITIVE	カーソルを順方向にも逆方向にも移動でき、なおかつ他で更新された内容を反映する

createStatementメソッドの第2引数は、ResultSetオブジェクトが更新可能かどうかを指定します。

▼ResultSetオブジェクトの変更可能性

定数	概要
ResultSet.CONCUR_READ_ONLY	更新できない(読み取りのみ可能)
ResultSet.CONCUR_UPDATABLE	更新できる

サンプル ▶ **DMConnectDbStmt.java**

```
// try-with-resourcesn構文でのcreateStatement実行
try (Connection con = DriverManager.getConnection(
        "jdbc:mysql://localhost:3306/wings_db","scott", "tiger");
     Statement stmt = con.createStatement();) {

    System.out.println(stmt.execute("SELECT * FROM user_list"));
                                                    // 結果：true
}
catch (SQLException e) {
    System.out.println("DB処理エラー" + e.getMessage());
}
```

引数を指定しなければ、ResultSet.TYPE_FORWARD_ONLY（順方向のみ移動可能）、ResultSet.CONCUR_READ_ONLY（読み取りのみ）を指定したと見なされます。

パラメータ付きSQL文を実行するオブジェクトを生成する

» java.sql.Connection

▼メソッド

prepareStatement　PreparedStatementオブジェクトを生成する

書式 public PreparedStatement prepareStatement(String sql)

引数 sql：パラメータを含めることができるSQL文

throws SQLException
データベースアクセスでエラーが発生したとき

解説

prepareStatementメソッドは、**プリペアドステートメント**を実行するためのPrepareStatementオブジェクトを生成します。プリペアドステートメントとは、SQL文の一部に、変数のようなパラメータを含めて定義したものです。SQL文のひな形として利用でき、複数回実行することができます。

引数にプリペアドステートメントを指定します。プリペアドステートメントの変数となるパラメータ部分には、?記号(**プレースホルダ**と呼びます)を記述します。

サンプル ▶ DMConnectDbPstmt.java

```
// try-with-resources構文でのprepareStatement実行
try (Connection con = DriverManager.getConnection(
        "jdbc:mysql://localhost:3306/wings_db","scott", "tiger");
     PreparedStatement stmt = con.prepareStatement(
        "UPDATE user_list SET name = ? WHERE id = ?");) {

    // 1番目のプレースホルダに文字列、 2番目に2をセットする
    stmt.setString(1,"Rino Sashihama" );
    stmt.setInt(2, 2);
    // プリペアドステートメントを実行し、結果の件数を表示
    System.out.println( stmt.executeUpdate()); // 結果：1
}
catch (SQLException e) {
    System.out.println("DB処理エラー" + e.getMessage());
}
```

ストアドプロシージャを実行するオブジェクトを生成する

» java.sql.Connection

▼メソッド

prepareCall	CallableStatementオブジェクトを生成する

書式 public CallableStatement prepareCall(String sql)

引数 sql：パラメータを含めることができるSQL文

throws SQLException
データベースアクセスでエラーが発生したとき

解説

prepareCallメソッドは、データベースの**ストアドプロシージャ**を呼び出すためのCallableStatementオブジェクトを生成します。ストアドプロシージャとは、データベースに対する一連の処理をプログラムとしてまとめ、データベース自体に保存したものです。ストアドプロシージャは、クライアントから呼び出すことで、データベース上で実行されます。

サンプル ▶ **DMConnectDbStp.java**

```
// ストアドプロシージャの登録
stmt.executeUpdate(
    "CREATE or REPLACE PROCEDURE OUTPARAMNAME " +
    "(IN mid INT, OUT vname  TEXT) begin " +
    "SELECT name INTO vname FROM user_list WHERE id=mid; end;");

// ストアドプロシージャの呼び出し
CallableStatement cs = con.prepareCall("{call OUTPARAMNAME(?,?)}");
// 入力パラメータの設定
cs.setInt(1, 3);
// OUTパラメータの型を指定
cs.registerOutParameter(2, java.sql.Types.VARCHAR);
cs.execute();

// OUTパラメータを取得
String out = cs.getString(2);
System.out.println(out);      // 結果: Yuko Kojima
```

トランザクションをコミット／ロールバックする

» java.sql.Connection

▼メソッド

commit	トランザクションをコミットする
rollback	トランザクションをロールバックする

書式
```
public void commit()
public void rollback()
```

throws SQLException
データベースアクセスでエラーが発生したとき

解説

トランザクション処理とは、関連する複数の処理を、データの一貫性を保つために1つの処理としてまとめたものです。

commitメソッドは、**コミット**、つまり現在のトランザクションで行われた変更を確定します。対象となるのは、直前のコミットもしくはロールバック以降に行われた変更です。

rollbackメソッドは、**ロールバック**、つまり現在のトランザクションで行われたデータベースの変更をすべて元に戻します。対象となるのは、直前のコミットもしくはロールバック以降に行われた変更になります。

どちらも、Connectionオブジェクトが現在ロックしているデータすべてを解放します。

サンプル ▶ **TRCommitRollbackSample.java**

```
// データ追加時に例外が発生すれば ロールバック処理を行う
try (Connection con = DriverManager.getConnection(
        "jdbc:mysql://localhost:3306/wings_db", "scott", "tiger");
        Statement stmt = con.createStatement();) {

    // オートコミットをしない
    con.setAutoCommit(false);
    try {
        stmt.executeUpdate(
            "UPDATE user_list SET name = 'Sayaka' WHERE id = 3");
        stmt.executeUpdate(
            "INSERT INTO user_list(id,name) VALUES(3,'Haruna
Kojima')");
        con.commit(); // コミット
    }
    catch (SQLException e) {
        // 何らかのエラーが生じた場合にはロールバック
        con.rollback();
        System.out.println("ロールバック: " + e.getMessage());
    }

    ResultSet rs = stmt.executeQuery(
        "SELECT * FROM user_list WHERE id = 3");
    rs.next();
    // ロールバックによりUPDATEが取り消され元の値のままになる
    System.out.println(rs.getString("name"));
}
catch (SQLException e) {
    System.out.println("DB処理エラー" + e.getMessage());
}
```

⬇

```
ロールバック: (conn=32) Duplicate entry '3' for key 'PRIMARY'
Yuko kojima
```

自動的にコミットが行われる(**オートコミット**する)ようになっている場合には、commitメソッドを使用する必要はありません。また、その場合はロールバック処理は行えません。

9 データベース

自動的にコミットするように設定する／設定されているか調べる

» java.sql.Connection

▼メソッド

getAutoCommit	オートコミットモードか調べる
setAutoCommit	オートコミットモードを設定する

書式
```
public boolean getAutoCommit()
public void setAutoCommit(boolean autoCommit)
```

引数 autoCommit：オートコミットを指定する真偽値

throws SQLException
データベースアクセスでエラーが発生したとき

解説

getAutoCommitメソッドは、現在のConnectionオブジェクトが自動的にコミットを行うオートコミットモードになっているかどうかを真偽値で取得します。

setAutoCommitメソッドは、オートコミットモードを設定します。オートコミットモードの場合、すべてのSQL文が別々のトランザクションとしてコミットされます。JDBCのデフォルトはこの状態です。オートコミットモードでない場合は、commitもしくはrollbackメソッドによってSQL文が実行されます。

サンプル ▸ **TRSetGetAutoSample.java**

```
// オートコミットモードがonになっている場合、offに設定

    if (con.getAutoCommit()) {
        // オートコミットしない
        con.setAutoCommit(false);
        System.out.println("オートコミットモードをoffにしました");
    }
```

⬇

```
オートコミットモードをoffにしました
```

参照

「トランザクションをコミット／ロールバックする」 → P.572

トランザクションのレベルを取得／設定する

» java.sql.Connection

▼メソッド

getTransactionIsolation	トランザクションのレベルを取得する
setTransactionIsolation	トランザクションのレベルを設定する

書式

```
public int getTransactionIsolation()
public void setTransactionIsolation(int level)
```

引数 level：トランザクション分離レベル

throws SQLException
データベースアクセスでエラーが発生したとき

解説

getTransactionIsolation／setTransactionIsolationメソッドはそれぞれ、**トランザクション分離レベル**を取得／設定します。トランザクション分離レベルとは、あるトランザクションの実行中に、他のトランザクションがどのように実行されるかということを表すもので、次の3つの現象が起こるかどうかで分類されます。

▼トランザクションで発生する3つの現象

現象	概要
ダーティリード	あるトランザクションが更新したデータがまだコミットされていない状態で、他のトランザクションがそのデータを読み取ってしまえること
ノンリピータブルリード	トランザクション内で同じ行を複数回呼び出す際に、途中で他のトランザクションがコミットしたため、参照した行の値がトランザクションの始めと終わりで異なってしまうこと
ファントムリード	ある条件で複数回検索する際に、途中で他のトランザクションがコミットしたため、2回目の読み取り時に1回目にはなかった値が現れたり、消えてしまったりするなど、条件は同じなのに検索結果が毎回異なってしまうこと

setTransactionIsolationメソッドでは、次の5種類のトランザクション分離レベルを定数として指定できます。なお、デフォルトのトランザクション分離レベルは、TRANSACTION_READ_COMMITTEDです。

▼トランザクション分離レベル

レベル	ダーティリード	ノンリピータブルリード	ファントムリード
TRANSACTION_READ_COMMITTED	×	○	○
TRANSACTION_READ_UNCOMMITTED	○	○	○
TRANSACTION_REPEATABLE_READ	×	×	○
TRANSACTION_SERIALIZABLE	×	×	×

サンプル ▶ **TRSetGetTransactionSample.java**

```
try (Connection con = DriverManager.getConnection(
        "jdbc:mysql://localhost:3306/wings_db","scott", "tiger")) {

    // 現在のトランザクションレベルを取得
    int l = con.getTransactionIsolation();

    // どのトランザクション分離レベルかを判定する
    System.out.println(l == Connection.TRANSACTION_READ_COMMITTED);
    System.out.println(l == Connection.TRANSACTION_READ_UNCOMMITTED);
    System.out.println(l == Connection.TRANSACTION_REPEATABLE_READ);
    System.out.println(l == Connection.TRANSACTION_SERIALIZABLE);
}
catch (Exception e) {
    System.out.println("DB処理エラー" + e.getMessage());
}
```

⬇

```
false
false
true
false
```

結果セットを返す SQL 文を発行する

» java.sql.Statement

▼ メソッド

executeQuery	結果セットを返すSQL文を実行する

書式 `public ResultSet executeQuery(String sql)`

引数 sql：SQL文

throws SQLException
データベースアクセスでエラーが発生したとき

解説

Statementオブジェクトは、データベースに対してSQL文を発行し、データベースからの結果を返すために使用されます。

executeQueryメソッドは、SELECT文のように、SQL文を実行して得られるResultSetオブジェクトが単一であるような場合に用います。

サンプル ▶ SQExeSampleOne.java

```
try (Connection con = DriverManager.getConnection(
        "jdbc:mysql://localhost:3306/wings_db","scott", "tiger");
     Statement stmt = con.createStatement();) {

    // executeQueryを用いて単一の結果を返すようなSQL文の実行
    ResultSet rs1 = stmt.executeQuery("SELECT * FROM user_list");
    while (rs1.next()) {
        System.out.println(rs1.getInt("id") + " " +
                                                rs1.getString("name"));
    }
}
catch (SQLException e) {
    System.out.println("DB処理エラー" + e.getMessage());
}
```

⬇

```
1 Yoshihiro Yamada
2 Rino Sashihama
3 Yuko Kojima
```

複数の結果セットを返すSQL文を発行する

» java.sql.Statement

▼メソッド

execute	SQL文を実行する
getResultSet	実行結果を取得する
getMoreResults	次の結果を取得する

書式
```
public boolean execute(String sql)
public ResultSet getResultSet()
boolean getMoreResults([int current])
```

引数 sql：SQL文、current：現在の結果セットをどうするか

throws SQLException
データベースアクセスでエラーが発生したとき

解説

executeメソッドは、複数の結果を返す可能性のあるSQL文に対応します。主にストアドプロシージャなどで、ResultSetオブジェクトと更新された行の数といった複数の結果を返す場合でも、結果を取得することができます。

戻り値は、最初の結果がResultSetオブジェクトの場合はtrue、そうでないならばfalseを返します。ResultSetオブジェクトの取得には、getResultSetメソッドを用います。

また、複数の結果があるかどうかは、getMoreResultsメソッドの戻り値で判断します。ResultSetオブジェクトの場合にはtrue、そうでないならfalseが返ります。なお、getMoreResultsメソッドは、次の値を引数にして、ResultSetオブジェクトに対するオプションを指定することもできます。これらの値は、Statementインターフェイスで定義された定数です。

▼getMoreResultsメソッドで指定できる定数

フィールド	概要
CLOSE_CURRENT_RESULT	現在のResultSetオブジェクトを破棄する
KEEP_CURRENT_RESULT	現在のResultSetオブジェクトを破棄しない
CLOSE_ALL_RESULTS	直前までオープンされていたすべてのResultSetオブジェクトを破棄する

サンプル ▶ **SQExeSampleMulti.java**

```
try (Connection con = DriverManager.getConnection(
        "jdbc:mysql://localhost:3306/wings_db", "scott", "tiger");
    Statement stmt = con.createStatement();) {

    // 2つの結果セットを返すストアドプロシージャの登録
    stmt.executeUpdate("CREATE or REPLACE PROCEDURE Multi() " +
                       "begin SELECT * FROM user_list; " +
                       "SELECT count(*) FROM user_list; end;");

    // ストアドプロシージャの呼び出し
    boolean bl = stmt.execute("call Multi()");
    if (bl) { // 結果セットがある場合
        ResultSet rs = stmt.getResultSet(); // 最初の結果セット取得
        // 取得した結果セットを破棄しないで、次の結果セットを取得する
        if (stmt.getMoreResults(Statement.KEEP_CURRENT_RESULT)){
            System.out.println("最初の結果セット");
            while (rs.next()) {
                System.out.println(rs.getInt("ID") + " " +
                                          rs.getString("NAME"));
            }
            System.out.println("次の結果セット");
            ResultSet rs2 = stmt.getResultSet();
            while (rs2.next()) {
                System.out.println(rs2.getInt(1));
            }
        }
        System.out.println("次の結果セットはあるか？："
                                        + stmt.getMoreResults());
    }
}
catch (SQLException e) {
    System.out.println("DB処理エラー" + e.getMessage());
}
```

⬇

```
最初の結果セット
1 Yoshihiro Yamada
2 Atsuo Maeda
3 Yuko Kojima
次の結果セット
3
次の結果セットはあるか？：false
```

結果を返さないSQL文を発行する

» java.sql.Statement

▼ メソッド

executeUpdate	結果を返さないSQL文を実行する

書式 public int executeUpdate(String sql)

引数 sql：SQL文

throws SQLException
データベースアクセスでエラーが発生したとき

解説

Statementオブジェクトは、データベースに対してSQL文を発行し、データベースからの結果を返すために使用されます。

executeUpdateメソッドは、INSERT、UPDATE、DELETE文など、実行結果をオブジェクトとして返さないSQL文に用います。戻り値は、更新された行の数となります。

サンプル ▸ **SQExeSampleExe.java**

```
try (Connection con = DriverManager.getConnection(
        "jdbc:mysql://localhost:3306/wings_db","scott", "tiger");
     Statement stmt = con.createStatement();) {

    // executeUpdateを用いて結果を返さないようなSQL文の実行
    int count = stmt.executeUpdate(
      "UPDATE user_list SET name='Minako Takahashi' WHERE id =10");
    System.out.println(count + "件更新しました");
}
catch (SQLException e) {
    System.out.println("DB処理エラー" + e.getMessage());
}
```

⬇

```
1件更新しました
```

複数の処理をまとめて実行する

» java.sql.Statement

▼メソッド

addBatch	SQL文を追加する
executeBatch	命令のリストを実行する

書式

```
public void addBatch(String sql)
public int[] executeBatch()
```

引数 sql：SQL文

throws SQLException
データベースアクセスでエラーが発生したとき

解説

Statementクラスには、複数のSQL文をまとめて実行する機能があります。

addBatchメソッドは、まとめて実行するSQL文のリストに、引数で指定したSQL文を追加します。

executeBatchメソッドは、リストのSQL文を順番に実行します。戻り値は、すべて正常にSQL文が実行された場合には、実行結果の格納された配列となります。配列の順序はリスト内のSQL文順序に対応し、要素が0以上の数値であれば、SQL文によって更新されたデータベース内の行数を意味します。要素の値がSUCCESS_NO_INFOであれば、SQL文は正常に処理されたが影響を受けた行数が不明なことを示します。また、EXECUTE_FAILEDであれば、実行中にエラーが生じたことを意味します。

なお、リストのSQL文が1つでも正常に実行できなかった場合には、BatchUpdateException例外がスローされます。この場合、残りのSQL文を継続するかあるいは中止するかは、JDBCドライバによって挙動が異なります。

サンプル ▸ **SQBatchSample.java**

```
// データの挿入と更新をまとめて行う
try (Connection con = DriverManager.getConnection(
        "jdbc:mysql://localhost:3306/wings_db","scott", "tiger");
     Statement stmt = con.createStatement();) {

    // 実行リストに追加（挿入と更新）
    stmt.addBatch(
      "INSERT INTO user_list(id,name) VALUES (5,'Mako Watanabe')");
    stmt.addBatch(
      "UPDATE user_list SET name='Minako Takahashi' WHERE id =5");

    // まとめて実行
    int[] ret = stmt.executeBatch();
    for (int i : ret) {
        System.out.printf("結果: %d¥n", i);
    }

    System.out.println("¥n実行後");
    ResultSet after = stmt.executeQuery(
                        "SELECT * FROM user_list ORDER BY id");
    while (after.next()) {
        System.out.printf("%s %s%n", after.getString("id"),
                        after.getString("name").toString());
    }
}
catch (SQLException e) {
    System.out.println("DB処理エラー" + e.getMessage());
}
```

⬇

```
結果: 1
結果: 1

実行後
1 Yoshihiro Yamada
2 Rino Sashihama
3 Yuko Kojima
5 Minako Takahashi
10 Minako Takahashi
```

結果セットに関する情報を取得／設定する

» java.sql.Statement

▼メソッド

getMaxFieldSize	列の最大値を取得する
getMaxRows	行の最大値を取得する
setMaxFieldSize	列の最大値を設定する
setMaxRows	行の最大値を設定する

書式
```
public int getMaxFieldSize()
public int getMaxRows()
public void setMaxFieldSize(int max)
public void setMaxRows(int max)
```

引数 max：新しい最大数

throws SQLException
データベースアクセスでエラーが発生したとき

解説

getMaxRowsメソッドは、このStatementオブジェクトによって生成されるResultSetオブジェクトが保持できる、最大行数を返します。setMaxRowsメソッドは、その最大値を設定します。

getMaxFieldSizeメソッドは、ResultSetオブジェクトの各列の値の最大バイト数を返します。setMaxFieldSizeメソッドは、その値を設定します。

なお、値0は、いずれのメソッドでも無制限を意味します。

サンプル ▶ **SQGetAboutRSSample.java**

```
try (Connection con = DriverManager.getConnection(
        "jdbc:mysql://localhost:3306/wings_db","scott", "tiger");
     Statement stmt = con.createStatement();) {

    // デフォルトの表示
    System.out.println("最大取得行数：" + stmt.getMaxRows());
    System.out.println("列のバイト数：" + stmt.getMaxFieldSize());

    stmt.execute("SELECT * FROM user_list");
    ResultSet rs = stmt.getResultSet();
    while (rs.next()) {
```

```
        System.out.println(rs.getInt("id") + " " +
                                                rs.getString("name"));
    }
    System.out.println();

    // 行数と列のバイト数を制限
    stmt.setMaxRows(2);
    stmt.setMaxFieldSize(5);
    System.out.println("最大取得行数：" + stmt.getMaxRows());
    System.out.println("列のバイト数：" + stmt.getMaxFieldSize());
    stmt.execute("SELECT * FROM user_list");

    ResultSet rs2 = stmt.getResultSet();
    while (rs2.next()) {
        System.out.println(rs2.getInt("id") + " " +
                                                rs2.getString("name"));
    }
}
catch (SQLException e) {
    System.out.println("DB処理エラー" + e.getMessage());
}
```

⬇

```
最大取得行数：0
列のバイト数：0
1 Yoshihiro Yamada
2 Rino Sashihama
3 Yuko Kojima
5 Minako Takahashi
10 Minako Takahashi

最大取得行数：2
列のバイト数：3
1 Yos
2 Rin
```

パラメータに値を設定する

» java.sql.PreparedStatement

▼メソッド

setXxx データを設定する

書式 `public void setXxx(int index, type x)`

引数 index：パラメータの位置、x：設定するデータ、type：データ型（boolean, byte, double, float, int, long, short, String, byte[]）またはオブジェクト（java.sql.SQLXML, java.sql.RowId, java.sql.Array, java.math.BigDecimal, java.net.URL）

throws SQLException
データベースアクセスでエラーが発生したとき

解説

これらのメソッドは、引数で指定したプリペアドステートメントのプレースホルダに、パラメータとしてデータを設定します。その際、データベースのデータ型に対応したJavaのデータ型を指定する必要があり、それぞれのデータ型別にメソッドが用意されています。たとえばOracleのNUMBER型であればsetIntメソッド、VARCHAR2型であればsetStringメソッドを用います。

なお、JDBCでは、データベースの型を指定する際に、特定のデータベースに依存しない標準的な**JDBCデータ型**というデータ型を用います。これは、実際のデータベースのデータ型、Javaのデータ型とも異なっているので、JDBCデータ型が実際にはどのデータ型に相当するものなのかを把握しておく必要があります。次ページの表は、JDBCデータ型が、Oracle、MySQLのデータ型とJava言語のデータ型のどれに相当するのかを示しています。

▼JDBCデータ型

JDBCで定義されたデータ型	ORACLEデータ型	MySQLデータ型	対応するJavaのデータ型
java.sql.Types.CHAR	CHAR	CHAR	java.lang.String
java.sql.Types.VARCHAR	VARCHAR2	VARCHAR	java.lang.String
java.sql.Types.LONGVARCHAR	LONG	LONGVARCHAR	java.lang.String
java.sql.Types.NUMERIC	NUMBER	NUMERIC	java.math.BigDecimal
java.sql.Types.DECIMAL	NUMBER	DECIMAL	java.math.BigDecimal
java.sql.Types.BIT	NUMBER	BIT	boolean
java.sql.Types.TINYINT	NUMBER	TINYINT	byte
java.sql.Types.SMALLINT	NUMBER	SMALLINT	short
java.sql.Types.INTEGER	NUMBER	INTEGER	int
java.sql.Types.BIGINT	NUMBER	BIGINT	long
java.sql.Types.REAL	NUMBER	REAL	float
java.sql.Types.FLOAT	NUMBER	FLOAT	double
java.sql.Types.DOUBLE	NUMBER	DOUBLE	double
java.sql.Types.BINARY	RAW	BINARY	byte[]
java.sql.Types.VARBINARY	RAW	VARBINARY	byte[]
java.sql.Types.LONGVARBINARY	LONGRAW	LONGVARBINARY	byte[]
java.sql.Types.DATE	DATE	DATE	java.sql.Date
java.sql.Types.TIME	DATE	TIME	java.sql.Time
java.sql.Types.TIMESTAMP	TIMESTAMP	TIMESTAMP	javal.sql.Timestamp
java.sql.Types.BLOB	BLOB	BLOB	java.sql.Blob
java.sql.Types.CLOB	CLOB	—	java.sql.Clob
java.sql.Types.STRUCT	ユーザー定義オブジェクト	—	java.sql.Struct
java.sql.Types.REF	ユーザー定義参照	—	java.sql.Ref
java.sql.Types.ARRAY	ユーザー定義コレクション	—	java.sql.Array

なお、java.sql.Typesは、JDBCデータ型を示す定数が定義されたクラスです。

サンプル ▶ **SQParameterSet.java**

```
try (Connection con = DriverManager.getConnection(
        "jdbc:mysql://localhost:3306/wings_db", "scott", "tiger");
     PreparedStatement pst = con.prepareStatement(
       "SELECT * FROM user_list WHERE (id < ?) AND (name LIKE ?)");
                                                                   ) {
    // IDが3より小さく、nameがRで始まるレコード
    pst.setInt(1, 3);
    pst.setString(2, "R%");

    // SQL文の実行
    ResultSet rs = pst.executeQuery();

    while (rs.next()) {
        System.out.println(rs.getInt("id") + " " +
                                         rs.getString("name"));
    }
}
catch (SQLException e) {
    System.out.println("DB処理エラー" + e.getMessage());
}
```

⬇

```
2 Rino Sashihama
```

第1引数のインデックスは、1番目のプレースホルダなら1、2番目なら2というようになります。配列と違い、始めを0とカウントしないので、注意してください。

パラメータにNULLを設定する

» java.sql.PreparedStatement

▼メソッド

setNull　　NULLを設定する

書式 public void setNull(int index, int sqlType
　　[, String typeName])

引数 index：パラメータの位置、sqlType：java.sql.Typesで定義されるSQL型コード、typeName：SQLユーザー定義型の完全指定名

throws SQLException
データベースアクセスでエラーが発生したとき

解説

setNullメソッドは、プリペアドステートメントのプレースホルダにNULLを設定します。パラメータにNULLを設定するには、この専用のメソッドを用います。

第2引数のsqlTypeは、該当テーブルのNULLを設定する列の型を、java.sql.Typesで定義された型で指定します。

サンプル ▸ **SQParameterNull.java**

```
try (Connection con = DriverManager.getConnection(
        "jdbc:mysql://localhost:3306/wings_db", "scott", "tiger");
     Statement st = con.createStatement();
     PreparedStatement pst = con.prepareStatement(

        // IDを最大ID+1の値にして挿入する
        "INSERT INTO user_list ( id, name ) VALUES (" +
        " (SELECT max_id + 1 FROM (" +
        " SELECT MAX(id) AS max_id FROM user_list ) AS t ),?)");) {

    pst.setNull(1, java.sql.Types.VARCHAR); // NULLの指定
    System.out.printf("レコード追加: %d¥n", pst.executeUpdate());

}
catch (SQLException e) {
    System.out.println("DB処理エラー" + e.getMessage());
}
```

パラメータに日付や時刻を設定する

» java.sql.PreparedStatement

▼メソッド

setDate	日付を設定する
setTime	時刻を設定する
setTimestamp	タイムスタンプを設定する

書式
```
public void setDate(int index, Date x[, Calendar cal])
public void setTime(int index, Time x[, Calendar cal])
public void setTimestamp(int index, Timestamp x
    [, Calendar cal])
```

引数 index：パラメータの位置、x：設定するデータ、cal：Calendarオブジェクト

throws SQLException
データベースアクセスでエラーが発生したとき

解説

これらのメソッドは、プリペアドステートメントのプレースホルダに、日付時刻の値を設定します。日付、時刻の設定には、この専用のメソッドを用います。

第3引数にはCalendarオブジェクトを指定でき、デフォルト以外の地域の暦が設定可能です。

setDateメソッドは日付、setTimeメソッドは時刻、setTimestampメソッドは日付と時刻の値を設定します。

サンプル ▶ SQParameterDate.java
```
try (Connection con = DriverManager.getConnection(
        "jdbc:mysql://localhost:3306/wings_db", "scott", "tiger");
     Statement st = con.createStatement();
     PreparedStatement pst = con.prepareStatement(
        "UPDATE user_list SET gdate = ?");) {

    // 現在時刻
    Calendar cal = Calendar.getInstance();
    pst.setDate(1, new Date(cal.getTimeInMillis()), cal);
    System.out.printf("レコード更新(setDate): %d ¥n",
                                            pst.executeUpdate());
```

```
        ResultSet rs = st.executeQuery("SELECT * FROM user_list");
        while(rs.next()){
            System.out.println(rs.getInt("id") + " " +
                                                rs.getString("gdate"));
        }

        // 5日前に設定
        cal.add(Calendar.DATE, -5);
        // 日付、時刻の設定
        pst.setTimestamp(1, new Timestamp(cal.getTimeInMillis()), cal);
        System.out.printf("レコード更新(setTimestamp): %d¥n",
                                                pst.executeUpdate());

        rs = st.executeQuery("SELECT * FROM user_list");
        while(rs.next()){
            System.out.println(rs.getInt("id") + " " +
                                                rs.getString("gdate"));
        }
    }
    catch (SQLException e) {
        System.out.println("DB処理エラー" + e.getMessage());
    }
```

⬇

```
レコード更新(setDate): 6
1 2020-04-28 00:00:00.0
2 2020-04-28 00:00:00.0
3 2020-04-28 00:00:00.0
5 2020-04-28 00:00:00.0
10 2020-04-28 00:00:00.0
11 2020-04-28 00:00:00.0
レコード更新(setTimestamp): 6
1 2020-04-23 14:44:41.0
2 2020-04-23 14:44:41.0
3 2020-04-23 14:44:41.0
5 2020-04-23 14:44:41.0
10 2020-04-23 14:44:41.0
11 2020-04-23 14:44:41.0
```

注意 setDate、setTimeメソッドでは、MySQLのDATETIME型のように、日付と時刻の両方を保持するデータ型であっても、それぞれ日付、時刻しか設定できません。日時情報を設定するには、setTimestampメソッドを用います。

指定した列のデータを取得する

» java.sql.ResultSet

▼メソッド

getXxx	データを取得する

書式 public type getXxx(int columnIndex | String columnLabel)

引数 type：データ型（boolean, byte, byte[], double, float, int, long, short, String, InputStream, Reader, java.sql.Blob, java.sql.Ref, java.sql.RowId, java.net.URL, java.sql.SQLXML, java.math.BigDecimal）、columnIndex：列の位置、columnLabel：列のラベル

throws SQLException
データベースアクセスでエラーが発生したとき

解説

ResultSetオブジェクトは、データベースに発行したSQL文の結果として生成されるオブジェクトです。このオブジェクトを通して、結果データにアクセスすることができます。

ResultSetインターフェイスのget~というメソッドは、ResultSetオブジェクトの現在参照している行の、指定された列の値を、オブジェクトとして取得します。データベースのデータ型に応じたメソッドがそれぞれ用意されています。たとえばOracleのNUMBER型であればgetIntメソッド、BLOB型であればgetBinaryStreamメソッドなどを用います。

引数は、取得したい列を示す値です。値の指定方法として、1列目を「1」、2列目を「2」とする列インデックス、または列の名前を利用できます。

サンプル ▸ **RSGetSampleBLOB.java**

```
try (Connection con = DriverManager.getConnection(
        "jdbc:mysql://localhost:3306/wings_db", "scott", "tiger");
     PreparedStatement ps1 = con.prepareStatement(
        "REPLACE INTO picture_list(id,contents) VALUES(1,?)");
     PreparedStatement ps2 = con.prepareStatement(
        "SELECT contents FROM picture_list WHERE id=?");) {

    File fin = new File("chap7/sky.jpg");
    try(FileInputStream in = new FileInputStream(fin)){

        // BLOB型の列に画像ファイルのデータを書き込む
        ps1.setBinaryStream(1, in,fin.length());
        ps1.executeUpdate();

        // BLOB型の列をselect
        ps2.setInt(1, 1);
        ResultSet rs = ps2.executeQuery();
        rs.next();

        // BLOB型の列をストリームとして読み込む
        BufferedImage img = ImageIO.read( rs.getBinaryStream(1) );

        // 画像をPNGファイルに変換する
        ImageIO.write(img, "png", new File("test.png"));
    }
    catch (IOException e) {
    e.printStackTrace();
    }
}
catch (SQLException e) {
    System.out.println("DB処理エラー" + e.getMessage());
}
```

指定した列の日付時刻を取得する

» java.sql.ResultSet

▼メソッド

getDate	日付を取得する
getTime	時刻を取得する
getTimestamp	日付時刻を取得する

書式
```
public Date getDate(int columnIndex[, Calendar cal])
public Date getDate(String columnLabel[, Calendar cal])
public Time getTime(int columnIndex[, Calendar cal])
public Time getTime(String columnLabel[, Calendar cal])
public Timestamp getTimestamp(int columnIndex
    [, Calendar cal])
public Timestamp getTimestamp(String columnLabel
    [, Calendar cal])
```

引数 columnIndex：列の位置、columnLabel：列のラベル、cal：Calendarオブジェクト

throws SQLException
データベースアクセスでエラーが発生したとき

解説

これらのメソッドは、ResultSetオブジェクトから日付時刻の値を取得します。第2引数にはCalendarオブジェクトを指定でき、デフォルト以外の地域の暦を設定可能です。

getDateメソッドは日付、getTimeメソッドは時刻、getTimestampメソッドは日付と時刻の値を取得します。

サンプル ▶ **RSGetDate.java**

```
ResultSet rs = st.executeQuery(
    "SELECT CURRENT_TIMESTAMP(), CURRENT_TIME()"); // 現在日時
rs.next();
// 日付時刻の取得
System.out.println(rs.getDate(1)); // 結果: 2020-04-28
System.out.println(rs.getTime(2)); // 結果: 14:11:25
System.out.println(rs.getTimestamp(1));
結果: 2020-04-28 14:11:25.0
```

レコードを更新する

» java.sql.ResultSet

▼ メソッド

updateXxx	データを更新する
updateRow	レコードを更新する

書式

```
public void updateXxx(int columnIndex, type x)
public void updateXxx(String columnName, type x)
public void updateRow()
```


引数 columnIndex：列インデックス、type：データ型（Array, BigDecimal, boolean, byte, byte[], Date, double, integer, long, Ref, short, String, Time, Timestamp）、columnName：列名、x：設定するデータ

throws SQLException
データベースアクセスでエラーが発生したとき

解説

update～メソッドは、カーソルが示す行にある指定した列の値を、引数に指定した型のデータで更新します。データベースのデータ型に応じたメソッドがそれぞれ用意されています。たとえばOracleのNUMBER型であればupdateIntメソッド、VARCHAR2型であればupdateStringメソッドを用います。

列を指定する引数には、1列目を「1」、2列目を「2」とする列インデックス、または列の名前を利用できます。なお、ここでの変更は、ResultSetクラスのupdateRowメソッドなどを利用しないと反映されません。

サンプル ▶ **RSUpdateSample.java**

```
try (Connection con = DriverManager.getConnection(
        "jdbc:mysql://localhost:3306/wings_db", "scott", "tiger");
     // 更新可能のResultSetにする
     Statement st = con.createStatement(
        ResultSet.TYPE_FORWARD_ONLY, ResultSet.CONCUR_UPDATABLE);) {

    // プライマリーキーを含める
    ResultSet rs = st.executeQuery("SELECT id,name FROM user_list");

    while (rs.next()) {
        String name = rs.getString("name");
        // name列の内容を大文字に更新する
        rs.updateString("name", name.toUpperCase());
        // データの更新
        rs.updateRow();
    }

    // 更新後のデータを表示する
    ResultSet rsa = st.executeQuery("SELECT * FROM user_list");
    while (rsa.next()) {
        System.out.println(rsa.getString("id") + " " +
                                        rsa.getString("name"));
    }
}
catch (SQLException e) {
    System.out.println("DB処理エラー" + e.getMessage());
}
```

⬇

```
1 YOSHIHIRO YAMADA
2 null
3 YUKO KOJIMA
5 MINAKO TAKAHASHI
```

データベースによっては、ResultSetで取得したレコードにプライマリーキーが含まれていないと、updateRowメソッドでの更新が失敗します。

NULLデータで更新する

» java.sql.ResultSet

▼メソッド

updateNull	NULL値で更新する

書式 public void updateNull(int columnIndex | String columnName)

引数 columnIndex：列インデックス、columnName：列名

throws SQLException
データベースアクセスでエラーが発生したとき

解説

updateNullメソッドは、カーソルが示す行にある指定した列をNULLで更新します。列を指定する引数には、1列目を「1」、2列目を「2」とする列インデックス、または列の名前を利用できます。

サンプル ▶ RSUpdateNull.java

```
try (Connection con = DriverManager.getConnection(
        "jdbc:mysql://localhost:3306/wings_db", "scott", "tiger");
    // 更新可能のResultSetにする
    Statement st = con.createStatement(
        ResultSet.TYPE_FORWARD_ONLY, ResultSet.CONCUR_UPDATABLE);) {

    ResultSet rs = st.executeQuery("SELECT id,name FROM user_list");
    while (rs.next()) {
        if (rs.getInt(1) == 2) {     // IDが2なら
            rs.updateNull(2);        // name列をNULLで更新
            rs.updateRow();          // 更新の反映
        }
    }
    // name列がNULLのレコードを取得する
    ResultSet rsa = st.executeQuery(
        "SELECT name FROM user_list WHERE name IS NULL");
    System.out.println(rsa.next()); // 結果: true
}
catch (SQLException e) {
    System.out.println("DB処理エラー" + e.getMessage());
}
```

カーソルを移動させる

» java.sql.ResultSet

▼メソッド

absolute	指定行に移動する
afterLast	最終行の直後に移動する
beforeFirst	先頭行の直前に移動する
first	先頭行に移動する
last	最終行に移動する
next	次行に移動する
previous	前行に移動する
relative	相対移動する

書式

```
public boolean absolute(int row)
public void afterLast()
public void beforeFirst()
public boolean first()
public boolean last()
public boolean next()
public boolean previous()
public boolean relative(int rows)
```

引数 row：行番号、rows：行数

throws SQLException
データベースアクセスでエラーが発生したとき

解説

ResultSetオブジェクトが生成されたとき、カーソルは最初の行ではなく、その前にあります。そのため、得られた結果に対して変更を加えるときは、まずカーソルを移動させる必要があります。

absoluteメソッドは、カーソルを指定した行に移動します。first、last、next、previousメソッドは、カーソルをそれぞれ、最初の行、最後の行、次の行、前の行に移動します。

afterLast、beforeFirstメソッドは、カーソルをそれぞれ、最後の行の直後、最初の行の直前に移動します。

サンプル ▶ **RSCursorSample.java**

```
try (Connection con = DriverManager.getConnection(
        "jdbc:mysql://localhost:3306/wings_db", "scott", "tiger");
     Statement st = con.createStatement();) {

    ResultSet rs = st.executeQuery(
                        "SELECT * FROM user_list ORDER BY id");

    // カーソルを移動させ、そのカーソルが指す行を出力
    rs.first();
    System.out.println("最初の行 " + rs.getInt("id") + " " +
                                        rs.getString("name"));
    rs.next();
    System.out.println("その次 " + rs.getInt("id") + " " +
                                        rs.getString("name"));
    rs.last();
    System.out.println("最後の行 " + rs.getInt("id") + " " +
                                        rs.getString("name"));
    rs.previous();
    System.out.println("その前 " + rs.getInt("id") + " " +
                                        rs.getString("name"));
    rs.absolute(3);
    System.out.println("前から3行目 " + rs.getInt("id") + " " +
                                        rs.getString("name"));
    rs.relative(-2);
    System.out.println("その2行前 " + rs.getInt("id") + " " +
                                        rs.getString("name"));
}
catch (SQLException e) {
    System.out.println("DB処理エラー" + e.getMessage());
}
```

⬇

```
最初の行 1 Yoshihiro Yamada
その次 2 null
最後の行 11 null
その前 10 Minako Takahashi
前から3行目 3 Yuko kojima
その2行前 1 Yoshihiro Yamada
```

レコードを挿入する

» java.sql.ResultSet

▼メソッド

insertRow	レコードを挿入する
moveToInsertRow	データを挿入する領域に移動する
moveToCurrentRow	現在位置に復帰する

書式
```
public void insertRow()
public void moveToInsertRow()
public void moveToCurrentRow()
```

throws SQLException
データベースアクセスでエラーが発生したとき

解説

それぞれのメソッドは、カーソルが現在参照している行に対しての変更処理や、その変更内容が確定されたかどうかを取得します。

moveToInsertRowメソッドは、insert用の行にカーソルを移動します。insert用の行に移動してからは、updateXxxメソッドで値を設定し、実際にデータベースに追加するには、最後にinsertRowメソッドを呼び出します。

moveToCurrentRowメソッドは、moveToInsertRowを呼び出す時点でのカーソル行に復帰します。この後、挿入された行をそのまま読み取れるかどうかはJDBCドライバに依存します。

サンプル ▶ **RSInsertSample.java**

```
// データを挿入する領域にカーソルを移動し、新しい行を挿入
try (Connection con = DriverManager.getConnection(
        "jdbc:mysql://localhost:3306/wings_db", "scott", "tiger");
    Statement st = con.createStatement(
        ResultSet.TYPE_FORWARD_ONLY, ResultSet.CONCUR_UPDATABLE)) {

    ResultSet rs = st.executeQuery(
        "SELECT id, name FROM user_list ORDER BY id");
    rs.moveToInsertRow(); // 挿入行に移動
    rs.updateInt(1, 4); rs.updateString(2, "Sayo Yamamoto");
    rs.insertRow();
    rs.moveToCurrentRow(); // 行復帰（この場合は先頭の前）
    rs.next();
    System.out.println(rs.getString("id")); // 結果：1
}
```

レコードを削除する

» java.sql.ResultSet

▼メソッド

deleteRow	レコードを削除する

書式 `public void deleteRow()`

throws SQLException
データベースアクセスでエラーが発生したとき

解説

deleteRowメソッドは、現在のカーソル行のレコードを削除します。

サンプル ▶ RSDeleteSample.java

```
try (Connection con = DriverManager.getConnection(
        "jdbc:mysql://localhost:3306/wings_db", "scott", "tiger");
     Statement st = con.createStatement(
        ResultSet.TYPE_FORWARD_ONLY, ResultSet.CONCUR_UPDATABLE);) {

    ResultSet rs = st.executeQuery(
        "SELECT id, name FROM user_list ORDER BY id");

    // 末尾に移動して削除
    rs.last();
    rs.deleteRow();

    // 先頭の前に移動
    rs.beforeFirst();

    // データ表示
    while (rs.next()) {
        System.out.println(rs.getInt("id") + " " +
                                                rs.getString("name"));
    }
}
catch (SQLException e) {
    System.out.println("DB処理エラー" + e.getMessage());
}
```

⬇

```
1 Yoshihiro Yamada
2 null
3 Yuko kojima
```

カーソルの性質を調査する

» java.sql.ResultSet

▼メソッド

getType	カーソルの性質を調べる
getConcurrency	更新が可能かを調べる

書式
```
public int getType()
public int getConcurrency()
```

throws SQLException
データベースアクセスでエラーが発生したとき

解説

getType、getConcurrencyメソッドで取得できる値は、ResultSetオブジェクトのカーソルの性質を表す定数です。これは、createStatementメソッドで指定した引数と同じものです。

サンプル ▶ RSGetTypeSample.java

```
try (Connection con = DriverManager.getConnection(
        "jdbc:mysql://localhost:3306/wings_db", "scott", "tiger");
     Statement st = con.createStatement(
        ResultSet.TYPE_FORWARD_ONLY, ResultSet.CONCUR_UPDATABLE);)
{
    ResultSet rs = st.executeQuery("SELECT * FROM user_list");
    // 設定されたカーソルの性質をしめす定数名を表示
    for (Field f : ResultSet.class.getFields()) {
        if (f.getInt(f) == rs.getType() |
            f.getInt(f) == rs.getConcurrency()) {
            System.out.println(f.getName());
        }
    }
}
```

⬇

```
TYPE_FORWARD_ONLY
CONCUR_UPDATABLE
```

参照

「SQL文を実行するオブジェクトを生成する」 → P.568

COLUMN

Java SE 8でコレクションに追加されたメソッド

Java SE 8では、従来のコレクションにもいくつかメソッドが追加されています。主にラムダ式(関数型インターフェイス)を引数にするものですが、Mapコレクションには、それ以外のメソッドもいくつか追加されています。

▼Java SE 8で追加されたメソッド

クラス／インターフェイス	追加されたメソッド	概要
Collection	removeIf	条件に一致する要素を削除する
Iterable	forEach	各要素に対して繰り返し処理を行う
Iterator	forEachRemaining	各要素に対して繰り返し処理を行う
List	replaceAll	各要素を変換する
	sort	指定した条件でソートする
Map	forEach	各要素に対して繰り返し処理を行う
	replace	指定したキーの値を置換する
	replaceAll	各要素を置換する
	getOrDefault	指定したキーの値、キーがなければデフォルト値を返す
	putIfAbsent	指定した値が存在しなければ値を追加する
	compute	ラムダ式の戻り値を指定したキーで追加する
	computeIfAbsent	ラムダ式の戻り値を追加する(キーがないときのみ)
	computeIfPresent	ラムダ式の戻り値で値を置換する(キーがあるときのみ)
	merge	指定したキーがなければ値を追加、あれば既存の値にマージする

10
ユーティリティ

この章では、Javaプログラミングに役立つユーティリティ機能や、コマンドラインツール、JUnitを紹介します。

プロパティ

Javaのバージョンや OSの名前といった環境の属性を表すシステムプロパティに関するAPIと、プログラムで用いる設定情報や定数値を記述するプロパティファイルを扱うAPIを紹介します。プロパティファイルとは、「キー=値」という形式、またはXML形式で記述するテキストファイルです。

ロギング

Javaでは、プログラムのメッセージをログ出力するために、標準手法となるLogging APIが提供されています。この章では、Logging APIの基本的な使用方法を紹介します。

コマンドラインツール

コマンドラインツールとは、WindowsのコマンドプロンプトのようなCUI環境で実行するツールのことです。JDKには、Javaのソースファイルをコンパイルするjavaコマンドをはじめ、さまざまなコマンドラインツールが提供されています。この章では、基本的なツールを紹介します。

JUnit

JUnitとは、Javaプログラムのユニットテスト(単体テスト)を自動化するオープンソースのツール(アプリケーションフレームワーク)です。ユニットテストとは、クラスやメソッドを対象とした最も小さな単位で行うテストです。

第1章で紹介した統合開発環境のEclipseには、JUnitが組み込まれており、ウィザードを利用してテスト用のクラスを作成したり、Eclipseのメニューからテストの実行、確認が可能です。

なお、本書では、JUnit 5での基本的な利用方法を紹介します。JUnit 5は、Java 8以降の環境を前提として再構築されたバージョンで、従来のバージョンとは仕様が異なる部分があります。

プロパティファイルを利用する

» java.util.Properties

▼メソッド

getProperty	プロパティ値を取得する
load	プロパティファイルを読み取る

書式
```
public String getProperty(String key
    [, String defaultValue])
public void load(Reader reader | InputStream inStream)
```

引数 key：取得する要素のキー、defaultValue：デフォルト値、reader：入力文字ストリーム 、inStream：入力文字ストリーム

throws IOException
入力ストリームからの読み取り中にエラーが発生したとき

解説

Javaの**プロパティファイル**は、「.properties」という拡張子を持つファイルで、キーと値のペアを「=」または「:」で区切った形式で記述します。

loadメソッドは、キーと値がペアになったプロパティを入力ストリームから読み取ります。getPropertyメソッドは、読み取ったプロパティをもとに指定のキーに対応する値を取得します。なお、キーが見つからない場合は、オプションで指定するデフォルト値を返します。

サンプル ▶ **db.properties**

```
DBName=testdb
```

サンプル ▶ **PgetPropertySample.java**

```
try ( // プロパティファイルの指定
    InputStream inputStream =
        new FileInputStream(new File("db.properties"));) {
    Properties configuration = new Properties();
    configuration.load(inputStream); // ストリームから読み込む
    System.out.println("host:" +
                configuration.getProperty("host", "localhost"));
    // keyがない場合は、デフォルトの値が返る
    System.out.println("db:" + configuration.getProperty("DBName"));
} catch (IOException e) {
    System.out.println("ファイル読取エラー ;"+e.getMessage());
}
```

XML形式のプロパティファイルを利用する

» java.util.Properties

▼ メソッド

loadFromXML　　プロパティファイルを読み取る（XML形式）

書式　public void loadFromXML(InputStream inStream)

引数　inStream：入力文字ストリーム

throws　IOException
入力ストリームからの読み取り中にエラーが発生したとき
InvalidPropertiesFormatException
有効なXMLドキュメントではないとき

解説

プロパティファイルは、**XML形式**でも使用可能です。ただし、XML形式のプロパティファイルを読み取るには、loadFromXMLメソッドを用います。

なお、XML文書の形式は次のようになります。propertiesタグの中に、entryタグでキーと値を記述し、拡張子は通常、「.xml」とします。文字コードの指定も可能です。

サンプル ▸ **db.xml**

```
<?xml version="1.0" encoding="UTF-8"?>
<!DOCTYPE properties SYSTEM "http://java.sun.com/dtd/properties.dtd">
<properties>
<comment>comment</comment>
<entry key="DBName">testdb</entry>
<entry key="loginMsg">ようこそ</entry>
</properties>
```

サンプル ▶ **PgetPropertyXMLSample.java**

```
try ( // プロパティファイルの指定
    InputStream inputStream =
        new FileInputStream(new File("db.xml"));) {

    Properties configuration = new Properties();

    // ストリームから読み込む
    configuration.loadFromXML(inputStream);

    System.out.println("ホスト名: " +
                configuration.getProperty("host", "localhost"));
    // keyがない場合は、デフォルトの値が返る

    System.out.println("loginMsg: " +
                configuration.getProperty("loginMsg"));
}
catch (IOException e) {
    System.out.println("ファイル読取エラー ;"+e.getMessage());
}
```

```
ホスト名: localhost
loginMsg: ようこそ
```

loadFromXMLメソッドは、指定されたストリームをそのメソッドのなかで閉じますが、loadメソッドは閉じません。

システムプロパティを取得する

» java.lang.System

▼メソッド

getProperties	システムプロパティを取得する
getProperty	プロパティ値を取得する

書式
```
public static Properties getProperties()
public static String getProperty(String key
    [, String def])
```


引数 key：システムプロパティの名前、def：デフォルトの値

解説

これらのメソッドは、**システムプロパティ**を扱います。システムプロパティとは、現在の作業環境の特徴や属性を表すプロパティのセット(キーと値のペア)のことです。

getPropertiesメソッドでは、現在のシステムプロパティのキーと値のセットがPropertiesオブジェクトとして返されます。getPropertyメソッドは、キーを指定して値を取得します。

サンプル ▶ **SYGetSetPropertySample.java**

```
// システムプロパティをTreeMapにコピー
var map
    = new TreeMap<Object,Object>(System.getProperties());

// アルファベット順にキーと値を表示
map.forEach((k,v) -> {
    System.out.println(k + " = " + v);
});
```

⬇

```
file.encoding = UTF-8
file.separator = ¥
java.class.path =
java.class.version = 58.0
java.home = C:¥pleiades¥java¥14
java.io.tmpdir = C:¥Users¥ken¥AppData¥Local¥Temp¥
(以下略)
```

getPropertiesメソッドによって初期化されるシステムプロパティには、次のようなプロパティの値が必ず含まれます。

▼プロパティ一覧

キー	内容
java.class.path	Javaクラスパス
java.class.version	Javaクラスの形式のバージョン番号
java.compiler	使用するJITコンパイラの名前
java.ext.dirs	拡張ディレクトリのパス
java.home	Javaをインストールしたディレクトリ
java.io.tmpdir	一時ファイルが生成されるデフォルトのパス
java.library.path	ライブラリをロードするときに検索するパスのリスト
java.specification.name	Java Runtime Environmentの仕様名
java.specification.vendor	Java Runtime Environmentの仕様を定めたベンダ
java.specification.version	Java Runtime Environmentの仕様のバージョン
java.vendor	Java Runtime Environmentを開発したベンダ
java.vendor.url	JavaベンダのURL
java.version	Java Runtime Environmentのバージョン
java.vm.specification.name	Java仮想マシンの仕様名
java.vm.specification.vendor	Java仮想マシンの仕様を定めたベンダ
java.vm.specification.version	Java仮想マシンの仕様のバージョン
java.vm.name	Java仮想マシンの実装名
java.vm.vendor	Java仮想マシンを実装したベンダ
java.vm.version	Java仮想マシンの実装のバージョン
os.arch	オペレーティングシステムのアーキテクチャ
os.name	オペレーティングシステム名
os.version	オペレーティングシステムのバージョン
file.separator	ファイルを区切る文字(Linuxでは"/")
line.separator	行を区切る文字(Linuxでは"\n")
path.separator	パスを区切る文字(Linuxでは":")
user.dir	ユーザーの現在の作業ディレクトリ
user.home	ユーザーのホームディレクトリ
user.name	ユーザーのアカウント名

ZIP形式で圧縮されたファイルを解凍する

» java.util.zip.ZipInputStream

▼メソッド

closeEntry	ZIPエントリを閉じる
getNextEntry	次のエントリを取得する

書式

```
public void closeEntry()
public ZipEntry getNextEntry()
```

解説

ZipInputStreamクラスは、InflaterInputStreamクラスのサブクラスであり、readメソッド、skipメソッドなどのメソッドが、**ZIP形式**に合わせてオーバーライドされています。ただし、それらのメソッドの使用方法は同じです。

getNextEntryメソッドは、次のZIPファイルのエントリを読み取って返します。そして、ストリームをエントリデータの最初に配置します。次のZIPファイルのエントリがない場合には、nullを返します。

closeEntryメソッドは、現在のZIPエントリを閉じて、次のエントリを読み取るためのストリームを配置します。

注意　ZipInputStreamクラスを汎用的に利用する際には、いくつかの注意点があります。まずは、文字コードです。ZIPファイルに含まれるファイル名やパス名に日本語が含まれる場合は、コンストラクタの第2引数にその文字コード(UTF-8やMS932など)をCharsetオブジェクトで指定します。指定しない場合は、UTF-8と見なされます。次に、ZIPファイルに含まれるパス名のチェックです。ZipEntryオブジェクトのgetNameメソッドで取得できるファイル名には、ディレクトリパスが含まれる場合があります。そのため、何もチェックせずにディレクトリやファイルを作成すると、重要なファイルを上書きしてしまう可能性があります。パスを正規化して妥当性をチェックするようにしましょう。そして、解凍後に作成されるファイルのサイズとその数にも注意が必要です。巨大なファイルや圧縮ファイルをさらに圧縮した、悪意のある圧縮ファイル(いわゆるZIP爆弾と呼ばれるもの)をうかつに解凍すると、CPUやディスクのリソースが大量に消費される可能性があります。解凍しながら、ファイルサイズやエントリ数が妥当かどうかチェックするようにしましょう。

サンプル ▶ **InflateZIPFile.java**

```
// chap10ディレクトリにあるinfZipSample.zipを（パスを無視して）解凍する
try (var fin = new FileInputStream("chap10/infZipSample.zip");
        var zin = new ZipInputStream(fin, Charset.forName("MS932")))
{

    int sumsize = 0; // ファイルサイズの合計
    int entries = 0; // エントリ数

    // ZIP入力ストリームにあるエントリごとにファイルを作成し、内容を書き込む
    for (ZipEntry entry; (entry = zin.getNextEntry()) != null;) {
        if (200 < ++entries) { // エントリ数が200を超えたら異常にする
            throw new IOException("ファイル数異常");
        }
        // パスが含まれる場合でもファイル名だけにする
        var p = Paths.get(entry.getName()).getFileName();
        System.out.println("解凍ファイル:" + p);
        try (var fout = new FileOutputStream("chap10/" + p);
                var bout = new BufferedOutputStream(fout)) {

            var buf = new byte[256];
            for (int size;
                (size = zin.read(buf, 0, buf.length)) != -1;) {

                // ファイルサイズの合計が100Mbyteを超えたら異常にする
                if (100*1000*1000 < (sumsize += size)) {
                    throw new IOException("ファイルサイズ異常");
                }
                bout.write(buf, 0, size);
            }
            System.out.println("解凍終了");
            zin.closeEntry();
            bout.flush();
        }
    }
}
catch (IOException e) {
    e.printStackTrace();
}
```

ZIP形式でファイルを圧縮する

» java.util.zip.ZipOutputStream

▼メソッド

closeEntry	ZIPエントリを閉じる
putNextEntry	新規エントリを配置する

書式

```
public void closeEntry()
public putNextEntry(ZipEntry e)
```

引数 e：ZIPファイルに書き込むZIPエントリ

解説

ZipOutputStreamクラスは、DeflaterOutputStreamクラスのサブクラスであり、writeメソッド、finishメソッドなどのメソッドが、**ZIP形式**に合わせてオーバーライドされています。ただし、それらのメソッドの使用方法は同じです。また、ZIPファイルに各種の設定を行うためのメソッドも用意されています。

closeEntryメソッドは、現在開いているZIPエントリを閉じます。

putNextEntryメソッドは、新しいZIPファイルのエントリの書き込みを開始し、エントリデータの開始位置にストリームを配置します。現在のエントリがアクティブである場合には、それを閉じます。デフォルトの圧縮メソッドは、エントリに圧縮メソッドが指定されていない場合に使用されます。また、エントリに最終更新日が設定されていない場合には、現在時刻が使用されます。

サンプル ▸ **DeflateZIPFile.java**

```
// chap10ディレクトリにあるzipSample1.txtを、ZIPファイルに圧縮
String deflateFile = "chap10/zipSample1.txt";
try (FileOutputStream fout =
        new FileOutputStream("chap10/defZipSample.zip");
     // ZIPデータの出力先をファイル出力ストリームを用いて指定
     ZipOutputStream zout = new ZipOutputStream(fout);
     FileInputStream fin = new FileInputStream(deflateFile);
     BufferedInputStream bin = new BufferedInputStream(fin);) {

    // zipSample1.txtをZIPファイルのエントリに登録
    ZipEntry entry = new ZipEntry(deflateFile);
    zout.putNextEntry(entry);

    // bufにzipSample.txtの内容を読み込み、それをZIPファイルに書き込む
    byte[] buf = new byte[128];
    for (int size; (size = bin.read(buf, 0, buf.length)) != -1;) {
        zout.write(buf, 0, size);
    }
    System.out.println("書き込み終了");
    zout.closeEntry();   // エントリのクローズ
}
catch (IOException e) {
    e.printStackTrace();
}
```

⬇

```
書き込み終了
```

ロガーを作成する

» java.util.logging.Logger

▼ メソッド

getLogger　　ロガーを作成する

書式
```
public static Logger getLogger(String name
    [, String bundleName])
```

引数 name：ロガーの名前、bundleName：メッセージを地域化するためのリソースバンドルの名前

解説

getLoggerメソッドは、ロガーオブジェクトを作成します。ロガーは名前に基づいて管理されており、ロガーが指定された名前ですでに作成されている場合には、そのロガーが返されます。そうでない場合は、指定された名前のロガーを新しく作成します。

引数には、ログメッセージを地域化するためのリソースバンドルの名前を指定することもできます。

サンプル ▶ **GetLoggerSample.java**

```
// ロガー作成
Logger logger1 = Logger.getLogger("sample");
Logger logger2 = Logger.getLogger("sample");

// logger1とlogger2は、同じオブジェクト
System.out.println(logger1.equals(logger2)); // 結果：true
```

補足　ロガーの名前はどのような命名でもかまいませんが、通常はjava.netやjava.sqlといった、ログ出力するパッケージ名やクラス名に基づいた名前にします。

参照

「ログを簡易メソッドで出力する」 → P.615

ログを簡易メソッドで出力する

» java.util.logging.Logger

▼ メソッド

sever	致命的なエラーを出力する
warning	警告を出力する
info	重要情報を出力する
config	設定情報を出力する
fine	トレース情報を出力する
finer	詳細なトレース情報を出力する
finest	もっとも詳細なトレース情報を出力する

書式

```
public void sever(String msg)
public void warning(String msg)
public void info(String msg)
public void config(String msg)
public void fine(String msg)
public void finer(String msg)
public void finest(String msg)
```

引数 msg：メッセージ

解説

ログ出力を簡易に行うためのメソッドが用意されています。これらのメソッドは、それぞれの**ログレベル**のログを出力するために区分されています。

ログレベルとはそのログの深刻さを示す値で、通常はこの値もログに出力します。ログレベルは、java.util.logging.Levelクラスに定数として定義されています。次ページの表は、ログレベルを指定する定数の一覧です。

▼ログレベルを指定する定数

定数名	概要	デフォルトのハンドラで出力されるか
ALL	すべてのメッセージログを取ることを示す、特殊なレベル	
OFF	ログを出力しないようにするために使われる、特殊なレベル	
SEVERE	致命的な障害を示すメッセージレベル。正常なプログラムの実行を妨げる、重度の高いイベントを示す	○
WARNING	何らかの問題を示すメッセージレベル。エンドユーザーまたはシステム管理者が関心を持つ、または潜在的に問題となるイベントを示す	○
INFO	ログハンドラConsoleHandlerのデフォルトのログレベル。コンソールまたはそれに相当する出力先に出力すべき重要な情報を示す	○
CONFIG	CPUのタイプやグラフィックスのパフォーマンスなどの情報を示す。特定の構成に関連するデバッグに使うことを意図している	
FINE	プログラムの実行状況を追跡するための情報のなかでも、少量かつもっとも重要なものを提供する	
FINER	プログラムの実行状況を追跡するための情報を提供する。例外処理や、メソッドからの復帰を知らせるログなどに使われる	
FINEST	プログラムの実行状況を追跡するための、かなり詳細な情報を提供する	

サンプル ▸ **OutLogSample1.java**

```
// クラス名のロガー作成
Logger logger = Logger.getLogger(OutLogSample1.class.getName());

// ログの出力
logger.warning("WARNINGログの出力");
logger.log(Level.WARNING, "WARNINGログ出力");

// デフォルトのハンドラでは出力されない
logger.config("CONFIGログの出力");
logger.log(Level.CONFIG, "CONFIGログ出力");

// リソースバンドルを指定してロガー作成
Logger logger2 = Logger.getLogger("french","jp.wings.pocket.chap10.
LogResource_fr");

// ログの出力
logger2.severe("severe");
logger2.log(Level.WARNING, "warning");
```

⬇

```
警告: WARNINGログの出力 [金 5月 01 11:09:57 JST 2020]
警告: WARNINGログ出力 [金 5月 01 11:09:57 JST 2020]
重大: Je suis fatal [金 5月 01 11:09:57 JST 2020]
警告: Prévenir [金 5月 01 11:09:57 JST 2020]
```

サンプル ▸ **LogResource_fr.java**

```
// メッセージを地域化するためのリソースバンドル定義
public class LogResource_fr extends ListResourceBundle {
    //キーと値のペアを2次元配列で指定
    static final Object[][] error = {{ "severe", "Je suis fatal" },
        { "warning", "prévenir" }};

    //getContentsメソッドをオーバーライド
    protected Object[][] getContents(){ return error; }
}
```

Java SE 8では、Loggerクラスのログ出力メソッドの引数に、文字列だけでなく、文字列を返す関数型インターフェイスのオブジェクト(Supplier<String>オブジェクト)も指定可能になり、ラムダ式が使えるようになりました。ログを実際に出力するときだけラムダ式を評価しますので、無駄な文字列生成を避けることができます。

ログのハンドラを登録／削除／取得する

» java.util.logging.Logger

▼メソッド

addHandler	ハンドラを登録する
removeHandler	ハンドラを削除する
getHandlers	ハンドラを取得する

書式
```
public void addHandler(Handler handler)
public void removeHandler(Handler handler)
public Handler[] getHandlers()
```


引数 handler：ログのハンドラ

throws SecurityException
セキュリティマネージャが存在する場合に、呼び出し元で操作不許可のとき（getHandlers以外）

解説

addHandlerメソッドは、ロガーに**ログハンドラ**を追加登録します。ログハンドラとは、実際にログ出力を行うオブジェクトのことです。

ログハンドラは、デフォルトでは、**標準エラー**へ出力するハンドラが設定されています。これ以外にもログ出力を行いたい場合に、addHandlerメソッドを用います。

removeHandlerメソッドは、設定したハンドラを取り除きます。getHandlersメソッドは、登録したハンドラすべてを配列として返します。

ログハンドラは、標準で次のようなクラスが提供されています。

▼標準ログハンドラ

ハンドラクラス名	説明
ConsoleHandler	標準エラーに出力するハンドラ。デフォルトハンドラとして使用される
FileHandler	ローカルファイルシステムへ出力するハンドラ
SocketHandler	TCP/IP経由で別のサーバに転送するハンドラ
MemoryHandler	メモリに一定数のログを保持するハンドラ

「ログを出力する」 → P.619

ログを出力する

» java.util.logging.Logger

▼ メソッド

log ログを出力する

書式
```
public void log(Level level, String msg
    [, Object param1|Object[] params | Throwable thrown])
public void log(LogRecord record)
```

引数 level：ログのレベル、msg：メッセージ、param1：ログメッセージの関連情報を与えるオブジェクト、params：ログメッセージの関連情報を与えるオブジェクトの配列、thrown：ログメッセージに関連したThrowableオブジェクト、record：通知されるLogRecordオブジェクト

解説

logメソッドは、指定された**ログレベル**とメッセージを出力します。その際に、ログの情報として、オブジェクトやオブジェクトの配列、ログに関連する例外などを指定できます。また、LogRecordオブジェクトを指定することもできます。

ログメッセージは、通常のメッセージの他に、リソースバンドルで定義したキーを指定できます。その場合、ロガーに設定したリソースバンドルに、指定したキーのマッピングが含まれていれば、ローカライズされた値で置換されます。

サンプル ▸ **OutLogSample2.java**

```
// クラス名のロガー作成
Logger logger = Logger.getLogger(OutLogSample2.class.getName());
try {
    // ファイル出力ハンドラの作成
    FileHandler handler = new FileHandler("chap10/sample.log");

    // ファイル出力ハンドラの追加
    logger.addHandler(handler);

    // ハンドラ名の列挙
    for (Handler h : logger.getHandlers())
        System.out.println("追加ハンドラ: " +
            h.getClass().getName());
```

```
        // ログの出力
        logger.warning("WARNINGログの出力");

        // ハンドラ削除
        logger.removeHandler(handler);
        // 以下はファイルに出力されない
        logger.log(Level.SEVERE, "SEVERログ出力");
    }
    catch (java.io.IOException e) {
    }
```

⬇

```
追加ハンドラ: java.util.logging.FileHandler
警告: WARNINGログの出力 [金 5月 01 11:11:48 JST 2020]
重大: SEVERログ出力 [金 5月 01 11:11:48 JST 2020]
```


sample.logには、XML形式で次の内容が出力されています。

```
<?xml version="1.0" encoding="UTF-8" standalone="no"?>
<!DOCTYPE log SYSTEM "logger.dtd">
<log>
<record>
  <date>2020-05-01T02:11:48.150398100Z</date>
  <millis>1588299108150</millis>
  <nanos>398100</nanos>
  <sequence>0</sequence>
  <logger>jp.wings.pocket.chap10.OutLogSample2</logger>
  <level>WARNING</level>
  <class>jp.wings.pocket.chap10.OutLogSample2</class>
  <method>main</method>
  <thread>1</thread>
  <message>WARNINGログの出力</message>
</record>
```

LogRecordクラスは、1組のログレベルとメッセージの値を持つクラスで、実際にログ出力を行うオブジェクトにログ情報を渡すために用います。

外部コマンドを実行する

» java.lang.Runtime

▼ メソッド

exec コマンドを実行する

書式
```
public Process exec(String command[, String[] envp
    [, File dir]])
public Process exec(String[] cmdarray[, String[] envp
    [, File dir]])
```

引数 command：システムコマンド名、envp：環境変数の配列、dir：作業ディレクトリ、cmdarray：実行するコマンドと引数を含む配列

throws IOException
ファイルの入出力でエラーが発生したとき

解説

Runtimeクラスのexecメソッドは、指定されたコマンドを独立したプロセスで実行します。パラメータの異なるものが提供されているので、コマンドや実行環境に応じて使い分けます。

execメソッドの戻り値は、新たに生成されたプロセスを表すjava.lang.Processオブジェクトとなります。

なお、Runtimeオブジェクトの生成には、スタティックメソッドのgetRuntimeメソッドを用います。

サンプル ▶ ExecSample.java
```
// メモ帳の起動
try {
    Runtime.getRuntime().exec("notepad.exe");
}
catch (IOException e) {
    e.printStackTrace();
}
```

Processクラスのdestroyメソッドでプロセスの終了、waitForメソッドでプロセスが実行終了するまで待機できます。

新規プロセスを起動する

» java.lang.ProcessBuilder

▼ メソッド

command	プログラムを設定する
start	プログラムを起動する

書式

```
ProcessBuilder(List<String> command | String ... command)
public ProcessBuilder command(List<String> command |
    String ... command)
public List<String> command()
public Process start()
```


引数 command：プログラムとプログラムの引数を含む文字列配列

throws IOException
ファイルの入出力でエラーが発生したとき（startのみ）

解説

ProcessBuilderクラスは、**外部プログラム**の実行に使用します。Runtimeクラスに比べて、より簡単に外部プログラムの引数を指定できます。

外部プログラムの実行は、はじめにcommandメソッドでコマンドを指定し、その後、startメソッドにより、プロセスの起動を行います。

commandメソッドには、起動するプログラム名とプログラムに渡す引数を指定します。引数の指定には可変長引数も利用でき、任意の数の引数を設定することができます。

commandメソッドの代わりに、ProcessBuilderのコンストラクタでコマンドを指定することも可能です。

サンプル ▸ ProcessBuilderSample.java

```
// 引数を指定してコマンドを実行し、終了まで待機
ProcessBuilder pb =
    new ProcessBuilder("notepad.exe", "sample.txt");
try {
    // 起動
    Process p = pb.start();
    // 終了待機
    int ret = p.waitFor();
    System.out.println(ret); // 結果：0
}
```

コマンドの実行結果をパイプで取得する

» java.lang.Process

▼メソッド

getInputStream　　InputStreamの取得

書式 `public abstract InputStream getInputStream()`

解説

Process.getInputStreamメソッドは、子プロセスの標準出力に接続された入力ストリームを取得します。ProcessBuilderで生成された子プロセスの標準出力は、デフォルトでは、パイプに書き込まれます。親プロセスは、そのパイプの出力を入力ストリームを使って取得します。

サンプル ▸ **ProcessBuilderSample2.java**

```
// 引数を指定してpingコマンドを実行し、終了まで待機する
var pb = new ProcessBuilder("ping", "127.0.0.1");
pb.inheritIO();
try {
    var p = pb.start();
    p.waitFor();

    try (BufferedReader br = new BufferedReader(
    new InputStreamReader(p.getInputStream(),"windows-31j"))) {
                                // Windows環境では文字コードの指定が必要

        // ping結果を出力する
        br.lines().forEach(System.out::println);
    }
} catch (IOException | InterruptedException e) {
    e.printStackTrace();
}
```

参照

「コマンドの実行結果をリダイレクトする」 → P.624
「コマンドの実行結果を標準出力に出力する」 → P.626
「プロセスの実行にタイムアウトを設定する」 → P.627

コマンドの実行結果をリダイレクトする

» java.lang.ProcessBuilder

▼メソッド

redirectOutput	標準出力先の設定
redirectError	標準エラー出力先の設定
redirectErrorStream	標準エラー出力のマージ設定

書式

```
public ProcessBuilder redirectOutput(File file)
public ProcessBuilder redirectOutput(
    ProcessBuilder.Redirect destination)
public ProcessBuilder redirectError(File file)
public ProcessBuilder redirectError(
    ProcessBuilder.Redirect destination)
public ProcessBuilder redirectErrorStream(
    boolean redirectErrorStream)
```

引数 file：出力先ファイル、destination：出力先、
redirectErrorStream：エラー出力をマージするか否か

解説

ProcessBuilder.redirectOutput／redirectErrorメソッドは、子プロセスの標準出力／標準エラー出力の出力先を設定します。引数にFileオブジェクトを指定すると、そのファイルに上書きされます。デフォルトでは、Redirect.PIPEを指定したことになります。ProcessBuilder.Redirectクラスでは、以下の値が定義されています。

▼ProcessBuilder.Redirectの定義

定義値	意味
Redirect.PIPE	パイプにする（デフォルト）
Redirect.INHERIT	親プロセスと同じにする
Redirect.from(File)	ファイルに上書きする
Redirect.appendTo(File)	ファイルに追記する

redirectErrorStreamメソッドでは、標準エラー出力を、標準出力にマージするかどうか設定できます。引数にtrueを指定すると、マージされます。

サンプル ▶ **ProcessBuilderSample3.java**

```
// 引数を指定してpingコマンドを実行し、終了まで待機する
var pb = new ProcessBuilder("ping", "127.0.0.1");

// 標準エラー出力を標準出力にマージする
pb.redirectErrorStream(true);

// 出力のリダイレクト先を指定する
pb.redirectOutput(Paths.get("ping.log").toFile());

try {
    var p = pb.start();
    p.waitFor();

} catch (IOException | InterruptedException e) {
    e.printStackTrace();
}
```

参考　引数にFileオブジェクトを指定すると、redirectOutput(Redirect.to(file)) と同じ動作になります。

「コマンドの実行結果をパイプで取得する」 → P.623
「コマンドの実行結果を標準出力に出力する」 → P.626
「プロセスの実行にタイムアウトを設定する」 → P.627

コマンドの実行結果を標準出力に出力する

» java.lang.ProcessBuilder

▼メソッド

inheritIO	標準入出力を親プロセスと同じにする

書式 `public ProcessBuilder inheritIO()`

解説

inheritIOメソッドは、子プロセスの標準出力、標準エラー出力、標準入力を、親プロセスと同じにします。

サンプル ▶ **ProcessBuilderSample4.java**

```
// 引数を指定してコマンドを実行する
var pb = new ProcessBuilder("java", "-version");

// 標準入出力を親プロセスと同じにする
pb.inheritIO();

try {
    var p = pb.start();
    p.waitFor();

} catch (IOException | InterruptedException e) {
    e.printStackTrace();
}
```

⬇

```
openjdk version "14" 2020-03-17
OpenJDK Runtime Environment AdoptOpenJDK (build 14+36)
OpenJDK 64-Bit Server VM AdoptOpenJDK (build 14+36, mixed mode,
sharing)
（逐次出力される）
```

コマンドプロンプトでの実行と同じような動作になります。

参照

「コマンドの実行結果をパイプで取得する」 → P.623
「コマンドの実行結果をリダイレクトする」 → P.624
「プロセスの実行にタイムアウトを設定する」 → P.627

プロセスの実行にタイムアウトを設定する

» java.lang.Process

▼ メソッド

waitFor	子プロセスの完了を待機する
isAlive	子プロセスの実行中を判定する

書式
```
public abstract int waitFor()
public boolean waitFor(long timeout, TimeUnit unit)
public boolean isAlive()
```

引数 timeout：タイムアウト値、unit：時間単位

throws InterruptedException
割り込み例外が発生したとき
NullPointerException
unitがnullのとき

解説

Process.waitForメソッドは、子プロセスの実行が完了されるまで待機します。引数がない場合、戻り値は、子プロセスが返す値になります。

waitForメソッドの引数にタイムアウトが指定された場合は、最大指定された時間まで待機します。指定時間内に終わらないときは、戻り値がfalseになり、時間内に完了した場合は、trueになります。

なお、子プロセスが実行中かどうかは、isAliveメソッドの戻り値で判定できます。実行中なら、true、完了していれば、falseとなります。

サンプル ▸ **ProcessBuilderSample5.java**

```java
// 引数を指定してコマンドを実行する()
var pb = new ProcessBuilder("ping", "127.0.0.1", "-n", "10");

pb.redirectErrorStream(true);
pb.redirectOutput(Paths.get("ping.log").toFile());

try {
    var p = pb.start();

    // 3秒でタイムアウト
    var r = p.waitFor(3, TimeUnit.SECONDS);

    System.out.println("実行中：" + p.isAlive());
    System.out.println("時間内に完了したかどうか：" + r);
    if (!r) { // タイムアウト時は終了させる
        p.destroy();
        System.out.println("実行中：" + p.isAlive());
    }

} catch (IOException | InterruptedException e) {
    e.printStackTrace();
}
```

⬇

```
実行中：true
時間内に完了したかどうか：false
実行中：false
```

タイムアウトしても、子プロセスは強制終了とはなりません。タイムアウトに合わせて即座に終了させたい場合は、Process.destroy()を呼び出します。

参照

「コマンドの実行結果をパイプで取得する」 → P.623
「コマンドの実行結果をリダイレクトする」 → P.624
「コマンドの実行結果を標準出力に出力する」 → P.626

JavaCompilerインスタンスを取得する

» javax.tools.ToolProvider

▼メソッド

getSystemJavaCompiler　コンパイラを取得する

書式 `public static JavaCompiler getSystemJavaCompiler()`

解説

getSystemJavaCompilerメソッドは、このプラットフォームに付属しているJavaコンパイラを取得します。

サンプル ▶ CompilerAPISample.java

```
public void CompilerTest() {
    // JavaCompilerインスタンスを取得する
    JavaCompiler compiler = ToolProvider.getSystemJavaCompiler();
    if (compiler == null) {
        System.out.println("サポートしていません");
        // Eclispseのプロジェクト設定でライブラリにJREを指定していると
        // エラーになる。JDKを指定すること。
        return;
    }
    // 対応しているバージョンを示すSourceVersionを表示
    System.out.println(compiler.getSourceVersions());
}

public static void main(String[] args) {
    new CompilerAPISample().CompilerTest();
}
```

⬇

```
[RELEASE_3, RELEASE_4, RELEASE_5, RELEASE_6, RELEASE_7, RELEASE_8,
RELEASE_9, RELEASE_10, RELEASE_11, RELEASE_12, RELEASE_13, RELEASE_
14]
```

コンパイルする

» javax.tools.ToolProvider

▼ メソッド

run	コンパイルする

書式 `int run(InputStream in, OutputStream out, OutputStream err, String ... arguments)`

引数 in：標準入力（nullの場合はSystem.in）、out：標準出力（nullの場合はSystem.out）、err：標準エラー（nullの場合はSystem.err）、arguments：コンパイラに渡される引数

解説

runメソッドは、**コンパイラ**(javacコマンド)を起動します。第1引数は、javacの標準入力とするInputStream、第2引数はjavacの標準出力となるOutputStream、第3引数はjavacの標準エラーとなるOutputStreamを指定します。これらにnullを指定すると、System.in、System.out、System.errが使用されます。第4引数以降は、javacのオプションで、**可変長引数**です。なお、戻り値もjavacの戻り値と同じく、正常終了なら0となります。

サンプル ▶ **CompilerAPIRunSample.java**

```
// JavaCompilerインスタンスを取得する
JavaCompiler compiler = ToolProvider.getSystemJavaCompiler();
if (compiler != null) {
    // ソースファイルの指定
    File f = new File("src/jp/wings/pocket/chap10/CompilerAPISample.
java");
    // クラスファイルの位置
    File b = new File("bin");
    String[] args2 = { "-d", b.getAbsolutePath(),
        f.getAbsolutePath() };
    // コンパイル
    compiler.run(null, null, null, args2);
    // コンパイルしたクラスの生成
    Class<?> test =
        Class.forName("jp.wings.pocket.chap10.CompilerAPISample");
    // メソッドの一覧が表示される
    for (Method m : test.getMethods()) {
        System.out.println(m.getName());
    }
}
```

Java プログラムを コンパイルする

書式 `javac [ options ] [ sourcefiles ] [ @argfiles ]`

パラメータ options：コマンドオプション、sourcefiles：コンパイルするソースファイル、@argfiles：オプションとソースファイルを列挙したファイル

解説

javacコマンドは、Javaプログラムのソースファイルをコンパイルして、クラスファイルを生成します。ソースファイルには、拡張子.javaを付けます。またクラスのファイル名には、.classという拡張子が付加されます。

コマンドのパラメータには、コンパイル方法を制御するオプション、コンパイルするソースファイル名、コンパイルするファイル名とオプションを列挙したコンパイル用ファイルを任意の順番で指定可能です。

パラメータのsourcefilesには、1つ以上のファイルを空白で区切って指定することができます。また、ワイルドカードを使って、たとえば、*.javaという指定も可能です。

コンパイル用ファイルには、1つ以上のソースファイル名、オプションを改行または空白で区切って記述します。

Java 9以降のモジュールシステムに対応したソースをコンパイルする場合は、コンパイルするソースファイルに、module-info.javaを加えます。また、作成済みのモジュールを利用する場合は、module-pathオプションを使って、そのモジュールのある場所を指定します。

javacコマンドの主なオプションを、次表にまとめました。

▼javacコマンドの主なオプション

オプション	内容
-cp path -classpath path	関係するクラスファイルまたはソースファイル(-sourcepathオプションが指定されていない場合)を検索するクラスパスを設定する。複数のパスを指定する場合は、セミコロン(;)で区切る。-cpまたは-classpathオプション、環境変数CLASSPATH、いずれも指定しない場合は、現在のディレクトリ(.)で検索が行われる。なおオプションのクラスパス指定は、環境変数より優先する
-sourcepath sourcepath --source-path sourcepath	関係するソースファイルを検索するパスを指定する。-classpathと同様に、複数のパスを指定する場合には、セミコロン(;)で区切る
-d directory	クラスファイルを生成するディレクトリを指定する。package文によりクラスがパッケージの一部として定義されている場合、必要に応じてパッケージの階層に対応するディレクトリを作成し、そこにクラスファイルを生成する。-dを指定しない場合には、ソースファイルと同じディレクトリにクラスファイルが生成される
-source release --source release	受け付けるソースコードのバージョンを指定する。releaseには次のバージョン番号を指定できる。デフォルトは、14。 ・7、8、9、10、11、12、13、14
--release release	指定されたJavaSEのバージョンでコンパイルする。releaseには次のバージョン番号を指定できる。デフォルトは、14。 ・7、8、9、10、11、12、13、14
-p path --module-path path	アプリケーションモジュールを検索する位置を指定する
-help --help -?	コマンドのオプション情報を表示する
-deprecation	推奨されないクラスやメソッドが使用されている場合に、その旨を通知するように指定する
-verbose	コンパイルに関する詳細な情報を表示する

用例

パッケージ指定

```
>javac PocketPackage¥HelloWorld.java
```

出力先、クラスパス指定

```
>javac -d c:¥test -classpath .;c:¥javalib¥mylib.jar HelloWorld.java
```

モジュールシステムの場合

```
>javac --module-path c:¥javamod¥sample.jar module-info.java sample.
java
```

Java プログラムを実行する

書式 `java [options] classfile [args ...]`

パラメータ options：コマンドオプション、classfile：実行するJavaプログラムのクラスファイル、args：プログラムのmain()メソッドに渡す引数

解説

javaコマンドは、指定されたクラスをロードし、プログラムを実行します。実行するプログラムは、main()メソッドを含むJavaアプリケーションです。

パラメータのclassfileには、実行するクラスファイル名またはJARファイル名を指定します。クラスファイルの場合は、拡張子.classを付けずに指定します。JARファイルの場合は、-jar somefile.jarのように、必ず-jarオプションと共に指定します。

なおモジュールシステムを利用している場合は、--module-pathオプションで、モジュールのJARファイルやclassファイルを指定します。また、ルートモジュールを、--moduleオプションで指定します。

パラメータargsには、main(String[] args)メソッドに引数として渡す値を、空白で区切って指定します。この引数が、配列argsに順番に格納されます。

次の表は、javaで使用する主なオプションをまとめたものです。

▼javaコマンドの主なオプション

オプション	内容
-classpath classpath -cp classpath --class-path classpath	関係するクラスファイルを検索するディレクトリ、JARファイル、ZIPファイルを指定する。複数のパスを指定する場合には、セミコロン(;)で区切る。このオプションで指定したクラスパスは、環境変数CLASSPATHより優先する。-classpath、-cpオプション、環境変数いずれも指定しない場合、現在のディレクトリ(.)で検索が行われる
-p modulepath --module-path modulepath	モジュールのあるディレクトリ、JARファイルを指定する
-version -showversion	Javaのバージョン情報を表示する
-jar jar	JARファイルにカプセル化されたプログラムを実行する
-m module --module module	指定されたモジュールのメインクラスを実行する
-help -h -?	コマンドのオプション情報を表示する
-Dproperty=value	プログラムに必要なシステムプロパティの値を指定する。valueに空白を含む文字列を指定する場合には、二重引用符(" ")で囲む
-verbose	ロードされたクラスやモジュールに関する情報を表示する

用例

パッケージ指定

```
PocketPackage.HelloWorld
```

jarファイルの起動

```
java -jar Test.jar
```

パラメータ指定して起動

```
java -jar Test "こんにちは"
```

モジュールシステムの場合

```
java --module-path ../sample.jar --module jp.wings.www.Sample
```

JARファイルを作成/管理する

書式 `jar [options] files ...`

パラメータ options：オプション、files：JARファイルに含めるファイル名

解説

jarコマンドは、JARファイルの作成や管理を行うためのコマンドです。Javaでは、複数のファイルをディレクトリ構造を含めてZIP形式で圧縮したJARファイルをサポートしています。

次の表は、jarコマンドで使用する主なオプションをまとめたものです。

▼jarコマンドの主なオプション

オプション	内容
-c --create	新しいJARファイルまたは空のJARファイルを作成し、ファイルを追加する
-u --update	既存のJARファイルを更新する
-x --extract	JARファイルに含まれるファイルを抽出する。抽出するファイルを指定しない場合は、すべてのファイルが抽出される
-t --list	JARファイルの内容を表形式で一覧表示する
-f file --file file	対象となるJARファイルのファイル名を指定する。このオプションを指定しない場合は、標準入力または標準出力を指定したものと見なされる
-C dir	指定したディレクトリに含まれるファイルが再帰的にJARファイルに追加される
-e --main-class	jarのエントリポイントを指定する
-m --manifest	指定のマニフェストファイルからマニフェスト情報を取り込む

用例

複数のクラスファイルを含むsamples.jarを作成する

```
>jar -c -f samples.jar sample1.class sample2.class
```

従来のjarを、モジュールシステム用のjarに更新する

```
>jar -u -f foo.jar -e jp.wings.foo.Main -C foo/ module-info.class
```

注意 module-info.classファイルが、指定のディレクトリのルート、またはjarアーカイブ自体のルートにある場合、モジュールシステムのjarとなります。

JMODファイルを作成／管理する 9

書式 jmod (create | extract | list | describe | hash) [options] jmod-file

パラメータ create, extract, list, describe, hash：操作モード、options：オプション、jmod-file：作成や情報元となるJMODファイル

解説

jmodコマンドは、JMODファイルの作成や管理を行うためのコマンドです。

JMODファイルとは、Java 9から追加された、モジュール単位でクラスファイルやリソースなどをZIP形式で圧縮したファイルです。JARファイルと似ていますが、JMODファイルは、Javaのコンパイル時(特にjlinkコマンドを使ったコンパイル)だけに使用するファイルです。JARファイルのように、直接ファイルを参照して実行することはできません。

次の表は、jmodコマンドで使用する操作モードと、主なオプションをまとめたものです。

▼jmodコマンドの操作モード

操作モード	内容
create	JMODファイルを新規作成する
extract	JMODファイルからすべてのファイルを抽出する
list	JMODファイルに含まれるすべてのファイル名を表示する
describe	モジュールの詳細を出力する
hash	モジュール間の依存関係をハッシュとして記録する

▼jmodコマンドの主なオプション

オプション	内容
--class-path path	JMODファイルに含める、JARファイルまたはクラスファイルが格納されている場所を指定する
--cmds path	JMODファイルに含める、環境依存のコマンドの場所を指定する
--config path	JMODファイルに含める、構成ファイルの場所を指定する
--dir path	指定のJMODファイルから抽出するファイルを置く場所を指定する
--header-files path	JMODファイルに含める、ヘッダファイルの場所を指定する
--libs path	JMODファイルに含める、環境依存のライブラリの場所を指定する
--main-class class-name	module-info.classファイルに記録するメインクラスを指定する
@filename	操作コマンドとオプションが記述されたファイルを読み込む

用例

モジュール化したJARファイルからsamples.jmodを作成する

```
>jmod create --class-path ./libs/sample.jar sample.jmod
```

JMODファイルに含まれるすべてのファイル名を表示する

```
>jmod list jp.wings.sample.jmod
```

Java 9以降は、Java自体もモジュール化されていて、JDKには多くのJMODファイルが含まれています。

COLUMN

オンラインでJavaを実行する

Java SE 9から、コマンドラインでJavaコードを実行できるJShellが提供されていますが、もっと手軽にオンラインで、ブラウザからJavaを実行できるサイトがあります。またJava以外の言語にも対応していますので、ちょっとしたコードのテストや、プログラミング言語を試してみたい、といった用途に便利です。

- JDoodle
  https://www.jdoodle.com/online-java-compiler/
- Paiza.io
  https://paiza.io/en/projects/new?language=java

JShellでJavaコードを実行する 9

書式 jshell [options] [load-files]

パラメータ options：オプション、load-files：起動時に実行するスクリプト

解説

jshellコマンドは、Java 9から提供されているJShellツールを起動するコマンドです。JShellでは、Javaのコードを1行ずつ対話的に実行でき、クラスの宣言やコードが即座に評価されて、結果が出力されます。

通常のJavaでは、プログラムコードを記述したファイルをコンパイルしてclassファイルを作成し、それを実行する必要があります。ちょっとしたコードを試したい場合でも手順が多くなりますが、JShellでは、必要なコードを入力するだけで、すぐに実行結果が得られます。クラス定義やmainメソッドを省略可能で、1行だけなら、セミコロンも省略できます。

次の表は、JShellの起動後に利用できるコマンドをまとめたものです。

▼JShellの主なコマンド

コマンド	内容
/list	入力したソースを表示する
/edit	名前またはIDで参照されるソースエントリを編集する
/drop	名前またはIDで参照されるソースエントリを削除する
/save	指定したファイルにスニペットソースを保存する
/open	ソースファイルを開く
/vars	宣言された変数とその値を表示する
/methods	宣言されたメソッドとその署名を表示する
/types	宣言された型表示する
/imports	インポートされたアイテムを表示する
/exit	jshellを終了する
/reset	jshellをリセットする
/reload	リセットして入力された履歴を再実行する
/classpath	クラスパスにパスを追加する
/history	入力した履歴を表示する
/help、/?	jshellに関する情報を表示する
/set	jshellの構成情報を設定する
/retain	後続のセッションに対してjshell構成情報を保持する
/!	最後のスニペットを再実行する
/id	IDでスニペットを再実行する
/-n	n回前のスニペットを再実行する

用例

JShellを起動して、Hello Worldを出力する

```
>jshell
|  JShellへようこそ -- バージョン14
|  概要については、次を入力してください: /help intro

jshell> System.out.println("Hello World")
Hello World

jshell> /list

   1 : System.out.println("Hello World")

jshell> /exit
|  終了します

>
```

JShellでは、ファイルに記述されたJavaコードも実行できます。ただし、その場合は、ファイルの最後に/exitという終了コマンドが必要です。これがないと、JShellが起動したままになってしまいます。

独自のランタイムファイルを作成する 9

書式 jlink [options] --module-path modulepath --add-modules module [, module...]

パラメータ options：オプション、modulepath：モジュールのパス、module：追加するモジュール

解説

jlinkコマンドは、モジュールとその依存性を解析し、個別のランタイムファイル(JRE)を作成します。jlinkコマンドを使えば、アプリケーションで使用しているモジュールのみのランタイムファイルが作成できます。Javaがインストールされていない環境でも、このランタイムと実行ファイル(JARファイルなど)を配布すれば、アプリケーションを実行することができます。

次の表は、jlinkコマンドの主なオプションをまとめたものです。

▼jlinkコマンドの主なオプション

オプション	内容
--add-modules mod [, mod...]	指定モジュールを追加する
-p modulepath --module-path modulepath	モジュールパスを指定する。デフォルトのモジュールパスは、$JAVA_HOME/jmods
--no-header-files	ヘッダファイルを除外する
--no-man-pages	マニュアルページを除外する
--output path	出力先を指定する
@filename	オプションが記述されたファイルを読み込む

用例

java.baseモジュールのみのランタイムsamples.jreを作成する

```
>jlink --add-modules java.base --output sample.jre
```

APIドキュメントを作成する

書式 `javadoc [options] [packages] [sources] [@argfiles]`

パラメータ options：コマンドオプション、packages：ドキュメントを作成するパッケージ名、sources：ドキュメントを作成するソースファイル名、@argfiles：オプション、ソースファイル、パッケージを記述したファイル

解説

javadocコマンドは、Javaのソースファイルに記述された特定の形式のコメント(/** ～ */)からドキュメントを作成します。公式サイトのAPIドキュメントも、javadocコマンドによって作成されたものです。

javadocは、パッケージ全体または個々のソースファイルに対して実行可能です。個々のソースファイルを指定する場合には、拡張子.javaを付けてファイル名を指定します。

次の表に、javadocで使用する主なオプションをまとめました。

▼javadocコマンドの主なオプション

オプション	内容
-d directory	生成されるHTMLファイルを保存するディレクトリを指定する。指定しない場合、カレントディレクトリに保存される
-classpath classpath	関係するクラスファイルまたはソースファイル(-sourcepathオプションが指定されていない場合)を検索するクラスパスを設定する
-sourcepath sourcepath	関係するソースファイルを検索するパスを指定する
-verbose	処理に関する詳細な情報を表示する
-author	作成者情報を表示する
-version	バージョン情報を表示する
-private	privateメソッドも含めて表示する
-encoding encode	ソースファイルのエンコードを指定する(UTF-8、SJISなど)
-docencoding encode	作成されたjavadocのエンコードを指定する(UTF-8、SJISなど)
--module module	指定されたモジュールをドキュメント化する
--module-path path	モジュールを検索する位置を指定する
--module-source-path path	モジュールの入力ソースファイルを検索する位置を指定する

用例

ソースディレクトリを指定する

```
>javadoc -sourcepath c:¥test¥APP sample
```

詳細な情報を表示する

```
>javadoc -verbose -sourcepath c:¥test¥APP sample
```

Eclipseでのテスト準備

JUnitでは、テストの対象となるクラスやメソッドに対するテストのコードを作成し、それを実行します。テストコードは、通常のソースフォルダ(src)と分けるのが一般的です。Eclipseでは、メニューの[ファイル]-[新規]-[ソース・フォルダー]を選択し、testフォルダを作成します。このフォルダにテスト用のクラス(テストクラス)を作成します。

本書でのテスト対象のクラスは、srcフォルダのCalculate.java、CalculateDate.javaとしています。

サンプル ▶ **Calculate.java**


```
class Calculate {
    // 引数で渡された値の合計を返す
    public int sum(int... nums) {
        if (nums.length == 0) {
            return -1; // 引数が空のときは、-1を返す
        }
        return Arrays.stream(nums).sum();
    }

    // 引数で渡された値の平均を返す
    public double avg(int ... nums) {
        return Arrays.stream(nums).average().getAsDouble();
        // 値がないときは、NoSuchElementExceptionがスローされる
    }
}
```

サンプル ▶ **CalculateDate.java**

```
class CalculateDate {

    LocalDate start; // 開始日
    LocalDate end;   // 終了日

    DateTimeFormatter fmt =
        DateTimeFormatter.ofPattern("yyyy/MM/dd HH:mm:ss");

    // 年月日の文字列からLocalDateを生成する
    private LocalDate parse(String s) {
        return LocalDate.parse(s + " 00:00:00", fmt);
    }

    public CalculateDate(String s, String e) {
        this.start = parse(s);
        this.end =  parse(e);
    }

    // 指定期間内かを判定する
    public boolean between(String s) {
        return !(start.isAfter(parse(s)) || end.isBefore(parse(s)));
    }
}
```

Eclipseでのテストクラスの作成と実行

テストクラスの作成は、Eclipseのパッケージ・エクスプローラーで、テスト対象のクラスを選択し、右クリックで表示されるメニューから、[新規]-[その他]-[JUnit テストケース]を選びます。

次にテストクラス作成用のダイアログが表示されますので、[新規 JUnit Jupiter テスト]を選び、ソースフォルダをtestに変更します。

▼新規JUnitテスト・ケース

ここで完了ボタンをクリックすると、次のようなテストクラスのひな形が生成されます。

サンプル ▶ **CalculateTest.java**

```
package jp.wings.pocket.chap10;

import static org.junit.jupiter.api.Assertions.*;

import org.junit.jupiter.api.Test;

class CalculateTest {

    @Test
    void test() {
        fail("まだ実装されていません");
    }
}
```

@Testというアノーテーションが付加されたメソッドが、テストを実行するメソッドとなります。テストの実行は、パッケージ・エクスプローラーで、テストクラスを選択し、右クリックで表示されるメニューから、[実行]-[JUnit テスト]を選びます。

テストが実行されると、次のようなJUnitビューが表示されます(CalculateTest1.javaの実行例)。テストの実行回数、エラー数、失敗数の表示などがわかるようになっています。

▼JUnitビュー

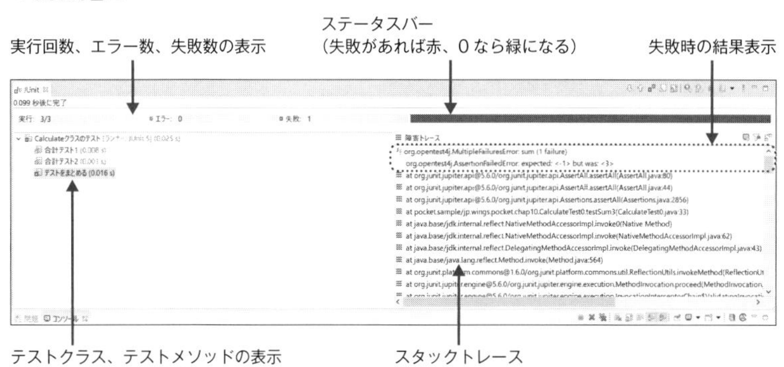

テストケースを設定する

» org.junit.jupiter.api

▼アノテーション

@Test	テストを実行するメソッドを指定する
@DisplayName	テストクラスやメソッドに表示用の名前をつける
@BeforeEach	各テストメソッドの実行前に実行される
@BeforeAll	テストメソッドの実行前に1度だけ実行される
@AfterEach	各テストメソッドの実行後に実行される
@AfterAll	テストメソッドの実行後に1度だけ実行される
@Disabled	テストを無効化する

解説

JUnitでは、テスト用メソッドやクラスの前に、アノテーションを追加することで、テストのコードを制御します。

@Testアノテーションは、そのメソッドがテストを実行するメソッドであることを示します。@DisplayNameアノテーションをつけると、テスト結果を表示する際に、独自の名前で表示します。@Disabledアノテーションは、@Testアノテーションが付加されていても、テストクラスやテストメソッドの実行を無効化します。

@Before～、@After～アノテーションは、テストメソッドの実行前、実行後に実行したいメソッドに付加します。

次のサンプルは、Calculateクラスのメソッドをテストする例です。

サンプル ▶ **CalculateTest1.java**

```
@DisplayName("Calculateクラスのテスト")
class CalculateTest1 {

    Calculate calc = null;

    @BeforeEach      // 各テストの前に毎回実行する
    void init() {
        calc = new Calculate();
    }

    @Test
    @DisplayName("合計テスト1")
    void testSum1() {
        assertEquals(3, calc.sum(1,2));
    }
}
```

注意

@Test、@BeforeAll、@AfterAll、@BeforeEach、@AfterEachアノテーションが付与されたメソッドは、戻り値を返せません。また、@BeforeAll、@AfterAllアノテーションを付与するメソッドは、静的メソッドである必要があります。

アサーションを追加する

» org.junit.jupiter.api.Assertions

▼ メソッド

assertEquals	結果が期待値と同じことを検証する
assertNotEquals	結果が期待値と異なっていることを検証する

書式
```
public static void assertEquals(int exp, int act
    [, String message])
public static void assertNotEquals(int exp, int act
    [, String message])
```


引数 exp：期待する値、act：実行結果、message：失敗時に表示する文字列

解説

JUnitでは、テストを実行した結果などを、検証用メソッド(**アサートメソッド**)を用いて確認します。この処理のことを**アサーション**と呼びます。

assertEquals／assertNotEqualsメソッドは、メソッドをテスト実行して、その結果が期待値と同じかどうか／異なっているかを検証します。なお、第1引数、第2引数のデータ型は、intだけではなく、各プリミティブ型、Object型などが定義されています。

サンプル ▸ **CalculateTest1.java**

```
@Test
@DisplayName("合計テスト1")
void testSum1() {
    // calc.sum(1,2)の結果が、3であることを検証する
    assertEquals(3, calc.sum(1,2));
}
@Test
@DisplayName("合計テスト2")
void testSum2() {
    // calc.sum(1,2)の結果が、-1でないことを検証する
    assertNotEquals(-1, calc.sum(1,2));
}
```

次の表は、Assertionsクラスの主なアサートメソッドをまとめたものです。

▼主なアサートメソッド

メソッド名	検証内容
assertEquals	期待値と結果が同じ値であること
assertNotEquals	期待値と結果が異なる値であること
assertTrue	結果が真であること
assertFalse	結果が偽であること
assertSame	期待値と結果が同じオブジェクトであること
assertNotSame	期待値と結果が異なるオブジェクトであること
assertNull	結果がNULLであること
assertNotNull	結果がNULLでないこと
assertArrayEquals	期待値と結果が等しいこと(配列の全要素の比較)
assertIterableEquals	期待値と結果が等しいこと(Iterableインターフェイスを実装したオブジェクトの全要素の比較)
fail	テストを明示的に失敗させる
assertThrows	例外が発生すること
assertTimeout	タイムアウトしないこと

注意　JUnitでのアサーションは、Java言語にあるassert文やその構文のアサーションとは、まったく別物です。

参考　JUnit 5のアサートメソッドは、org.junit.jupiter.api.Assertionsクラスの静的メソッドとして定義されています。staticインポートすると、メソッドだけを記述することができます。

複数のアサーションをまとめる

» org.junit.jupiter.api.Assertions

▼ メソッド

assertAll 複数のテストをすべて実行する

書式
```
public static void assertAll(Executable... executables)
public static void assertAll(String heading,
    Executable... executables)
```

引数 heading：識別用文字列、executables：実行したいテスト

throws MultipleFailuresError
いずれかのテストが失敗したとき

解説

1つのテストメソッドのなかで、assertEqualsメソッドなどを複数記述した場合、テストに失敗した時点でそれ以降のテストは実行されません。assertAllメソッドでは、いずれかのテストに失敗しても、指定されたテストがすべて実行されます。

引数は、関数型インターフェイスの可変引数になっていて、次のサンプルのように、ラムダ式で指定することができます。

サンプル ▶ CalculateTest1.java

```
@Test
@DisplayName("テストをまとめる")
void testSum3() {
    // 失敗時も2つのアサーションが実行される
    assertAll(
        () -> assertEquals(-1, calc.sum(1,2)),
        () -> assertNotEquals(-0, calc.sum(1,2))
    );
}
```

参照
「アサーションを追加する」 → P.648

例外を確認する

» org.junit.jupiter.api.Assertions

▼ メソッド

assertThrows　　例外を確認する

書式
```
public static <T extends Throwable> T assertThrows(
    Class <T> expectedType, Executable executable
    [, String message])
```

引数 expectedType：期待する例外クラス、executable：実行したいテスト、message：失敗時に表示する文字列

解説

assertThrowsメソッドでは、例外が発生することを確認したいテストと、発生する例外クラス(Class型)を指定します。

例外が発生しない場合や、指定した型と異なる型の例外が発生した場合は、テストが失敗します。

サンプル ▶ CalculateTest2.java

```
@DisplayName("Calculateクラスのテスト")
class CalculateTest2 {
    Calculate calc = null;
    @BeforeEach
    void init() {
        calc = new Calculate();
    }
    ～略～
    @Test
    @DisplayName("NoSuchElementExceptionが発生することを確認する")
    void test1() {
        assertThrows(NoSuchElementException.class,
            () -> calc.avg());
    }
}
```

前提条件を検証する

» org.junit.jupiter.api.Assumptions

▼ メソッド

assumeTrue	条件が真のときにテストを実行する
assumeFalse	条件が偽のときにテストを実行する
assumingThat	条件が真のときに処理を実行する

書式

```
public static void assumeTrue(boolean assumption
    [, String message])
public static void assumeFalse(boolean assumption
    [, String message])
public static void assumingThat(boolean assumption,
    Executable executable)
```

引数 assumption：前提条件の真偽、message：前提条件を満たしていないときに表示する文字列、executable：前提条件を満たしたときに実行する処理

throws TestAbortedException
前提条件を満たしていないとき

解説

assumeTrue／assumeFalseのメソッドでは、テストを行う際の前提条件を検証することができます。前提条件を満たしていないときには、以降のテストは実行されません。assumingThatメソッドでは、前提条件を満たしたときに実行する処理を設定できます。

次のサンプルは、インターネット接続可能ならテストを行い、接続できない場合はテストを実行しません。

サンプル ▶ **CalculateTest3.java**

```
// pingコマンドによるインターネット接続の確認
boolean chkinet() {
    var r = false;
    try {
        // pingコマンドの実行
        r = new ProcessBuilder("ping", "8.8.8.8", "-n", "2")
                    .start().waitFor() == 0;
    } catch (InterruptedException | IOException e) {
        e.printStackTrace();
    }
    return r;
}

@Test
@DisplayName("ネットワークテスト")
void test1() {
    assumeTrue(chkinet(),"インターネット接続を確認してください");
    // テストを書く
}
```

注意 assumingThatメソッドでは、前提条件の検証結果は、以降のテストには影響ありません(テストは中断しない)。

参考 前提条件を満たしていないときでも、テストの失敗にはなりません。

条件付きでテストを実行する

» org.junit.jupiter.api

▼ アノテーション

@EnabledOnOs	指定したOSなら実行する
@DisabledOnOs	指定したOSなら実行しない
@EnabledIfEnvironmentVariable	指定した環境変数があれば実行する
@DisabledIfEnvironmentVariable	指定した環境変数があれば実行しない

解説

これらのアノテーションは、ある条件のもとでテストを実行したい場合に用います。@EnabledOnOs／@DisabledOnOsアノテーションは、OSの種類によって、テスト実行の可否を制御します。@EnabledIfEnvironmentVariable／@DisabledIfEnvironmentVariableアノテーションは、指定した名前を持つ環境変数の値に応じて制御します。

次の表は、条件付きでテスト実行する際に指定する主なアノテーションです。

▼ 主な条件アノーテーション

アノテーション	指定可能なパラメータ	条件
@EnabledOnOs @DisabledOnOs	LINUX、MAC、SOLARIS、WINDOWS、OTHER（org.junit.jupiter.api.condition.OSで定義されている。複数指定する場合は、{}で囲み、カンマ区切り）	OSの種類
@EnabledOnJre @DisabledOnJre	JAVA_8、JAVA_9、JAVA_10、JAVA_11、JAVA_12、JAVA_13、JAVA_14、JAVA_15、OTHER（org.junit.jupiter.api.condition.JREで定義されている）	Javaのバージョン
@EnabledForJreRange @DisabledForJreRange	min=バージョン,mxn=バージョン（どちらか1つでも指定可能）	Javaのバージョンの範囲
@EnabledIfEnvironmentVariable @DisabledIfEnvironmentVariable	named=変数名, matches=正規表現	環境変数
@EnabledIfSystemProperty @DisabledIfSystemProperty	named=プロパティ名, matches=正規表現	システムプロパティ

サンプル ▸ **CalculateTest4.java**

```
@Test
@EnabledOnOs({OS.LINUX,OS.MAC})
@DisplayName("LINUX,MACのみ実行する")
void test1() {
    // テストを書く
}

@Test
@DisabledForJreRange(max=JRE.JAVA_11)
@DisplayName("JAVA 11以下は実行しない")
void test2() {
    // テストを書く
}

@Test
@EnabledIfEnvironmentVariable(named="LANG",matches="^ja")
@DisplayName("環境変数LANGの先頭がjaなら実行する")
void test3() {
    // テストを書く
}
```

テストを階層化する

» org.junit.jupiter.api

▼アノテーション

@Nested	インナークラスを指定する

解説

テストクラスの中に、@Nestedアノテーションを付加したインナークラスを定義すると、インナークラスにテストクラスを定義できます。インナークラスを使えば、テストメソッドを階層的にまとめることができます。

サンプル ▶ CalculateTest5.java

```
class CalculateTest5 {

    Calculate calc = null;

    @BeforeEach // 各テストの前に毎回実行する
    void init() {
        calc = new Calculate();
    }

    @Nested
    @DisplayName("合計テスト")
    class CalculateTest_1 {
        @Test
        void testSum1() {
            assertEquals(3, calc.sum(1, 2));
        }
        @Test
        void testSum2() {
            assertNotEquals(-1, calc.sum(1, 2));
        }
    }
}
```

パラメータを設定して実行する

» org.junit.jupiter.api

▼ アノテーション

@ParameterizedTest	パラメータ化テストの指定
@ValueSource	パラメータを設定する
@EnumSource	enum型でパラメータを設定する
@CsvSource	CSV形式のリテラルでパラメータを設定する
@CsvFileSource	CSV形式のファイルでパラメータを設定する

解説

@ParameterizedTestアノテーションを使うと、テストメソッドで指定した引数に、パラメータとして値を設定できます。複数の値を持つパラメータを設定でき、自動的に複数のテストが実行されます。

パラメータは、@ValueSourceアノテーションを使って指定します。@ValueSourceアノテーションでは、パラメータの型(int、long、double、String)に応じた、ints、longs、doubles、stringsプロパティで、値の配列を指定します。@EnumSourceアノテーションは、enum型で定義したパラメータの指定、@CsvSourceアノテーションは、CSV形式のリテラルでパラメータを設定できます。カンマ区切りの要素それぞれがパラメータとなります。

また、@CsvFileSourceアノテーションでは、パラメータを書き込んだCSVファイルを、(クラスパスから)読み込むこともできます。

サンプル ▶ **CalculateTest6.java**

```
@ParameterizedTest
@DisplayName("int型のパラメータ")
@ValueSource(ints = {1, 2, 3})
void test1(int a) {
    assertEquals(a, a);
}

@ParameterizedTest
@DisplayName("CSV形式のパラメータ")
@CsvSource({"2020/04/06", "2020/04/07", "2020/05/01",
            "2020/05/06", "2020/05/07"})
void test2(String s) {
    var calcdate = new CalculateDate("2020/04/07", "2020/05/06");
    assertTrue(calcdate.between(s));
}

@ParameterizedTest
@DisplayName("CSV形式のパラメータ")
@CsvSource({"3, 1, 2", "11, 1, 10"})
void test3(int e, int p1, int p2) {
    var calc = new Calculate();
    assertEquals(e, calc.sum(p1, p2));
}
@ParameterizedTest
@DisplayName("CSV形式のパラメータ")
@CsvFileSource(resources = "date.csv")
void test4(String s) {
    var calcdate = new CalculateDate("2020/04/07", "2020/05/06");
    assertTrue(calcdate.between(s));
}
```

@CsvSourceアノテーションでは、文字列を示す引用符は、シングルクォーテーション(')ですが、@CsvFileSourceアノテーションのCSVファイルでは、ダブルクォーテーション(")となります。

テストの実行順番を設定する

» org.junit.jupiter.api

▼アノテーション

@TestMethodOrder　テストの順番を決める

解説

ユニットテストでは、テストの順番に依存しないのが望ましいのですが、順番を整えたい場合は、テストクラスに@TestMethodOrderアノーテーションを付加します。@TestMethodOrderアノーテーションでは、順番を制御するクラスを指定します。標準では、次の3つが定義されています。

▼順番を制御するクラス

クラス	意味
MethodOrderer.Alphanumeric.class	アルファベット順
MethodOrderer.Random.class	ランダム
MethodOrderer.OrderAnnotation.class	数値で指定

サンプル ▶ CalculateTest7.java

```
@DisplayName("アルファベット順")
@Nested
@TestMethodOrder(MethodOrderer.Alphanumeric.class)
class Test1 {
    @Test
    void twe() {
    }
    @Test
    void one() {
    }
}
```

参考　MethodOrderer.OrderAnnotation.classでは、@Order(1)のように、@Orderアノテーションでテストメソッドに順番の数値を指定します。

COLUMN

正規表現

Javaの正規表現クラスで使える主な正規表現の構文を次の表にまとめました。たとえば、電話番号(一般固定電話)の書式をチェックする正規表現の構文は、"^0¥d{1,4}-¥d{1,4}-¥d{4}$"となります。0から始まり、数字(1～4桁)-数字(1～4桁)-数字(4桁)で終わるという意味です。

▼正規表現の主な構文

構文(メタキャラクタ)	意味
x	文字(x)
\uhhhh	16進値0xhhhhの文字コードの文字
\t	タブ文字(\u0009)
\n	改行文字(\u000A)
\r	キャリッジリターン文字(\u000D)
^	行の先頭
$	行の末尾
.	任意の1文字
¥d	数字、[0-9]と同じ
¥D	数字以外、[^0-9]と同じ
¥s	空白文字、[¥t¥n¥x0B¥f¥r]と同じ
¥S	非空白文字、[^¥s]と同じ
¥w	単語構成文字、[a-zA-Z_0-9]と同じ
[abc]	指定された文字のどれか(この場合ならabcのいずれかに一致)
[^abc]	指定された文字以外(この場合ならabc以外に一致)
[a-zA-Z]	a～zまたはA～Zのどれか
X?	Xの1または0回の出現
X*	Xの0回以上の繰り返し
X+	Xの1回以上の繰り返し
X{n}	Xのn回の繰り返し
X{n,}	Xのn回以上の繰り返し
X{n,m}	Xのn回以上、m回以下の繰り返し

索引

T

■著者紹介
WINGSプロジェクト　髙江　賢（たかえ　けん）
生粋の大阪人。趣味と本業のプログラミング歴は四半世紀を超え、制御系から業務系、Web系と幾多の開発分野を経験。現在は、株式会社気象工学研究所にて、気象と防災に関わるシステムの構築に携わる。その傍ら、執筆コミュニティ「WINGSプロジェクト」のメンバーとして活動中。主な著書に、「C# ポケットリファレンス」「PHPライブラリ&サンプル実践活用」（以上、技術評論社）、「作って楽しむプログラミング Androidアプリ超入門」（日経BP社）など。

■監修者紹介
山田祥寛（やまだ　よしひろ）
千葉県鎌ヶ谷市在住のフリーライター。Microsoft MVP - Visual Studio and Development Technologies。執筆コミュニティ「WINGSプロジェクト」代表。書籍執筆を中心に、雑誌／サイト記事、取材、講演までを手がける多忙な毎日。主な著書に「改訂新版 JavaScript本格入門」「Angularアプリケーションプログラミング」（以上、技術評論社）、「独習シリーズ（Java・C#・Python・ASP.NET・PHP）」（以上、翔泳社）、「これからはじめるVue.js実践入門」（SBクリエイティブ）など。

■お問い合わせについて
本書の内容に関するご質問につきましては、下記の宛先までFAXまたは書面にてお送りいただくか、弊社ホームページの該当書籍のコーナーからお願いいたします。お電話によるご質問、および本書に記載されている内容以外のご質問には、一切お答えできません。あらかじめご了承ください。
また、ご質問の際には、「書籍名」と「該当ページ番号」、「お客様のパソコンなどの動作環境」、「お名前とご連絡先」を明記してください。

●宛先
〒162-0846
東京都新宿区市谷左内町21-13
株式会社技術評論社　書籍編集部
「改訂3版 Javaポケットリファレンス」係
FAX：03-3513-6183

●技術評論社Webサイト
https://book.gihyo.jp

お送りいただきましたご質問には、できる限り迅速にお答えをするよう努力しておりますが、ご質問の内容によってはお答えするまでに、お時間をいただくこともございます。回答の期日をご指定いただいても、ご希望にお応えできかねる場合もありますので、あらかじめご了承ください。
なお、ご質問の際に記載いただいた個人情報は質問の返答以外の目的には使用いたしません。また、質問の返答後は速やかに破棄させていただきます。

改訂3版 Javaポケットリファレンス
2011年　4月25日　初　版　第1刷発行
2020年　9月　9日　第3版　第1刷発行

著　者　WINGSプロジェクト　髙江　賢
監修者　山田　祥寛
発行者　片岡　巌
発行所　株式会社技術評論社
東京都新宿区市谷左内町21-13
電話　03-3513-6150　販売促進部
03-3513-6166　書籍編集部
印刷・製本　昭和情報プロセス株式会社

●カバーデザイン
株式会社 志岐デザイン事務所
（岡崎善保）
●カバーイラスト
吉澤崇晴
●DTP
株式会社トップスタジオ（和泉響子）
●担当
藤本広大

定価はカバーに表示してあります

ISBN978-4-297-11496-1 C3055
Printed in Japan